U0255047

高等职业教育工程造价专业系列教材

建筑安装工程计量与计价

主　编　樊文广　谭翠萍

副主编　祝丽思

参　编　马志彪　尹晓静　张　鑫

主　审　杨廷珍

机 械 工 业 出 版 社

全书共分 8 个项目,包括安装工程预算定额、施工图预算的作用和编制程序、室内采暖安装工程预算、室内给水排水安装工程预算、通风空调工程预算、室内电气照明设备安装工程预算、室内弱电系统安装工程预算、工程量清单及清单计价的编制。

本书可作为高等职业技术学院建筑工程管理、工程造价等相关专业的教学用书,也可以作为行业企业中预算员培训教材。

本书配有电子课件,凡使用本书作为教材的教师可登录机械工业出版社教育服务网 www.cmpedu.com 下载。咨询电话:010-88379375。

图书在版编目(CIP)数据

建筑安装工程计量与计价/樊文广,谭翠萍主编. —北京:机械工业出版社,2017.9(2023.1 重印)
高等职业教育工程造价专业系列教材
ISBN 978-7-111-57806-2

Ⅰ.①建… Ⅱ.①樊… ②谭… Ⅲ.①房屋建筑设备-建筑安装-计量-高等学校-教材②房屋建筑设备-建筑安装-工程造价-高等学校-教材 Ⅳ.①TU723.3

中国版本图书馆 CIP 数据核字(2017)第 207005 号

机械工业出版社(北京市百万庄大街 22 号 邮政编码 100037)
策划编辑:李 莉 责任编辑:王靖辉 责任校对:肖 琳
封面设计:陈 沛 责任印制:单爱军
北京虎彩文化传播有限公司印刷
2023 年 1 月第 1 版第 7 次印刷
184mm×260mm·14.75 印张·362 千字
标准书号:ISBN 978-7-111-57806-2
定价:43.00 元

电话服务 网络服务
客服电话:010-88361066 机 工 官 网:www.cmpbook.com
010-88379833 机 工 官 博:weibo.com/cmp1952
010-68326294 金 书 网:www.golden-book.com
封底无防伪标均为盗版 机工教育服务网:www.cmpedu.com

前言

　　本书编写以国家和内蒙古地区的有关建筑业管理法规、现行计价依据和建设工程造价管理相关文件等为基本依据，针对高等职业技术教育应用型专门人才培养目标要求，力求从工作实际出发，通过典型翔实的工程预算编制实例，运用通俗简练的文字，使学生能够较快且扎实地理解和掌握建筑安装工程预算编制的基本理论和方法。

　　本书内容涵盖了建筑设备安装工程计价工作中典型的五大系统，即采暖系统、给水排水系统、通风空调系统、电气照明系统、弱电系统等，并遵循计价学习和工作的基本规律，从识图、系统组成、预算编制方法到实例分析，便于教师采用项目教学法组织教学，也便于学生或造价从业人员的自学深造。为了突出计价的地域性特点，本书以现行的内蒙古自治区地方计价依据和华北地区设计图集为基础，呈现完整的计价程序和方法。本书同时体现了两种计价方式，其内容依据 2013 清单计价规范要求编制，并附有翔实的计价案例，能够满足学生同时掌握两种计价方式的要求。

　　本书由内蒙古建筑职业技术学院樊文广、谭翠萍任主编，内蒙古建筑职业技术学院祝丽思任副主编，内蒙古自治区建设工程造价管理总站杨廷珍任主审。本书编写分工如下：樊文广编写项目 1、项目 2，谭翠萍编写项目 3、项目 4，内蒙古建筑职业技术学院马志彪编写项目 5，内蒙古建筑职业技术学院尹晓静编写项目 6，内蒙古自治区建设工程造价管理总站张鑫编写项目 7，祝丽思编写项目 8。

　　由于时间仓促，编制水平有限，书中有不当之处，恳请广大读者指正。

编　者

目录

项目1
安装工程预算定额

知识目标

- 了解安装工程预算定额的作用。
- 熟悉安装工程预算定额的组成。
- 掌握安装工程预算定额的特点。
- 掌握未计价主材的含义及计价的方法。

能力目标

- 能够熟练应用安装工程预算定额。
- 能够分析未计价主材并对其进行计价。

任务 1　安装工程预算定额的组成和作用

预算定额是指在合理的施工组织设计、正常的施工条件下，生产一个规定计量单位的合格构件、分项工程所需的人工、材料、机械台班的社会平均消耗量标准。预算定额是一种具有广泛用途的计价性定额，主要用于编制施工图预算，确定工程造价。

工程建设定额体系是一项比较复杂的系统工程。按照基本建设程序划分定额的纵向层次，分为基础定额或预算定额、概算定额、估算指标三个层次；按照定额的适用范围及管理分工划分定额的横向结构，分为全国统一、行业统一、地区统一定额；按照工程建设的特点分为建筑工程、安装工程、市政工程、铁路工程、公路工程、邮电工程、水利工程、电力工程等若干类，每一类由若干册定额组成。

本书从内蒙古地区的教学和实用角度出发，涉及的"安装工程预算定额"是指由内蒙古自治区建设厅 2009 年发布施行的《内蒙古自治区安装工程预算定额》，它是现行的内蒙古自治区建设工程计价依据之一。

1.1.1　安装工程预算定额的组成

《内蒙古自治区安装工程预算定额》适用于安装工程计价，按照不同的专业分十二册，包括：

第一册　机械设备安装工程

内容有：切削设备安装、锻压设备安装、铸造设备安装、起重设备安装、起重机轨道安装、输送设备安装、电梯安装、风机安装、泵安装、压缩机安装、工业炉设备安装、设备安装、其他机械安装及灌浆、附属设备安装。

第二册　电气设备安装工程

内容有：变压器，配电装置，母线、绝缘子，控制电气及低压电气，蓄电池，电机，滑触线装置，电缆，防雷及接地装置，10kV 以下架空配电线路，电气调整试验，配管配线，照明器具，路灯工程，电梯电气调试。

第三册　热力设备安装工程

内容有：中压锅炉设备安装、汽轮发电机设备安装、燃料供应设备安装、水处理专用设备安装、炉墙砌筑、工业与民用锅炉安装。

第四册　炉窑砌筑工程

内容有：专业炉窑、一般工业炉窑、不定型耐火材料和辅助项目。

第五册　静置设备与工艺金属结构制作工程

内容有：静置设备制作，静置设备安装，设备压力试验与设备清洗、钝化、脱脂，金属油罐制作、安装，球形罐组对安装，气柜制作、安装，工艺金属结构制作安装，综合辅助项目。

第六册　工业管道工程

内容有：管道安装，管件连接，阀门安装，法兰安装，板卷管制作与管件制作，管道压力试验、吹扫与清洗，无损探伤与焊口热处理等。

第七册　消防设备安装工程

内容有：火灾自动报警系统、水灭火系统、气体灭火系统、泡沫灭火系统、消防系统调试。

第八册　给排水、采暖、燃气工程

内容有：管道安装，阀门、水位标尺安装，低压器具、水表组成与安装，卫生器具制作、安装，供暖器具安装，小型容器制作、安装，燃气管道、附件、器具安装，塑料管道及其配套的器具安装。

第九册　通风空调工程

内容有：薄钢板通风管道制作安装、调节阀制作安装、风口制作安装、风帽制作安装、罩类制作安装、消声器制作安装、空调部件及设备支架制作安装、通风空调设备安装、净化通风管道及部件制作安装、不锈钢板通风管道及部件制作安装，铝板通风管道及部件制作安装、塑料通风管道及部件制作安装、玻璃钢通风管道及部件安装、复合型风管制作安装。

第十册　自动化控制仪表安装工程

内容有：过程检测仪表、过程控制仪表、集中检测装置及仪表、集中监视与控制装置、工业计算机安装与调试、仪表管路敷设伴热与脱脂、工业通讯供电、仪表盘箱柜及附件安装、仪表附件制作安装。

第十一册　刷油、防腐蚀、绝热工程

内容有：除锈工程，刷油工程，防腐蚀涂料工程，手工糊衬玻璃钢工程，橡胶板及塑料板衬里工程，衬铅及搪铅工程，喷镀（涂）工程，耐酸砖、板衬里工程，绝热工程，管道补口补伤工程，阴极保护及牺牲阳极。

第十二册　建筑智能化系统设备工程

内容有：综合布线系统工程，通信系统设备安装工程，计算机网络系统设备安装工程，建筑设备临近系统安装工程，有线电视系统设备安装工程，扩声、背景音乐系统设备安装工程，电源与电子设备防雷接地装置安装工程，停车场管理系统设备安装工程，楼宇安全防范系统设备安装工程，住宅小区智能化系统设备安装工程。

各册组成内容一般包括：颁发文件、总说明、册说明、目录、章说明、工程量计算规则和定额子目表，以及附录一主要材料损耗率表和附录二选用材料价格表。"定额子目表"是安装工程预算定额的核心内容，也称"单位估价表"或"基价表"。

1.1.2　安装工程预算定额的作用

《安装工程预算定额》是完成规定计量单位分项工程计价所需的人工、材料、施工机械台班的消耗量标准；是编制招标控制价、设计概算、施工图预算和调解、处理建设工程造价纠纷的依据；是投标报价、确定合同价款、拨付工程款、办理竣工结算和衡量投标报价合理性的基础。

《内蒙古自治区安装工程预算定额》是内蒙古自治区建设工程计价活动的地方性标准，适用于内蒙古自治区行政区域内城市基础设施和一般工业与民用房屋建筑工程的新建、扩建工程。定额基价中的材料价格是按照呼和浩特地区 2008 年材料预算价格计算的，定额执行过程中可根据合同的具体条款，依据政策性调整文件及工程所在盟市工程造价管理机构发布的工程造价动态信息调整价差。

任务 2　定额子目表的表现形式

预算定额是以合理的施工组织和正常的施工条件作为前提来进行编制的。正常的施工条件是指：①设备、材料、成品、半成品、构件完整无损，符合质量标准和设计要求，附有合格证书和试验纪录；②安装工程和土建工程之间的交叉作业正常；③安装地点、建筑物、设备基础、预留孔洞等均符合安装要求；④水、电供应均满足安装施工正常使用；⑤正常的气候、地理条件和施工环境。安装工程预算定额是按照目前国内大多数施工企业采用的施工方法、机械化装备程度，合理的工期、施工工艺和劳动组织条件制订的。

1.2.1　定额子目表的内容

定额子目表分别列出了人工费、材料费、机械费和定额基价。消耗性材料、周转性材料、需用的机械均一一列出其名称、规格、单位和单价。对于无法计算的用量极少的材料合并为其他材料费以占该子目材料费之和的"%"为单位表示。

表 1-1 为 2009 年现行内蒙古自治区安装工程预算定额第二册《电气设备安装工程》第十二章第五节阻燃塑料管敷设的定额子目表，其工作内容为：测位、划线、打眼、刨沟、敷设、抹砂浆保护层。

表 1-1　砖、混凝土结构暗配　阻燃塑料管

定 额 编 号				2-1201	2-1202	2-1203	2-1204	2-1205	2-1206
项目名称				阻燃塑料管公称口径/mm					
				15	20	25	32	40	50
基价/元				311.42	359.65	477.40	549.94	621.91	713.89
人工费/元				288.58	334.37	426.82	494.64	548.21	635.47
材料费/元				22.84	25.28	50.58	55.30	73.7	78.42
机械费/元				—					
编码	名　称	单位	单价	数　　量					
AZ0030	综合工日	工日	48	6.012	6.966	8.892	10.305	11.421	13.239
WC6210	套接管	m	—	(0.930)	(0.950)	(1.200)	(1.240)	(2.000)	(2.070)
WC6310	阻燃塑料管	m	—	(106.000)	(106.000)	(106.000)	(106.000)	(106.000)	(106.000)
AN1531	镀锌铁丝 13~17#	kg	5.20	0.250	0.250	0.250	0.250	0.250	0.250
AN1583	镀锌铁丝 18~22#	kg	5.20	0.230	0.230	0.240	0.240	0.240	0.240
AN2102	锯条(各种规格)	根	0.30	1.000	1.000	1.000	1.000	1.000	1.000
JB0320	胶合剂	kg	15.60	0.040	0.050	0.060	0.070	0.080	0.090
PK0170	水泥砂浆 M7.5-S-3	m³	112.91	0.170	0.190	0.410	0.450	0.610	0.650
AW0021	其他材料费	%	—	1.000	1.000	1.000	1.000	1.000	1.000

【例 1.1】　现以表 1-1 的 2-1201 子目为例来说明定额子目表所表现的内容。

【解】　2-1201 是公称直径为 15mm 的阻燃塑料管在砖、混凝土结构中暗敷设的定额子目，其内容为：

1) 定额编号：2-1201。

2）项目名称：阻燃塑料管公称口径15mm。

3）基价：311.42元/100m，其中人工费288.58元，材料费22.84元，机械费0元。

4）定额消耗的综合工日是6.012工日，综合工日单价为48元/工日，则基价人工费=6.012工日×48元/工日=288.58元。

5）定额消耗的材料有：套接管0.93m，阻燃塑料管106m，13～17#镀锌铁丝0.25kg（单价为5.2元/kg），18～22#镀锌铁丝0.23kg（单价为5.2元/kg），锯条1根（单价为0.3元/根），胶合剂0.04kg（单价为15.6元/kg），M7.5-S-3水泥砂浆0.17m³（单价为112.91元/m³），其他的零星、次要材料占所有材料费之和的1%。则基价材料费=（0.25×5.2+0.23×5.2+1×0.3+0.04×15.6+0.17×112.91）×（1+1%）=22.84（元）。

在22.84元的材料费中并没有包括套接管和阻燃塑料管这两种主要材料的材料费，子目表中也没有给出这两种材料的单价，因此，套接管和阻燃塑料管为该子目的未计价主材，它的表现方式是在材料消耗量标准上用括号标注。除了这一种表现方式外，有些未计价主材项目在子目表中并未表现该种未计价主材的名称，而是用附注的形式表现在表格的下方，如进户线横担安装项目（2-904～2-909）。关于未计主材的相关内容将在本单元任务3做详细的介绍。

6）该子目没有消耗的机械台班，即为0，因此在基价中的机械费用"—"表示。

1.2.2　定额子目表中基价的确定

1. 人工费标准的确定

分项工程人工费应该是由不同工种和技术等级工人的预算定额工日消耗量标准分别乘上相应的工日单价（即日工资标准）后，合计而成的。但预算定额简化为

$$人工费=综合工日消耗量标准×综合工日单价$$

（1）综合工日消耗量标准

定额人工工日不分列工种和技术等级，一律以综合工日表示，内容包括基本用工、辅助用工、超运距用工和人工幅度差。

（2）综合工日单价

综合工日的单价包括基本工资和工资性津贴、生产工人辅助工资、劳动保护费、职工福利费、随身携带使用的工具补贴，不包括各类保险费用。

2. 材料费标准的确定

分项工程材料费是由预算定额的各种材料的消耗量标准分别乘上相应的材料预算价格后，合计而成的。即

$$材料费=\sum（材料消耗量标准×材料预算价格）$$

（1）材料消耗量标准

定额中的材料消耗量，包括直接消耗在安装工作内容中的主要材料、辅助材料，定额子目表中分别列出了名称规格及消耗量，并包括了正常的操作和场内运输损耗；也包括周转性材料，它是以摊销量表示的（表1-1中没有此类材料）；还包括次要和零星材料，它是以该子目材料费之和的百分比表示的。

（2）材料预算价格

本届定额子目表中所采用的材料单价是呼和浩特地区2008年材料预算价格。材料预算

价格即预算定额材料单价，是指材料自采购地（或交货地）运达工地仓库（或施工现场存放处）后的出库价格。它由材料供应价、市内运杂费和采购保管费等费用组成。材料预算价格计算公式为

材料预算价格=（供应价+包装费+市内运杂费）×（1+采购保管费率）-包装品回收值

也就是说，预算定额确定的材料单价，不仅是指材料在当时市场上采购的供应价，而且是包括了包装、采购、运输、保管等各环节费用后的出库使用时的价格。

采购保管费应按国家有关主管部门的统一规定计算：建设材料、设备费率为2%，其中采购费率1.2%，保管费率0.8%，已经综合考虑了材料的运输及保管损耗；其他各项均按现行市场价格计算，不发生的不计算（如包装费等）。

如果材料的来源渠道不一，各处供应价、包装费、运杂费发生不同，可用加权平均法计算确定其材料预算价格。

【例1.2】 购进某防火涂料发生费用见表1-2，计算其材料预算价格。

表1-2 某防火涂料发生费用

采购地点	数量/kg	供应价/（元/kg）	运费/元	装卸费/元	采购保管费率（%）
A	400	18.00	300.00	50.00	
B	1600	13.50	650.00	100.00	2.00
C	1000	15.00	500.00	100.00	

【解】 材料预算价格$_A$=[18.00+（300+50）/400]×（1+2%）=19.25（元/kg）

材料预算价格$_B$=[13.50+（650+100）/1600]×（1+2%）=14.25（元/kg）

材料预算价格$_C$=[15.00+（500+100）/1000]×（1+2%）=15.91（元/kg）

材料预算价格$_{加权}$=（19.25×400+14.25×1600+15.91×1000）/（400+1600+1000）

=15.47（元/kg）

3. 机械费标准的确定

机械费标准就是机械台班使用费标准。分项工程机械费，是由各种施工机械的预算定额台班消耗量标准分别乘上相应的台班单价后，合计而成的。即

$$机械费=\sum（台班消耗量标准×台班单价）$$

（1）台班消耗量标准

台班消耗量是指完成单位分项工程所需的各种施工机械台班使用量。它是按正常合理的机械配备和大多数施工企业的机械化装备程度综合取定的。

（2）台班单价

台班单价是指施工机械在一个台班正常运转中所分摊和支出的各项费用之和。台班单价也叫台班基价或台班费用，它是按2009年《内蒙古自治区施工机械台班费用定额》计算确定的。

施工机械台班费用组成，包括：①折旧费；②大修理费；③经常修理费；④安拆费及场外运费；⑤人工费；⑥燃料动力费；⑦养路费及其他费用等。

4. 基价

预算定额基价就是一定计量单位的分项工程的价格标准，也就是该分项工程人工费、材

料费、机械费的总和。即

$$基价 = 人工费 + 材料费 + 机械费$$

公式中的人工费、材料费和机械费仅是预算定额中规定的分项工程费用标准。

在施工项目管理实践和施工组织设计中积极采取各项节约措施，努力将实际工程耗费控制在预算定额费用标准内，应当是施工企业项目经理的经营管理目标。

由上可知，确定"三量"和"三价"是编制预算定额的基础。安装工程预算定额的人工工日消耗量、材料消耗量、台班消耗量是由《全国统一安装工程基础定额》确定的，而工日单价、材料单价、台班单价则是按呼和浩特地区2008年预算价格确定的。

任务3　未计价主材的含义及其预算价格确定

1.3.1　未计价主材的含义

未计价主材是指预算定额中只给定了某主要材料的名称、规格、品种和消耗量标准，并未注明单价，基价中不包括其价格，必须另行确定材料预算价格后再计入预算的费用项目。其中，由甲方自行采购提供的材料设备，且不计入拨付施工单位工程款的就不再计入预算。

在安装工程预算定额中，含有未计价主材的项目很多，其材料消耗量一般加括号表示，或在定额子目表下加注说明。如表1-1中的"阻燃塑料管"和"套接管"即属于未计价主材，如公称口径15mm的阻燃塑料管每暗配100m给定的消耗量标准为阻燃塑料管106m，套接管0.93m，但在前面的单价栏中未注明这两种材料的单价，所列基价中均不包括这两种主材的价格。

未计价主材的含义也是广义的，包括原材料，也包括半成品构件、成套设备等。设备是指生产、生活需要的具有独特使用功能的成套的器械用品。比如，汽车是运输设备，配电箱是控制设备，灯具是照明设备，洗脸盆、浴盆是卫生设备等。施工单位负责采购的设备一般均属于建筑安装工程直接费中的材料费用支出。建设项目中的设备购置费是指建设单位自行组织招标采购的设备，包括了需要安装和不需要安装的设备。

在编制预算时，就方法而言，也可以把需要计算的未计价主材费理解成是广义的"调整材料价差"，即原来进入预算的材料预算价格是"零"而已。

1.3.2　未计价主材的预算价格确定

编制施工图预算需要确定未计价主材费时，未计价主材的材料预算价格，应该按照以下顺序来优先确定。

1. 查阅建设工程造价动态信息（也叫材差文件）**确定**

各盟市定额站定期发布的建设工程造价动态信息中，所公布的材料信息价格也就是最新本地区材料预算价格。计算未计价主材费首先应当按最近公布的材料信息价格确定计入预算。

2. 查阅现行呼和浩特地区建设工程材料预算价格确定

现行呼和浩特地区建设工程材料预算价格是2008年材料预算价格。呼和浩特市是内蒙古自治区的首府，预算定额中的材料价格就是以呼和浩特地区材料预算价格代表全内蒙古地区材料预算价格的。

某种材料的预算价格在最近发布的建设工程造价动态信息中查不到，可以查阅现行呼和浩特地区建设工程材料预算价格作为参考。

3. 调查当时当地市场供应价格确定

某种材料的预算价格，如果在最近发布的建设工程造价动态信息中查不到，在现行呼和浩特地区建设工程材料预算价格中也查不到，或该种材料价格有一定波动，可以调查当时当地市场供应价格进行估价。

估价时要按照材料预算价格的计算公式确定，即材料预算价格由材料供应价、市内运杂费和采购保管费等费用组成。简化计算可以按市场供应价格加 2%的采购保管费计入预算即可。

小 结

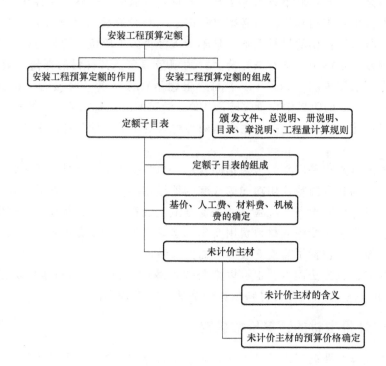

同 步 测 试

一、单项选择题

1. 2009 年《内蒙古自治区安装工程预算定额》按专业共分（　　）册。

A. 10　　　　　　B. 11　　　　　　C. 12　　　　　　D. 13

2. 下面对于安装工程预算定额的作用描述有误的是（　　）。

A. 安装工程预算定额是编制招标控制价的依据

B. 安装工程预算定额是编制投标报价的依据

C. 安装工程预算定额是编制设计概算、施工图预算和调解、处理建设工程造价纠纷的依据

D. 安装工程预算定额是确定合同价款、拨付工程款、办理竣工结算的基础

3. 预算定额基价是（　　）。

A. 人工费和材料费的合计

B. 人工费、材料费、机械费的合计

C. 材料费和机械费的合计

D. 人工费、材料费、机械费、企管费和利润的合计

4. 材料预算价格是指（　　）。

A. 材料自采购地（或交货地）运达工地仓库（或施工现场存放处）后的出库价格

B. 材料自采购地（或交货地）运达工地仓库的入库价格

C. 材料的供应价格

D. 以上答案都不对

5. 以下对综合工日的单价描述中正确的是（　　）。

A. 综合工日的单价包括基本工资和工资性津贴

B. 综合工日的单价包括基本工资和工资性津贴、生产工人辅助工资、劳动保护费

C. 综合工日的单价包括基本工资和工资性津贴、生产工人辅助工资、劳动保护费、职工福利费、随身携带使用的工具补贴，包括了各类保险费用

D. 综合工日的单价包括基本工资和工资性津贴、生产工人辅助工资、劳动保护费、职工福利费、随身携带使用的工具补贴，不包括各类保险费用

6. 查阅安装工程预算定额第二册，下列定额子目不是未计价主材项目的是（　　）。

A. 阻燃塑料管暗敷设 DN32　　　　　B. 焊接钢管暗敷设 DN80

C. 成套配电箱安装半周长 1.5m 以内　　D. 铜芯电力电缆敷设截面 120mm² 以内

7. 下列关于未计价主材的说法有误的是（　　）

A. 未计价主材就是不用计价的材料

B. 未计价主材是定额基价中未包含其材料费的材料

C. 一个定额子目中不一定只含有一种未计价主材

D. 未计价主材的主要表现形式是在材料消耗量上加括号

二、问答题

1. 每册预算定额一般应包括哪些内容？

2. 定额子目表有哪些内容？

3. 什么是未计价主材项目？未计价主材的数量如何确定？材料价格如何确定？

4. 如何判断某一定额子目是未计价主材项目？

5. 材料预算价格包括哪些费用？

三、计算题

1. 某工程根据图纸等资料计算得：PVC25 管暗敷设共计 320m，PVC25 管信息价 3.28 元/m，套接管信息价 4.10 元/m，试计算该分项工程的直接工程费、人工费、机械费，并确

定其未计价主材材料费用。

2. 某工程根据图纸等资料计算得：SC25 管暗敷设共计 40m，SC25 管信息价 3600 元/t，试计算该分项工程的直接工程费、人工费、机械费，并对焊接钢管 SC25 的材料费进行调差。（查阅五金手册，SC 25 管每米重量为 2.42kg/m）

3. 某工程根据图纸等资料计算得：吊链式双管荧光灯安装共计 25 套，双管荧光灯市场估价 95 元/套，试计算该分项工程的直接工程费、人工费、机械费，并确定其未计价主材材料费用。

项目2
施工图预算的作用和编制程序

学习目标

知识目标

- 了解施工图预算的作用。
- 熟悉施工图预算编制的依据。
- 掌握施工图预算的组成。
- 掌握施工图预算编制的程序和取费的方法。

能力目标

- 能够联系工作实际,分析施工图预算编制过程中的程序和方法问题。
- 能够根据给定的工程造价相关数据,熟练应用内蒙古自治区2009计价依据进行费用的计算。

任务 1　施工图预算的作用

2.1.1　施工图预算的概念

施工图预算是确定和控制建筑安装工程造价的经济文件。

施工图预算的概念实际上包括了工程结算，因为结算和预算，就编制程序和方法而言，完全一致，只是时间上和空间上的不同，主要的差异体现在编制的依据上。预算在先，工程实体未完成；结算在后，工程实体已完成。

施工图预算的作用是确定工程造价。在进行工程招投标时，投标人以施工图预算作为投标报价的基础；投标人中标后，与招标人签约的合同价不得背离中标人的投标价格；合同履行过程中，结算以合同价为基础，再根据合同的类型和合同中相关的调价条款进行调整。所以，采用施工图预算的方法为工程计价，其"确定"的意义是明确的，其"控制"的意义也是明显的。

2.1.2　施工图预算的作用

1. 施工图预算的直接作用

施工图预算的直接作用是确定和控制建筑安装工程造价。在建设程序不同阶段具有不同意义。

（1）在施工招投标阶段用来确定和控制招标控制价、投标价和合同价。

招标控制价是指招标人根据国家或省级、行业建设主管部门颁发的相关计价依据和办法，以及拟定的招标文件和招标工程量清单，结合工程具体情况编制的招标工程的最高投标限价。招标控制价应由招标人或其委托的造价咨询人编制。

投标价是指投标人响应招标文件并根据自己的技术装备条件、施工组织计划（重点是施工方案）向建设单位提出的投标报价。

建设工程招投标中往往是由招标建设单位先拟定出一个可以接受的最高限价——招标控制价，再由各投标单位进行投标报价，通过评标从中择优选定一家来签订施工合同。一旦中标，建设单位和施工单位就可以根据招标文件的约定来签订施工合同，根据施工单位投标报价来确定合同价。

（2）在施工阶段用来确定和控制期中结算、竣工结算，拨付工程款。

期中结算是指在合同工程施工过程中，按合同约定的付款周期（按月或形象进度或控制界面等）对完成的工程数量计算各项费用，向建设单位（业主）办理工程进度款的支付。

竣工结算是指施工企业按照合同规定，在一个单位工程或单项工程完工后，向建设单位（业主）办理最后工程价款清算。

采用施工图预算的方法，完工后对已经完成的全部单位或单项工程工作量编制结算，是竣工结算；对施工过程中只完成的部分工程工作量编制结算，是期中结算。

竣工结算是最后的"一锤定音"，总算账。一般对竣工结算才称为结算价，结算价往往对合同价会有所调整。调整的具体方法应根据合同的调价条款确定，一般情况下能够引起合同价款调整的事项包括：法律法规变化、工程变更、项目特征不符、工程量清单缺项、工程量偏差、计日工、物价变化、暂估价、不可抗力、提前竣工（赶工补偿）、误期赔偿、索赔、现场签证、暂列金额等。其中项目特征不符、工程量清单缺项、工程量偏差、计日工、暂估价、暂列金额引起的合同价款调整主要是针对采用工程量清单计价的工程。

2. 施工图预算的间接作用

施工图预算的间接作用就是为核算和比较经济效益提供参考依据。对于形成市场经济关系的建设单位和施工单位双方，则各有不同意义。

（1）施工图预算是建设单位核算投资成本（效益）的参考依据。

建设单位核算投资成本，应该控制好伴随建设项目全过程的多次性计价环节。从决策阶段的投资估算，设计阶段的设计概算，到施工阶段的施工图预算，以及到竣工验收阶段的竣工决算，理想的投资成本控制手段，应该是后者不大于前者数目，即：投资估算＞设计概算＞施工图预算＞竣工决算。

施工图预算是建设项目实施阶段的计价方式，它所确定的工程造价包括招投标阶段的招标控制价、合同价和竣工验收阶段的结算价等。

（2）施工图预算是施工单位核算工程成本（效益）的参考依据。

施工单位核算工程成本，可以采用"两算"对比的手段。施工单位的"两算"是指施工图预算和施工预算。对施工单位来讲，施工图预算是确定施工项目收入的依据，施工预算是控制施工项目支出的计划。在开工前施工单位进行"两算"对比，找出可能节约或超支的环节或原因，对于提高经营管理水平、取得更大经济效益有一定实际意义。

企业在编制施工预算时的重要依据是施工定额。施工定额所体现的生产力水平（主要是施工组织管理水平）高于预算定额。就定额的编制原则来讲，施工定额要求"简明适用和平均先进水平"，预算定额仅要求"简明适用和平均水平"。"平均先进水平"表明施工定额的要求低于当前的社会生产力发展的"先进水平"，但高于预算定额要求的社会"平均水平"。因此，施工定额的资源（人工工日、材料、机械台班）消耗量标准比预算定额严格。

"两算对比"总的要求是施工图预算大于施工预算，但不排除个别项目上会存在亏损因素。同时，在建设市场竞争中，施工单位的投标报价还会考虑到某些策略因素。

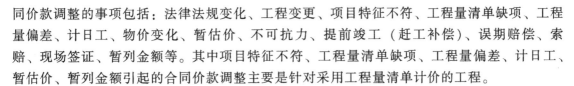

任务 2　施工图预算的编制依据和组成内容

2.2.1　施工图预算的编制依据

1. 施工图设计文件

施工图设计文件是编制施工图预算的基础依据。动手编制施工图预算，首先要根据施工图设计文件，列出某单位工程（土建、给水排水、采暖、电气等）的各个分项工程项目并计算工程量。这就是编制施工图预算的列项、计量过程。

施工图设计文件包括施工图纸、施工图中所选用的有关标准图集、图纸会审纪要，以及在施工过程中发生的设计变更通知书和施工技术核定单等。

2. 施工组织设计

施工组织设计（核心内容是施工方案）是确定单位工程进度计划、施工方法或主要技术措施以及施工现场平面布置等内容的技术文件。在施工图预算编制过程中，对于施工图未确定的内容，通常要依据施工组织设计来进行计量和计价。例如，直埋管道的土方工程施工方法、工作面、是否放坡或支挡土板、外运土的运距；金属构件是在现场加工还是在加工厂加工、运距多远；工期的安排、有无冬季施工等。

施工方案的确定，要以确保施工质量和安全为前提条件，严格执行国家和行业的有关技术标准、施工及验收规范。

3. 地方计价依据

内蒙古自治区2009届建设工程计价依据包括：《内蒙古自治区建筑工程预算定额》、《内蒙古自治区装饰装修工程预算定额》、《内蒙古自治区安装工程预算定额》、《内蒙古自治区市政工程预算定额》、《内蒙古自治区园林绿化工程预算定额》、《内蒙古自治区园林绿化养护工程预算定额》、《内蒙古自治区混凝土及砂浆配合比价格》、《内蒙古自治区施工机械台班费用定额》、《内蒙古自治区建设工程费用定额》等。

这些计价依据是内蒙古自治区建设工程计价活动的地方性标准，是预算编制过程中进行工程量计算，计算直接工程费，分析工料消耗量及计取措施项目费、间接费、利润和税金的重要依据。

还应注意的是，地方计价依据的使用在时间上是有一定延续性的，因此，通常每届定额在其使用期间，会根据国家和地方的相关法律法规的调整，或依据市场实际情况，出台一些关于定额中相应费用计算调整的规定或通知。施工图预结算的编制或审核过程中，密切关注并准确应用这些规定和通知也是十分重要的。

4. 材料预算价格

现行材料预算价格是2008年呼和浩特地区建设工程材料预算价格，是2009届内蒙古自治区建设工程计价依据中各项材料价格的来源。对于工程造价信息文件中未列出的未计价主材的项目，其材料费的计算可以查阅参考材料预算价格。

5. 建设工程造价信息

编制建设工程预结算，一般应执行工程所在地（盟市）定额站定期发布的"建设工程造价信息"文件。预算定额中的人工、材料机械台班预算价格在时间和空间上是相对固定的，即2008年呼和浩特地区价格，所以在编制预结算的时候，要依据投标文件合同等对材料价差进行调整。

6. 施工合同

施工合同也包括补充协议。建设工程的结算价的确定，通常要根据施工合同中的有关条款来对合同价进行调整。

7. 实用手册

实用手册是指实用工具书一类。如《实用五金手册》，可供查阅金属材料（如各类型钢、钢板、钢管）的尺寸及重量等。现在各类造价软件都附带有五金手册，应用也十分便捷。

2.2.2　施工图预算的组成内容

施工图预算（建筑安装工程预算书）的组成内容，按照施工项目的范围大小，可分为建设项目总预算、单项工程综合预算、单位工程施工图预算。一般投标报价多数为单项工程综合预算。

一个单项工程的建筑安装工程预算书的组成内容，应当包括封面、编制说明、综合预算书、单位工程施工图预算等。

1. 封面

建筑安装工程预算书的封面，主要应包括工程名称，工程造价，审核单位盖章、审核人员签字，编制单位盖章、编制人员签字等，如图 2-1 所示。

＿＿＿＿＿＿＿＿＿＿＿＿＿＿工程

预（决）算书

工程造价:(小写) ＿＿＿＿＿＿＿＿＿＿＿＿＿

（大写) ＿＿＿＿＿＿＿＿＿＿＿＿＿

编制单位: ＿＿＿＿＿＿＿＿＿＿＿（单位盖章）

编制人及

资格证号: ＿＿＿＿＿＿＿＿＿＿＿（签字盖章）

审核单位: ＿＿＿＿＿＿＿＿＿＿＿（单位盖章）

审核人及

资格证号: ＿＿＿＿＿＿＿＿＿＿＿（签字盖章）

编制时间: ＿＿＿＿＿＿＿＿＿＿＿

图 2-1　建筑安装工程预算书封面

2. 编制说明

编制说明主要应该说明编制依据（施工图、预算定额、费用定额、材料预算价格、工程造价信息文件等）、工程规模（建筑面积）及结构形式、计价的工程内容范围、未进预算的费用项目、估价进入预算的费用项目，以及其他需要说明的问题等。

【例 2.1】　某电信枢纽楼建筑安装工程预算书编制说明。

××电信枢纽楼预算编制说明

（××××年××月××日）

一、本预算，根据施工图、《内蒙古自治区建筑工程预算定额》、《内蒙古自治区装饰装修工程预算定额》、《内蒙古自治区安装工程预算定额》、《内蒙古自治区建设工程费用定额》、2008 年呼和浩特地区建设工程材料预算价格编制。

二、取费根据建设工程费用定额规定，本工程按二类工程取费。

三、材料价差暂按呼和浩特地区 2017 年第一期建设工程造价信息进行调整；人工价差调整执行内建工【2013】587 号《关于调整内蒙古自治区建设工程定额人工工资单价的通知》；税金按 3.48% 计算，执行内建工【2011】434 号关于调整《内蒙古自治区建设工程费用定额》税金税率的通知。

四、本工程总建筑面积为 17575.89m²，檐高为 35.95m，地下一层，地上主楼九层，裙楼三层，全现浇框架结构。合同工期为 578 天。

五、预算计价的工程内容包括建筑工程、装饰装修工程、给水排水工程、电气工程；不包括空调工程和通信工程，不包括由建设单位负责采购的设备或由厂家、专业施工队伍负责安装的工程（电梯设备、消防设备、给水排水设备、电气设备等）。

六、建筑工程、装饰装修工程

1）预算不包括机房内二次装修的工程内容，成活为毛面顶棚、抹灰墙面、水泥砂浆地面。

2）预算暂未计入地下室混凝土的防水剂价格，待结算时应根据核准的用量和价格，按价差处理。

3）屋面防水为 SBS 改性沥青油毡两层做法，价差待结算时调整。

4）玻璃幕墙、带形窗、中厅大门 M-7 不计入预算，建设单位供货的地下室防护密闭门、楼梯间防火门，预算仅计取安装费用。

5）镀锌钢管、焊接钢管、无缝钢管安装项目的未计价主材费，按呼市地区 2017 年第一期建设工程造价动态信息的每吨信息价计算。

七、给水排水工程（生活给水排水及水灭火系统）

1）生活给水设计采用的 PPR 管按塑料给水管（粘接）套用定额，并按华亚给水塑料管（UPVC）计算主材费，价格见表 2-1：

表 2-1

DN	15	20	25	32	40	50	70	80	100
元/m	3.10	3.90	4.70	5.40	10.80	17.30	19.90	28.40	42.60

2）消防喷淋镀锌钢管 $DN \leq 100$ 按螺纹连接套定额，$DN150$ 按法兰连接套定额。

3）消防喷淋灭火支管长度按每个 0.20m 考虑。

4）卫生器具只按定额包含的普通卫生器具考虑，价差待结算时调整。

5）镀锌钢管、焊接钢管、无缝钢管安装项目的未计价主材费，按呼市地区二〇〇二年第一季度建设工程造价动态信息的每吨信息价计算。

6）阀门价格暂按表 2-2 中的估算价计入预算，待结算时据实进行调整。

表 2-2

材料名称	规格型号	单位	估算价
液压阀	DN80	个	470.00
吸水底阀	DN100	个	855.00
吸水底阀	DN50	个	425.00
信号阀	DN150	个	1250.00
信号阀	DN50	个	795.00

7）闭式喷头（31.94 元/只）及装饰圈（5.67 元/只）主材价参照上海消防器材总厂产品价格，水流指示器、湿式报警装置主材价参照南京消防器材厂产品价格。

8）表 2-3 中的主材按估算价计入，待结算时据实进行调整。

表　2-3

材料名称	规格型号	单位	预算价	材料名称	规格型号	单位	预算价
橡胶接头	DN200	个	542.00	室内单消火栓	DN65	套	900.00
橡胶接头	DN150	个	326.00	室内双消火栓	DN65	套	1200.00
过滤器	Y型DN80	个	150.00	室外消火栓	150型	套	1000.00
水泵接合器	DN150	个	2800.00				

9）钢管、支架按常规做法考虑，除轻锈，刷一遍防锈漆、两遍银粉漆。

八、电气工程

1）照明系统中，照明配电箱暂按800元/台进价，开关插座参照鸿雁产品AP86系列价格，灯具价格表见表2-4：

表　2-4

材料名称	规格型号	单位	预算价	材料名称	规格型号	单位	预算价
扁圆吸顶灯	1×40W	套	21.60	嵌入式筒灯	1×40W	套	21.00
卫生间吸顶灯	1×40W	套	12.60	吊杆式花灯	20×25W	套	4800.00
吊杆式配照灯	1×100W	套	45.00	吸顶花灯	4×40W	套	250.00
座灯口	1×40W	套	2.00	吊杆式荧光灯	1×40W	套	44.00
吊杆式应急灯	1×20W	套	95.00	吸顶荧光灯	2×40W	套	65.50
应急荧光灯	2×20W	套	150.00	吸顶荧光灯	3×20W	套	57.00
应急壁灯	1×20W	套	80.00				

2）动力与防雷系统中：①不包括由室外引入配电室的电缆（预埋保护管出散水）、配电室配电设备的安装与调试、设备自带控制箱的安装与调试、所有交流电机的检查接线与调试；②按钮、风机盘管三速开关、温度与三速开关控制器等安装未进入预算，只考虑预埋接线盒；③电缆桥架、封闭母线、阻燃耐热五芯电缆的型号不明确，暂只计安装费，未计主材费；④落地式动力配电箱2000元/台、壁装动力配电箱1000元/台、控制箱500元/台、插座箱300元/台，均为估价，待结算时据实调整。

3）消防及消防专用电话广播系统，预算只进入预埋管、预埋接线盒、穿线，不包括由消防控制中心引至竖井内电话箱的电话电缆。

九、若某些项目与施工实际不符，凭变更签证待结算时调整。

3. 综合预算书

综合预算书一般可采用表格样式，列出各单位工程的预算造价及每平方米造价，汇总成单项工程的预算造价及每平方米造价，见表2-5。

4. 单位工程施工图预算

单位工程施工图预算采用表格样式，建筑安装工程预算书空白表样见表2-6，实际上就是预算明细表。一般应包括建筑、装饰、给水排水、采暖、电气等单位工程施工图预算。工作中大多数都使用套价软件来进行预算书的编制，因此以上所提到的这些的内容均有固定的格式或样式，且单位工程预算书也不仅仅是预算表格，还包括费用预算表、未计价主材表和材料价差调整表等。

综上所述，单项工程综合预算是最常见的建筑安装工程预算书内容。具体的编制内容要根据承包工程的范围而定，如施工单位获得建设项目总承包，需要编制建设项目总预算；施工单位仅获得单位工程单独承包（或分包），则仅编制单位工程施工图预算。其形式内容只不过是在单项工程综合预算基础上的进一步综合或减少而已。

表2-5　某电信枢纽楼的综合预算书

（2017年　月　日）

建设单位：　××市电信分公司

工程名称：　电信枢纽楼

共　页第　页

工程项目费用名称	结构形式	幢数	单位工程造价/元						合计造价	技术经济指标	
			土建	电气	采暖	卫生	消防			建筑面积/m²	每平方米造价/(元/m²)
一、土建	框架		21603047						21603047	17575.89	1229.13
二、电气				834745			158508		993253	17575.89	56.51
其中：照明				441485							
动力				393260							
消防							158508				
三、给排水						268694	628394		897088	17575.89	51.04
其中：生活						268694					
消防							628394				
总计			21603047	834745		268694	786902		23493388	17575.89	1336.68

表 2-6　建筑安装工程预算书

建设单位：＿＿＿＿＿＿＿＿＿＿＿＿

工程名称：＿＿＿＿＿＿＿＿＿＿＿　建筑面积：＿＿＿＿＿　m² 　　　　　　　共　页第　页

定额编号	工程和费用名称	单位	数量	预算价		其中：人工费		其中：机械费	
				单价	合计	单价	合计	单价	合计

任务3　施工图预算的编制方法和程序

2.3.1　施工图预算的编制方法

一般而言施工图预算是以单位工程为单位来编制的，再按单项工程汇总，因此编制好每一个单位工程施工图预算是关键。下文中如没有特殊说明，则所称施工图预算一般是指单位工程施工图预算。

根据 2014 年 2 月 1 日起实施的住建部令第 16 号《建筑工程施工发包与承包计价管理办法》，以及 2013 年 7 月 1 日起实施的《建设工程工程量清单计价规范》的规定，国有资金投资的项目必须使用工程量清单计价，非国有资金投资的项目鼓励使用工程量清单计价。虽然工程量清单计价方式已经成为工程造价计价的趋势，但定额计价（工料单价法）在现阶段仍有其广泛应用的基础，一方面，现行定额项目与清单项目差距较大，不论是项目的划分还是工程量计算规则都有一定的差异，造成在综合单价的组价上比较烦琐；另一方面，完整且实用的企业定额并没有完全普及，使得采用工程量清单招标在价格竞争上大打折扣。基于这些原因，现行的两种计价方式并存，且工料单价法是基础，本书除项目 8 外，其他项目内容均是以工料单价法为例展开的。

1. 工料单价法

工料单价法是指以分部分项工程单价为直接工程费单价，以分部分项工程量乘以对应分部分项工程单价后的合计为单位直接工程费，直接工程费汇总后另加措施费、间接费、利润、税金生成施工图预算造价。按照分部分项工程单价产生的方法不同，工料单价法又可以分为预算单价法和实物法，预算单价法是较为普遍采用的方法。

预算单价法是采用地区统一预算定额中的各分项工程工料预算单价（基价）乘以相应的各分项工程的工程量，求和后得到包括人工费、材料费和施工机械使用费在内的单位工程直接工程费。措施费、间接费、利润、税金按照有关规定另行计算。将上述费用汇总后得到该单位工程施工图预算造价。

工料单价法是传统的定额计价模式下的施工图预算编制方法，它要按规定的程序编制施工图预算，执行地区性的预算定额和费用定额等计价依据。

2. 综合单价法

综合单价法是指分部分项工程或单价措施项目中综合了直接工程费及以外的多项费用。按照单价综合的内容不同，综合单价法分为全费用综合单价和清单综合单价。

全费用综合单价，即单价中综合了人工费、材料费、机械费，管理费、利润、规费、税金以及一定范围的风险等全部费用。以各分部分项工程量乘以全费用单价的合价汇总后，再加上措施项目的完全价格，就生成了单位工程施工图造价。

本书将在项目 8 对工程量清单计价的具体方法作详细介绍。

2.3.2　施工图预算的编制程序

仅介绍用工料单价法编制施工图预算的一般程序，分为准备、编制、整理等三个过程，如图 2-2 所示。

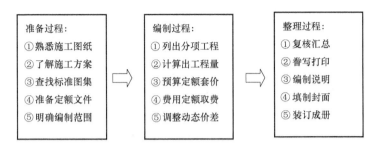

图 2-2　工料单价法编制施工图预算工作程序图

编制过程中的具体做法包括列项、计量、套价、取费、调差等步骤。编制预算讲究"内容一致、规则一致、单位一致的原则"。即预算所列出的各分项工程项目，必须是施工图设计做法和预算定额项目工作内容相一致的，避免"重项、漏项"；计算各分项工程的工程量，必须与预算定额规定的工程量计算规则相一致，避免"多算、少算"；所列出的各分项工程的工程量计量单位，必须与预算定额项目的计量单位相一致，避免"错算、乱算"。

1. 列项

列项是指根据施工图及有关施工方案，按照一定的分部顺序，列出单位工程施工图预算的分项工程项目名称。

根据施工图设计做法列出预算项目，熟悉图纸和定额是关键。"内容一致"即一致的分项工程工作内容是图纸和定额之间的联系纽带。为避免"重项、漏项"，必须注意编制预算列项的顺序，可以按图纸顺序（图号或大样号）列项，按定额（章、项目）顺序列项，按分部（空间）顺序或施工（时间）顺序列项。

编制预算的顺序和写文章的顺序类似，不必硬性规定某种顺序，但是必须要求注意顺序。否则会显得杂乱无章，更容易重项或漏项。

分部顺序一般相当于预算定额的"章"顺序。当然，安装工程项目往往可以划分为三大系统：来源控制系统、管线连接系统、设备使用系统。按照这一思路，来确定预算的分部顺序和分项工程项目，逐一列出项目，可以有效地避免列项的重复或遗漏。

2. 计量

计量就是计算工程量，即按规定的工程量计算规则，计算所列出的各分项工程的工程量。当计算完全部工程量后，要对项目和工程量进行整理，即合并同类项和按序排列，为套用定额方便打下基础。

一般来讲，工程量计算是预算编制中工作量最大的，也是难点所在，而且，虽然计算书并非是预算书的组成部分，但计算的底稿也要表达清楚，还要力求简洁，便于查阅。

工程量以自然计量单位（台、套、组、个、……）或物理计量单位（m、m^2、m^3、kg……）表示。预算定额中往往还采用扩大计量单位，即定额单位，如 10 套、10 个、10m 或 100m、$10m^2$ 或 $100m^2$、$10m^3$ 或 $100m^3$、100kg 等。

总之"规则一致、单位一致"是正确计算工程量的前提条件。"规则一致"即指按照预算定额规定的工程量计算规则进行计算，在计算前熟悉并理解定额每章前的工程量计算规则；"单位一致"则是指计算出的结果要与此分项工程的定额单位一致。一般情况下在图纸上计量的单位与定额单位是一致的，如管、线在图中计量是以延长米为单位，灯具、卫生器具等是以实物的"套"、"个"等为单位；但有些也可能与定额单位并不一致，如基础槽钢、角钢的制作，在计量时一般按图示尺寸计算出延长米，因为要执行一般铁构件制作子目（基价乘以 0.7 系数执行），而一般铁构件制作子目（a2-364）的定额单位是 100kg，这时就需要把计量出的长度单位通过各种型号槽钢、角钢的理论重量换算成 kg（相同的换算还可能出现在未计价材和材差的计取）。

3. 套价

套价，就是为已经计算出来的各分项工程的工程量，套用预算定额单价。要求正确套用预算定额基价和人工费、机械费单价，目的是得出该单位工程的直接工程费合计，以及其中的人工费、机械费合计。因为按照现行《内蒙古自治区建设工程费用定额》规定，工料单价法下人工费和机械费的合计是取费的基数。

套价必须讲究"内容一致、单位一致"的原则。当施工图的设计要求与预算定额的工作内容相一致时，可以直接套用预算定额；大多数分项工程项目可以直接套用预算定额。当施工图的设计要求与预算定额的工作内容不完全一致时，要进行预算定额单价换算；换算类型通常有系数换算、材料换算等。定额换算的基本思路是：根据选定的预算定额基价，按规定换入增加的费用，减去扣除的费用，也可以用公式表达为：

$$换算价 = 基价 + 换入费用 - 换出费用$$
$$= 基价 + （采用材料单价 - 定额材料单价）\times 材料消耗量$$

或：

$$换算价 = 基价 \times 换算系数$$

【例 2.2】《内蒙古自治区安装工程预算定额》第二册电气设备安装工程，在第八章电缆的章说明中第四条：电力电缆敷设定额均按三芯（包括三芯连地）考虑的，5 芯电力电缆敷设定额乘以系数 1.3；6 芯电力电缆敷设定额乘以系数 1.6；每增加一芯定额增加 30%，以此类推。已知铜芯电力电缆敷设定额（单位：100m）：2-638 项截面 35mm² 以下，基价为 422.29 元，人工费为 303.70 元，机械费为 6.69 元；2-639 项截面 70mm² 以下，基价为 524.89 元，人工费为 425.52 元，机械费为 26.76 元；2-640 项截面 120mm² 以下，基价为 664.70 元，人工费为 547.34 元，机械费为 44.82 元；根据设计图和计算规则，计算得到敷设铜芯交联聚乙烯绝缘聚氯乙烯护套电缆 YJV-1KV-3×70+2×35 计 85m，试计算其定额直接费、人工费和机械费。

【解】 该电缆最大截面为 70mm²，应执行定额 2-639 项。

a2-639 项直接费换算价 = 基价×1.3 = (524.89×1.3)(元/100m) = 682.36(元/100m)

a2-639 项人工费换算价 = 人工费×1.3 = (425.52×1.3)(元/100m) = 553.18(元/100m)

a2-639 项机械费换算价 = 机械费×1.3 = (26.76×1.3)(元/100m) = 34.79(元/100m)

定额直接费 = (0.85×682.36)(元) = 580(元)

定额人工费 = (0.85×553.18)(元) = 470(元)

定额机械费 = (0.85×34.79)(元) = 30(元)

套价中需要强调的是，预算定额单价就是该分项工程的施工生产直接费，即包括了完成该分项工程内容所需的人工费、材料费和机械台班使用费。考虑到安装工程的某些主要材料与设备的价格因规格、档次差异较大，预算定额单价中好多项目是未计算包括其主要材料或设备价格的；对于这些未计价主材或设备费应在预算书中补充列入。所以套价不能忽视未计价主材费的计算。

【例 2.3】 试确定例 2.2 中的未计价主材的费用。

【解】 查 a2-639 项预算定额，电缆敷设 100m 的消耗量为 101m；查呼市地区二〇一六年第四期建设工程造价信息，铜芯交联聚乙烯绝缘聚氯乙烯护套电缆 YJV-1KV-3×70+2×35 信息价为 176 元/m；所以：

$$电缆主材费 = (0.85×101×176)(元) = 15110(元)$$

4. 取费

取费，就是在套用预算定额单价计算出来单位工程定额直接费、人工费及机械费以后，按照现行的费用定额规定的方法计取通用措施项目费、间接费、利润与税金。现行《内蒙古自治区建设工程费用定额》（DYD 15-801—2009）于 2009 年 06 月 08 日由内蒙古自治区建设厅、内蒙古自治区财政厅发布，2009 年 7 月 1 日起实施。

取费的要点是：费用计算程序、各项费用计算方法和有关费率、工程类别划分标准。

（1）费用计算程序（表 2-7）。

表 2-7　费用计算程序表（适用于工料单价计价法）

序号	费用项目	计算方法
1	直接费(含措施项目费)	按预算定额和费用定额计算
2	直接费中的人工费+机械费	按预算定额和费用定额计算
3	企业管理费、利润	2×费率
4	价差调整、总承包服务费	按合同约定或相关规定计算
5	规费	(1+3+4)×费率
6	税金	(1+3+4+5)×费率
7	工程造价	1+3+4+5+6

（2）各项费用计算方法及相关费率。

1）直接工程费。直接工程费按现行各类预算定额及有关规定计算。需要注意的是在计算直接工程费时，除了使用套用定额基价的方法外，有些直接工程费需要根据册说明中相关规则计算，如高层建筑增加费、工程超高增加费、安装与生产同时进行增加的补偿费以及在有害身体健康的环境中施工增加的费用，这些费用的计取是按照取费基础乘以费率的方法计算。

虽然 2009 年《内蒙古自治区安装工程预算定额》将脚手架搭拆费与这些费用的计取规定均列于册说明中，但按照建安费用的构成，脚手架搭拆还是属于措施项目费，因此，本书将脚手架搭拆费计取的相关规定和方法列入措施项目费中。

2）措施项目费。措施项目费按现行预算定额和费用定额计算。措施项目分为通用措施和专业措施。2009 年费用定额中规定的通用措施包括安全文明施工（含环境保护、文明施工、安全施工）、临时设施、夜间施工、材料及产品检测、冬雨季施工、已完未完工程及设备保护、地上地下设施建筑物的临时保护设施。专业措施项目对于安装工程而言则主要是脚手架搭拆。

① 安全文明施工费、临时设施费、雨季施工增加费、已完未完工程及设备保护费，按

建筑安装工程计量与计价

表 2-8 计算。计算基础为直接工程费中的人工费、机械费之和。其中安全文明施工费的计算要遵守下述规定：

a. 实行工程总承包的，总承包单位按表中费率计算。投标竞价时，不得低于费率表中的 90%。总承包单位依法将建筑工程分包给其他分包单位的，其费用使用和责任划分由总、分包单位依据建设部《建设工程安全防护与文明施工措施费用及使用管理规定》在合同中约定。

b. 建设单位依法将建筑工程分包给其他分包单位的，分包单位按其分包工程和表中费率的 40% 计算。

c. 同一个单位同时承担两个以上单项工程（如：同时施工三栋住宅楼）时，应按表中费率乘以 0.8 系数。

表 2-8　通用措施项目费费率表

序号	工程类别		取费基础	分项费率（%）			
				安全文明施工费	临时设施费	雨季施工增加费	已完、未完工程保护费
1	建筑工程	框架住宅	人工费+机械费	3	4.5	0.3	0.5
		砖混住宅	人工费+机械费	3.3	4.8	0.3	0.5
		教学、办公楼	人工费+机械费	3	4	0.3	0.5
		商场、酒店	人工费+机械费	3	3.5	0.3	0.5
		工业厂房	人工费+机械费	2.2	3.5	0.3	0.5
		其他	人工费+机械费	2.5	4	0.3	0.5
2	安装工程		人工费+机械费	2.3	5	0.3	0.5
3	土石方工程		人工费+机械费	0.9	2	0.2	—
4	市政工程	道路	人工费+机械费	0.9	2.5	0.6	—
		桥涵	人工费+机械费	3	3	0.6	0.3
		给水排水及热力管道	人工费+机械费	2	3	0.5	0.6
5	炉窑砌筑工程		人工费+机械费	2.8	5	0.5	0.3
6	装饰装修工程		人工费+机械费	2	2	0.3	0.7
7	园林工程	绿化	人工费+机械费	1.5	2.5	0.4	—
		建筑	人工费+机械费	0.4	3.5	0.5	0.3

还需要说明：在这四项通用措施项目费中，人工费占 20%，其余部分均为材料费。

② 夜间施工增加费按表 2-9 计算。

表 2-9　夜间施工增加费

费用内容	照明设施安拆、折旧、用电	功效降低补偿	夜餐补助	合计
费用标准/（元/人、班）	1.6	2.4	6	10

a. 白天在地下室、无窗厂房、坑道、洞库内、工艺要求不同不间断施工的工程，可

视为夜间施工，每工日按 4 元计夜间施工增加费；工日数按实际工作量所需定额工日数计算。

b. 建设单位要求提前完工工程，指建设单位要求的工期低于工期定额规定的施工工期70%的工程；提前完工工程的夜间施工增加费，招投标阶段的控制价和报价计算时，按定额人工工日数的（10%~20%）×10 元/工日计算。

c. 夜间施工增加费的计算有争议时，应由现场施工单位或监理单位代表签证确认。

③ 材料及产品检测费按下述标准计算。房屋建筑工程（包括附属安装工程），按每平方米建筑面积计算。建筑面积小于 10000m² 的，按 4 元/m² 计算；建筑面积大于 10000m² 的，按 3 元/m² 计算；每一单项工程最多计取 8 万元；房屋建筑工程的室外附属配套工程不另计算。

其中：建筑工程占 50%，装饰工程占 20%，电气工程占 15%，暖通工程占 15%。市政、园林工程按实际发生费用的 60% 计算（已扣除自设实验室部分）。

需要说明：材料及产品检测费中全部为材料费。

④ 冬季施工增加费按下列规定计算。

a. 需要冬季施工的工程，其措施费由施工单位编制冬季施工措施和冬季施工方案，连同增加费用一并报建设、监理单位批准后实施。

b. 人工、机械降效费用按冬季施工工程人工费、机械费之和的 15% 计取。

c. 对于冬季停止施工的工程，施工单位可以按实际停工天数计算看护费用。费用计算标准为：单项工程 120 元/天；由一个总包单位承包的建设项目 180 元/天。专业分包工程不计取看护费。看护费包括看护人员工资及其取暖、用水、用电费用。

冬季机械停滞时间已经在台班费用定额内考虑，不得计算冬季施工机械停滞费。

⑤ 地上、地下设施、建筑物的临时保护设施费。此项费用应根据招标文件要求和拟建工程的实际情况以"项"为单位计算。没有需要保护的，不计算此项费用。

以上各项措施费用均为通用措施项目费用，且其具体的含义和计算方法是由费用定额给出的，而下面的脚手架搭拆费则属于专业措施项目费，这项费用的具体计取办法则是由预算定额中的册说明给出的。

⑥ 脚手架搭拆费。在安装工程中，脚手架搭拆费一般是按人工费的某一百分比计取的，如安装定额第二册册说明规定：脚手架搭拆费按人工费的 4% 计取，其中人工、材料、机械所占的比例分别为 25%、65%、10%。但第十章外线工程一般不考虑搭拆脚手架，如果实际发生参照建筑工程计算。

3）企业管理费。企业管理费费率是综合测算的，见表 2-10，其计算基础为直接费中人工费（不含机上人工费）与机械费之和。企业管理费属于竞争性费用，企业投标报价时，应视拟建工程规模、复杂程度、技术含量和企业管理水平进行浮动。

具有专业承包资质的施工企业的管理费应在总承包企业管理费费率基础上乘以系数 0.8。

4）利润。利润是按行业平均水平测算的，见表 2-11，其计算基础为直接费中人工费（不含机上人工费）与机械费之和。利润是竞争性费用，企业投标报价时，应视拟建工程规模、复杂程度、技术含量和企业管理水平进行浮动。

表 2-10　企业管理费费率表（%）

工程 类别	建筑 工程	安装 工程	土石方 工程	市政道 路工程	市政桥涵 工程	市政给水排水燃气、 热力管道工程	炉窑砌筑 工程
一类	30	25		23	26	23	35
二类	26	22	5	21	22	19.5	30
三类	23	18		18	19	16	—
四类	20	15		—	—	—	—

表 2-11　利润率表（%）

工程 类型	建筑 工程	安装 工程	土石方 工程	市政道路、 桥涵工程	市政给水排水 燃气、热力管道工程	炉窑砌筑 工程
费率	20	17	6	15	17	20

5）规费。按现行费用定额规定，规费包括工程排污费，社会保障费、住房公积金、危险作业意外伤害保险、工伤保险、生育保险、水利建设基金。

其中工程排污费按实际发生计算。

社会保障费、住房公积金、危险作业意外伤害保险、工伤保险、生育保险、水利建设基金按费率计算，规费费率见表 2-12，规费不参与投标报价竞争。规费的计算基础为不含税费工程造价，即直接费、企业管理费、利润、价差及总承包服务费之和。

表 2-12　规费费率表（%）

费用名称	养老失 业保险	基本医 疗保险	住房 公积金	工伤 保险	意外伤害 保险	生育 保险	水利建设 基金	合计
费率	3.5	0.68	0.9	0.12	0.19	0.08	0.1	5.57

6）税金。税金包括按国家税法规定的应计入工程造价内的营业税、城市维护建设税、教育费附加和地方教育附加。税金按计税基础乘以税率计算。计税基础是直接费、间接费和利润的合计；税率根据工程所在地的不同，实行差别税率，分别为市区 3.48%，县城（镇）3.41%，县城（镇）以外 3.28%。

7）总承包服务费。总承包服务费是指总承包人为配合协调发包人进行的工程分包、自行采购的设备、材料等进行管理、服务以及竣工资料汇总整理、施工现场管理服务等所需的费用。建设单位按有关规定将部分专业工程分包给专业队伍施工时，应向总承包单位支付总承包服务费。建设单位支付给总承包单位的总承包服务费，应从专业分包工程价款中扣回。总承包单位依法将专业工程进行分包的，总承包单位向分包单位提供服务应收取总承包服务费，费用视服务内容的多少，由双方在合同中约定。

① 总承包服务费的内容。

a. 配合分包单位施工的非生产人员工资（包括医务、宣传、安全保卫、烧水、炊事等工作人员）。

b. 现场生产、生活用水电设施、管线附设摊销费（不包括施工现场制作的非标准设备、钢结构用电）。

c. 共用脚手架搭拆、摊销费（不包括为分包单位单独搭设的脚手架）。

d. 共用垂直运输设备（包括人员升降设备）、加压设备的使用、折旧、维修费。

e. 发包人自行采购的设备、材料的保管费，对分包单位进行的施工现场管理竣工资料汇总整理等服务所需的费用。

② 总承包服务费的计算方法。总承包服务费应根据总承包服务范围计算，在招投标阶段或合同签订时确定。

a. 发包人仅要求对分包的专业工程进行总承包管理和协调时，按分包的专业工程造价的1%计算。

b. 发包人要求对分包的专业工程进行总承包管理和协调，并同时要求提供配合服务时，根据招标文件列出的配合服务内容和提出的要求，按分包的专业工程造价的3%计算。

c. 发包人自行供应材料交给承包人保管使用的，按发包人供应材料价值的1%计算。

d. 发包人要求总承包人为专业分包工程提供电源并且支付水电费的，水电费的计算应进行事先约定，也可向发包人按1.5%计取。发包人支付的水电费应由发包人从专业分包工程款中扣回。

总承包服务费应根据总承包服务范围计算，在招投标阶段或合同签订时确定。总承包服务费计算基础不包括外购设备的价值。

（3）安装工程类别的划分标准见表2-13。

表 2-13 安装工程类别划分标准表

类别	内容
一类	1. 锅炉单炉蒸发量在6.5t/h以上或总蒸发量在12t/h以上的锅炉安装以及相应的管道、设备安装。 2. 容器、设备（包括非标准设备）等制作安装。 3. 六千伏以上的架空线路敷设、电缆工程。 4. 六千伏以上的变配电装置及线路（包括室内外电缆）安装。 5. 自动或半自动电梯安装。 6. 各类工业设备安装及工业管道安装。 7. 最大管径在DN150以上、供水管长度在400m以上的室外热力管网工程。 8. 上述各类设备安装中配套的电气控制设备及线路、自动化控制装置及线路安装工程。 9. 二十八层以上的多层建筑物附属的采暖、给水排水、燃气、消防（包括消防卷帘、防火门）、电气照明、火灾报警、有线电视（共用天线）、网络布线、通讯等工程。
二类	1. 一类取费范围外4t/h及其以上的锅炉安装以及相应的管道、设备安装；不属于市政工程的换热或制冷量在4.2MW以上的换热站、制冷站内的设备、管道安装。 2. 六千伏以下的架空线路敷设、电缆工程。 3. 六千伏以下的变配电装置及线路（包括室内外电缆）安装。 4. 小型杂物电梯安装；各类房屋建筑工程中设置集中、半集中空气调节设备的空调工程（包括附属的冷热水、蒸汽管道）。 5. 八至二十八层的多层建筑物和影剧院、图书馆、文体馆附属的采暖、给水排水、燃气、消防（包括消防卷帘、防火门）、电气照明、火灾报警、有线电视（共用天线）、网络布线、通讯等工程。 6. 最大管径在DN80以上的室外热力管网工程。 7. 上述各类设备安装中配套的电气控制设备及线路、自动化控制装置及线路安装工程。

（续）

三类	1. 锅炉蒸发量小于 4t/h 的锅炉安装及其附属设备、管道、电气设备安装。 2. 四层及其以上的多层建筑物和工业厂房、附属的采暖、给水排水、燃气、消防（包括消防卷帘、防火门）、通风（包括简单空调工程，如立柜式空调机组、热空气幕、分体式空调器等）、电气照明、火灾报警、有线电视（共用天线）、网络布线、通讯等工程。 3. 最大管径在 DN80 以下的室外热力管网工程、热力管线工程。 4. 室外金属、塑料排水管道工程和单独敷设的给水、燃气、蒸汽等管道工程。 5. 各类构筑物工程附属的管道安装、电气安装工程。 6. 不属于消防工程的自动加压变频给水设备安装、安全防范系统安装、计算机网络布线工程。
四类	1. 非生产性的三层以下建筑物附属的采暖、给水排水、电气照明等工程。 2. 一、二、三类取费范围以外的其他安装工程。

与安装工程类别划分标准有关的几点说明：

1）锅炉蒸发量是指蒸汽锅炉的蒸发量。热水锅炉应换算成蒸发量后再按划分标准确定工程类别。

2）室外热力管网是指工业厂（矿）区、住宅小区、开发区、新建行政企事业单位庭院内敷设的向多个建筑工程供暖、供汽的热力管道工程。只有一条管沟、向一座建（构）筑物供热的管道称为热力管线工程。同沟敷设的其他管道随热力管网或热力管线确定工程类别。

3）单独敷设的室外给水管道、燃气、蒸汽管道和室外金属、塑料排水管道，不论管径大小，一律划分为三类工程标准。

4）容器、设备制作是指施工单位在施工现场或加工厂按设计图加工制作的非标准设备，不包括生产厂家制作的设备。

5）城市道路的路灯，广场、庭院高杆灯均按安装工程二类取费标准执行。与之类似的零星路灯安装工程按三类标准执行。

5. 调差

调差是指在套用预算定额单价计算得出定额直接费及综合取费以后，须按照各盟市建设工程造价管理部门定期发布的建设工程造价动态信息，调整工程预（结）算造价。

在预算编制过程中通常所进行的材差调整实际上是调差的一种，它是最常见也是很主要的一种。其计取的方法一般是根据工程量和定额规定的消耗量标准相乘后得到材料消耗量，再乘以材料价差（信息价减去定额中该种材料的价格）。除了材差调整外，也应根据地方建设行政主管部门有关定额相关费用的调整文件，进行人工费、机械费或辅材周转材料的调整。如内蒙古自治区住房与城乡建设厅发布的内建工［2013］587 号文和内建工［2013］号文分别规定了定额人工工资单价和定额辅材周转材料调整的方法和要求。

任务4　施工图预算的取费实例

取费实例选取了呼市地区某房地产开发公司一栋高层住宅楼（剪力墙结构、十三层、建筑面积 3837.6m² ）的电气设备安装单位工程施工图预算书。其编制依据有：①施工图、图纸会审纪要、施工合同；②《内蒙古自治区安装工程预算定额》第二册　电气设备安装工程、第十二册　建筑智能化系统设备工程、《内蒙古自治区建设工程费用定额》；③2008年呼和浩特地区建设工程材料预算价格；④呼市地区二○一六年第四期建设工程造价信息；⑤人工单价调整执行【2013】587号《关于调整内蒙古自治区建设工程定额人工工资单价的通知》。

　　该费用计算实例采用Excel表格演示完整计算过程。需要说明：本例中列出了脚手架费、四项通用措施项目费（安全文明施工费、临时设施费、雨季施工增加费、已完未完工程保护费）、材料及产品检测费、高层建筑增加费，以及管理费、利润、规费和税金等费用的计取方法。但有些费用的计算并未包括在本例中：如按系数计取的工程超高增加费、安装与生产同时进行增加的补偿费以及在有害身体健康的环境中施工增加的费用，需要按预算定额册说明中的规定计取；措施项目费用中的冬季施工增加费、夜间施工增加费、地上、地下设施、建筑物的临时保护设施费，需要按费用定额的相关规定计取；总承包服务费，也应按费用定额的相关规定计取。

　　建筑安装工程预算书见表2-14。

表 2-14　建筑安装工程预算书

工程名称：住宅楼电气设备安装工程　　　　　　　　　　　　　　　　　　　　建筑面积：3837.60m²

定额编号	工程和费用名称	单位	数量	预算价		其中：人工费		其中：机械费	
				单价	合计	单价	人工费	单价	机械费
	电气照明：								
2-266	照明配电箱安装1.5m以内	台	12.00	132.93	1595	99.36	1192	0	0
2-265	户内照明配电箱安装1.0m以内	台	24.00	108.43	2602	77.76	1866	0	0
2-337	焊铜接线端子16mm²以内	10个	4.80	54.23	260	12.96	62	0	0
2-338	焊铜接线端子35mm²以内	10个	4.80	77.97	374	17.28	83	0	0
2-344	压铜接线端子35mm²以内	10个	4.80	77.55	372	28.51	137	0	0
2-693	户内热缩式电缆头制安120mm²	个	24.00	184.00	4416	77.76	1866	0	0
2-639H	铜芯电力电缆敷设YJV4×70+1×35	100m	0.89	682.38	607	553.18	492	26.76	24
2-551	钢制槽式桥架安装400mm以内	10m	3.88	201.04	780	137.38	533	6.28	24
2-1117	焊接钢管暗配DN32	100m	2.90	1571.13	4556	401.33	1164	22.99	67
2-1114	焊接钢管暗配DN15	100m	135.86	806.22	109533	291.60	39617	14.22	1932
2-1279	管内穿动力线BV25	100m	8.14	1900.49	15470	59.18	482	0	0
2-1278	管内穿动力线BV16	100m	4.07	1203.56	4898	47.52	193	0	0
2-1248	管内穿照明线BV2.5	100m	389.97	263.38	102710	43.20	16847	0	0
2-1498	座灯头安装	10套	28.80	65.25	1879	40.61	1170	0	0
2-1813	排风扇安装	台	24.00	28.92	694	26.35	632	0	0
2-1495	壁灯安装	10套	2.40	108.73	261	87.26	209	0	0
2-1779	二、三孔插座安装（15A以内）	10套	52.80	63.10	3332	47.52	2509	0	0

（续）

工程名称：住宅楼电气设备安装工程 　　　　　　　　　　　　　　建筑面积：3837.60m²

定额编号	工程和费用名称	单位	数量	预算价		其中:人工费		其中:机械费	
				单价	合计	单价	人工费	单价	机械费
2-1788	空调插座安装（30A 以内）	10 套	4.80	67.64	325	46.66	224	0	0
2-1779	二、三孔防水插座安装	10 套	7.20	63.10	454	47.52	342	0	0
2-1748	三联单控开关安装	10 套	4.80	51.97	249	40.18	193	0	0
2-1747	双联单控开关安装	10 套	2.40	47.52	114	38.45	92	0	0
2-1746	单联单控开关安装	10 套	24.00	43.07	1034	36.72	881	0	0
2-1479	接线盒安装	10 个	55.20	29.33	1619	19.44	1073	0	0
2-1480	开关盒安装	10 个	96.00	25.32	2431	20.74	1991	0	0
2-955	送配电装置系统调试	系统	1.00	450.52	451	384.00	384	66.52	67
	防雷、接地、等电位：								
2-855	避雷网沿折板支架敷设	10m	13.23	172.35	2280	117.50	1555	10.04	133
2-852	避雷引下利用建筑物主筋引下	10m	14.40	45.62	657	17.71	255	24.34	350
2-801	利用基础钢筋作接地极	m²	259.60	7.24	1880	4.56	1184	1.22	317
2-853	断接卡子制安	10 套	0.20	185.98	37	155.52	31	1.1	0
2-1477	测试卡子箱安装	10 个	0.20	175.96	35	172.80	35	0	0
2-992	接地系统调试	系统	1.00	556.38	556	384.00	384	172.38	172
2-1478	等电位箱安装	10 个	2.40	264.88	636	259.20	622		
	弱电系统：								0
2-1478	弱电过路箱体安装	10 个	1.20	264.88	318	259.20	311	0	0
2-1477	多媒体箱体安装	10 个	2.40	175.96	422	172.80	415	0	0
2-1115	焊接钢管暗配 *DN*20	100m	26.81	973.23	26092	311.04	8339	14.22	381
2-1116	焊接钢管暗配 *DN*25	100m	35.44	1289.72	45708	377.14	13366	22.99	815
2-1117	焊接钢管暗配 *DN*32	100m	0.96	1571.13	1508	401.33	385	22.99	22
2-1479	接线盒安装	10 个	5.20	29.33	153	19.44	101	0	0
12-680	电视暗盒安装	10 个	14.40	61.75	889	61.44	885	0	0
12-679	电视终端盒安装	10 个	14.40	55.99	806	55.68	802	0	0
12-26	安装信息插座底盒	个	240.00	6.72	1613	6.72	1613	0	0
12-117	电话出线口安装	个	240.00	2.21	530	1.92	461	0	0
	计				345136		104978		4304
	高层建筑增加费	%	4.00		4199	100%	4199		0
	计				349335		109177		4304
	脚手架费	%	4.00		4367	25%	1092	10%	437
	四项通用措施项目费	%	8.10		9192	20%	1838		0
	材料及产品检测费		3837.60	0.6	2303		0		0

（续）

工程名称：住宅楼电气设备安装工程　　　　　　　　　　　　　　　　　　　建筑面积：3837.60m²

定额编号	工程和费用名称	单位	数量	预算价		其中：人工费		其中：机械费	
				单价	合计	单价	人工费	单价	机械费
	计				365197		112107		4741
	企业管理费	%	22.00		25707				
	利润	%	17.00		19864				
	计				410768				
	未计价材：								
	照明配电箱	台	12.00	540.00	6480				
	户内照明配电箱	台	24.00	420.00	10080				
	铜芯电力电缆 YJV4×70+1×35	m	89.89	198.00	17798				
	户内热缩式电缆头 120mm²以内	个	24.48	47.00	1151				
	钢制槽式桥架 200mm×100mm	m	38.80	96.60	3748				
	座灯头	套	290.88	9.50	2763				
	排风扇	台	24.00	48.00	1152				
	壁灯	套	24.24	60.00	1454				
	二、三孔插座	套	538.56	12.00	6463				
	空调插座	套	48.96	15.40	754				
	二、三孔防水插座	套	73.44	20.50	1506				
	三联开关	套	48.96	16.00	783				
	双联开关	套	24.48	13.50	330				
	单联开关	套	244.80	11.00	2693				
	接线盒、开关盒	个	660.96	3.10	2049				
	测试卡子箱	台	2.00	40.00	80				
	等电位箱	台	24.00	35.00	840				
	弱电过路箱体	个	12.00	60.00	720				
	多媒体箱体	个	24.00	40.00	960				
	接线盒	个	53.04	3.10	164				
	电视暗盒	个	145.44	3.10	451				
	电视终端盒	个	145.44	32.00	4654				
	信息插座底盒	个	242.40	3.10	751				
	电话出线口	个	244.80	43.00	10526				
	材差调整：								
	焊接钢管调差 DN32	m	285.88	5.56	1589				

（续）

工程名称：住宅楼电气设备安装工程 　　　　　　　　　　　　　　　建筑面积：3837.60m²

定额编号	工程和费用名称	单位	数量	预算价		其中：人工费		其中：机械费	
				单价	合计	单价	人工费	单价	机械费
	焊接钢管调差 DN25	m	3650.25	4.26	15550				
	焊接钢管调差 DN20	m	2761.42	2.38	6572				
	焊接钢管调差 DN15	m	13993.55	1.82	25468				
	导线调差 BV25	m	854.77	9.54	8155				
	导线调差 BV16	m	415.70	5.12	2128				
	导线调差 BV2.5	m	45237.23	0.18	8143				
	避雷网调差	m	138.92	1.38	192				
	机上人工调增 56%	元	9.13	56%	5				
	人工调增 56%	元	112107	56%	62780				
	小计				208932				
	计				619700				
	规费	%	5.57		34517				
	计				654217				
	税金	%	3.48		22767				
	工程造价				676984				

小　结

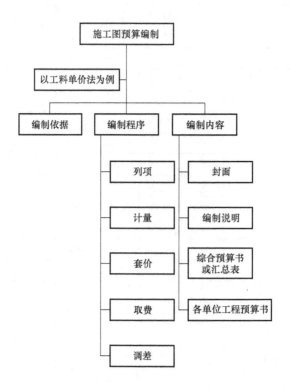

同 步 测 试

一、单项选择

1. 下列对施工图预算的作用描述不准确的是 （　　　）。

A. 确定和控制工程成本　　　　　　　B. 确定和控制工程结算价

C. 确定和控制招标控制价　　　　　　D. 确定和控制投标报价

2. 单位工程预算书不包括 （　　　）。

A. 封面　　　　　　　　　　　　　　B. 编制说明

C. 预算书　　　　　　　　　　　　　D. 计算书

3. 现行的施工图预算编制方法是 （　　　）。

A. 工料单价法

B. 综合单价法

C. 工料单价法和综合单价法

D. 清单综合单价法和全费用综合单价法

4. 清单综合单价包括 （　　　）。

A. 人工费、材料费、机械费、企业管理费、利润

B. 人工费、材料费、机械费、企业管理费、利润和一定范围内的风险

C. 人工费、材料费、机械费

D. 人工费、材料费、机械费和一定范围内的风险

5. 使用工料单价法进行施工图预算编制的基本步骤是 （　　　）。

A. 列项→计量→套价→取费→调差

B. 计量→列项→套价→取费→调差

C. 计量→列项→取费→套价→调差

D. 列项→计量→取费→套价→调差

6. 下列不属于措施项目费的是 （　　　）。

A. 脚手架搭拆费　　　　　　　　　　B. 安全文明施工费

C. 工程排污费　　　　　　　　　　　D. 材料及产品检测费

7. 间接费包括 （　　　）。

A. 企业管理费和利润　　　　　　　　B. 企业管理费和规费

C. 利润和税金　　　　　　　　　　　D. 规费和税金

8. 下面各项费用中不属于直接工程费的是 （　　　）。

A. 人工费、材料费、机械费　　　　　B. 高层建筑增加费

C. 工程超高费　　　　　　　　　　　D. 夜间施工费

9. 下面各项费用中不属于规费的是 （　　　）。

A. 工程排污费　　　　　　　　　　　B. 社会保障费

C. 教育费附加　　　　　　　　　　　D. 水利建设基金

10. 企业管理费和利润的取费基础是 （　　　）。

A. 直接工程费中人工费和机械费的合计

B. 直接工程费中的人工费

C. 直接费中人工费和机械费的合计

D. 直接费中的人工费

二、问答题

1. 施工图预算编制的依据有哪些?

2. 基价换算的方法有哪些?

3. 如何确定调整材料价差中材料的数量? 差价如何确定?

4. 简述建筑安装工程造价的组成。

5. 简述单项工程预算文件的组成。

三、计算题

1. 某工程根据图纸等资料计算得:室外电缆沟内敷设铜芯电力电缆 YJV22-4×95+1×50 共计 195m,YJV22-4×95+1×50 信息价 255 元/m,试计算该电缆敷设项目的直接工程费、人工费、机械费,并确定其未计价主材材料费用。

2. 某工程根据图纸等资料计算得:管内穿线 BV4 共计 920m,BV4 信息价 2.4 元/m,试计算该分项工程的直接工程费、人工费、机械费,并对 BV4 的材料费进行调差。

3. 呼市某十六层建筑,建筑面积 12180m²,其附属电气设备安装工程预算的直接工程费合计为 65062 元,其中定额人工费为 28013 元,机械费为 2180 元,未计价主材及材差共 89120 元。根据以上工程资料,查阅费用定额,计算该单位工程预算造价。

项目3

室内采暖安装工程预算

学习目标

知识目标

- 了解室内采暖系统的组成。
- 熟悉室内采暖施工图的组成与内容。
- 掌握分部分项工程的计算规则与方法。
- 掌握取费程序与方法。

能力目标

- 能够识读室内采暖工程施工图。
- 能够正确计算室内采暖工程分部分项工程量。
- 能够熟练应用定额进行套价和取费。

任务1　室内采暖系统的组成

3.1.1　散热器

一般建筑室内热水普通散热器采暖系统由下面几部分组成。

1.常用铸铁散热器

常用铸铁散热器规格表见表3-1。

表3-1　常用铸铁散热器规格表

型　号	大60型	M132型	4柱813型	4柱760型	4柱640型	4柱460型
长度/mm	280	80	57	53	53	60
上下接管口中心距/mm	505	500	642	600	500	300
散热面积/(m²/片)	1.17	0.24	0.28	0.235	0.20	0.128

2.常用钢制散热器

（1）闭式钢串片散热器

闭式钢串片散热器规格表见表3-2。

表3-2　闭式钢串片散热器规格表

规格(H×B)	150×60	150×80	240×100	300×80	500×90	600×120
散热面积/(m²/片)	2.48	3.15	5.72	6.30	7.44	10.60

（2）板式散热器

板式散热器规格表见表3-3。

表3-3　板式散热器规格表

规格(H×L)	600×600	600×800	600×1000	600×1200	600×1400	600×1600	600×1800
散热面积/(m²/片)	1.58	2.10	2.75	3.27	3.93	4.45	5.11

（3）扁管散热器

扁管散热器规格表见表3-4。

表3-4　扁管散热器规格表

型　号	规格(H×L)	散热面积/(m²/片)
单板	416×1000	0.915
	520×1000	1.151
	624×1000	1.377
双板	416×1000	1.834
	520×1000	2.30
	624×1000	2.75

（续）

型 号	规格（H×L）	散热面积/（m²/片）
单板带 对流片	416×1000	3.62
	520×1000	4.57
	624×1000	5.55
双板带 对流片	416×1000	7.24
	520×1000	9.14
	624×1000	10.10

3.1.2 室内采暖管道

1. 管材

一般室内热水采暖管道所用管材为水煤气输送非镀锌钢管，即焊接钢管。焊接钢管的规格见表 3-5。

表 3-5 焊接钢管规格

公称直径 DN			钢 管 螺 纹								每米钢管分配的管接头质量（以每6m一个计算）/kg
			普通管		加厚管		基本面外径/mm	每英寸扣数	退刀部分前的螺纹长度/mm		
mm	in	外径/mm	壁厚/mm	理论质量（不计管接头）/（kg/m）	壁厚/mm	理论质量（不计管接头）/（kg/m）			锥形螺纹	圆柱形螺纹	
6	1/8″	10	2	0.39	2.5	0.46	—	—	—	—	—
8	1/4″	13.5	2.25	0.62	2.75	0.73	—	—	—	—	—
10	3/8″	17	2.25	0.82	2.75	0.97	—	—	—	—	—
15	1/2″	21.25	2.75	1.25	3.25	1.44	20.956	14	12	14	0.01
20	3/4″	26.75	2.75	1.63	3.5	2.01	26.442	14	14	16	0.02
25	1″	33.5	3.25	2.42	4	2.91	33.250	11	15	18	0.03
32	1¼″	42.25	3.25	3.13	4	3.77	41.912	11	17	20	0.04
40	1½″	48	3.5	3.84	4.25	4.58	47.805	11	19	22	0.06
50	2″	60	3.5	4.88	4.5	6.16	59.616	11	22	24	0.08
70	2½″	75.5	3.75	6.64	4.5	7.88	75.187	11	23	27	0.13
80	3″	88.5	4	8.34	4.75	9.81	87.887	11	32	30	0.20
100	4″	114	4	10.85	5	13.44	113.034	11	38	36	0.40
125	5″	140	4.5	15.04	5.5	18.24	138.435	11	41	38	0.60
150	6″	165	4.5	17.81	5.5	21.63	163.836	11	45	42	0.80

2. 管道的连接方式

室内采暖管道的连接方式由设计决定，一般 DN≤32 者为螺纹连接，DN>32 者为焊接。

3. 管件

螺纹连接管道上采用非镀锌钢管件，焊接管道上采用钢制管件。

3.1.3 管道支架

1. 室内采暖管道支架的设置

散热器支管长度大于 1.5m 时，应在中间设管卡式滑动支架。

采暖立管、竖干管支架常用单、双立管扁钢滑动管卡，有时也用角钢滑动管卡，楼层高≤5m时，每层设一个；楼层高>5m时，不少于2个。

采暖横干管的活动支架可根据干管位置不同设置滑动托架或吊架。水平钢管支架最大间距不大于表3-6的要求。

表3-6 水平钢管支架最大间距

管道公称直径/mm		15	20	25	32	40	50	70	80	100	125	150
支架最大间距/m	保温管	2	2.5	2.5	2.5	3	3	4	4	4.5	6	7
	非保温管	2.5	3	3.5	4	4.5	5	6	6	6.5	7	8

采暖管道上固定支架、导向支架的设置位置和构造做法由设计决定。

2. 支架的构造

室内采暖管道各种支架的构造详见内蒙古自治区工程建设标准设计《05系列建筑标准设计图集》"管道支架、吊架"（05S9）。

3.1.4 阀门

室内热水采暖系统的管道上一般采用闸板阀，有时设计者也要求使用截止阀。螺纹连接的管道上采用螺纹阀门，焊接连接的管道上通常采用法兰阀门。

3.1.5 排气装置

1. 气动集气罐

手动集气罐一般由直径为100~250mm的短管制成，分立式和卧式两种，其规格见表3-7。

表3-7 集气罐规格尺寸

规格	型 号			
	1	2	3	4
D/mm	100	150	200	250
H或L/mm	300	300	320	430
重量/kg	4.39	6.95	13.76	29.29

2. 自动排气阀

自动排气阀种类较多，其接管直径有$DN15$、$DN20$、$DN25$等。

3. 手动放气阀

手动放气阀俗称冷风门，常用的为$\phi10$的一种。

3.1.6 套管

室内采暖管道穿墙时，要加两端与墙面平齐的咬口镀锌铁皮套管或钢套管；管道穿楼板或地沟盖板时，要加钢套管，套管下端与楼板平齐，上端高出地面20~25mm。套管通常比被套管大二号。

3.1.7 伸缩器

伸缩器是用来补偿管道因温度变化而伸长或缩短的构件，其作用是减小管道的温度应力。在热水采暖系统中常用的伸缩器有方形伸缩器、波纹伸缩器和套筒伸缩器。

3.1.8　保温层与保护层

室内采暖管道需保温部分常用岩棉套管、聚氨酯、橡塑管壳、玻璃棉等保温材料做保温层。保温层外一般用玻璃布或塑料布做保护层。

3.1.9　温度计、压力表

在室内采暖系统入口的供回水管道上，为了测量供回水参数要设置温度计和压力表。温度计常采用玻璃液体膨胀式温度计或压力式温度计。

室内采暖系统一般由上述内容组成，个别或特殊的系统还可能有其他的内容，如膨胀水箱、除污器、平衡阀、热流量计等。

任务 2　室内采暖工程施工图的识读

3.2.1　管道识图的一般知识

室内采暖、给水排水、燃气工程的施工图主要有平面图和系统图（轴测图），读懂管道在平面图和系统图上的表示含义是识读管道施工图的基本要求。

1. 管道在平面图上的表示

某一层楼的各种暖卫管道的平面图，一般要把楼层地面以上顶棚以下的所有管道都表示在该层建筑平面图上，对于底层还要把地沟内的管道表示出来。

各种位置和走向的暖卫管道在平面图上的具体表示方法是：水平管、倾斜管用其单线条的水平投影表示；当几根管水平投影重合时，可以间隔一定距离并排表示；当管子交叉时，位置较高的可直线通过，位置较低的在交叉投影处要断开表示；垂直管道在图上用圆圈表示；管道在空间向上或向下拐弯时，要按具体情况用图 3-1 所示的方法表示。

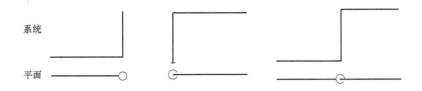

图 3-1　管道上下拐弯在平面图上的表示

2. 管道在系统图上的表示

室内管道的系统图（轴测图）主要反映管道在室内的空间走向和标高位置。

一般的采暖、给水排水、燃气管道的系统图是正面斜轴测图，所以左右方向的管道用水平线表示、上下走向的管道用竖线表示、前后走向的管道用 45°斜线表示，如图 3-2 所示。

3. 管道标高、坡度、管径的标注

（1）标高

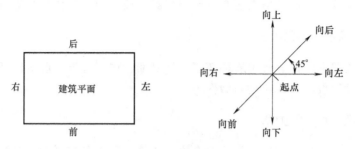

图 3-2　管道在轴测图上的表示

管道的标高符号一般标在一段管子的起点或终点，标高数字对于采暖、给水、燃气管道常指管中心处的相对于±0.000 的高度，对于排水管道常指管内底的相对标高，标高以米为单位。

（2）坡度

坡度符号可标在管子的上方或下方，其箭头所指的一端是管子的低端，一般表示为 i=xxx。

（3）管径

管径用公称直径标注，一段管子的管径一般标在该段管子的两头，而中间不再标注，即"标两头带中间"，如图 3-3 所示。

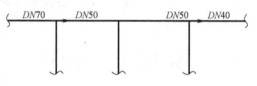

图 3-3　管径的标注

3.2.2　室内采暖工程施工图图例

采暖工程施工图图例，国家有统一规定，但各地区、各设计院所采用的不尽相同。现列出一些常用图例，见表 3-8。

表 3-8　室内采暖工程常用图例

图例	名称	图例	名称
	采暖供水管		卧式集气罐
	采暖回水管		立式集气罐
	方形伸缩器		自动排气阀
	固定支架		温度计
	闸阀		压力表
	散热器		管道变径

3.2.3　管道和散热器连接方式的表示

管道和散热器连接方式的表示见表 3-9。

表 3-9　管道和散热器连接的表示方法

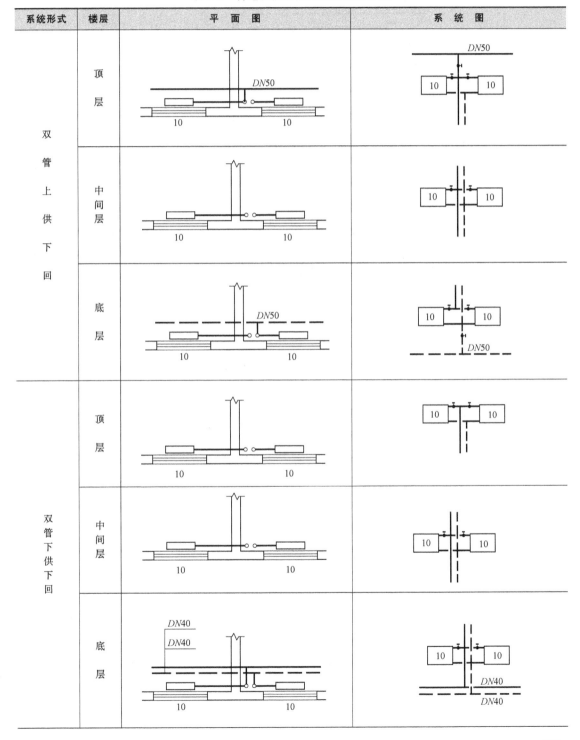

（续）

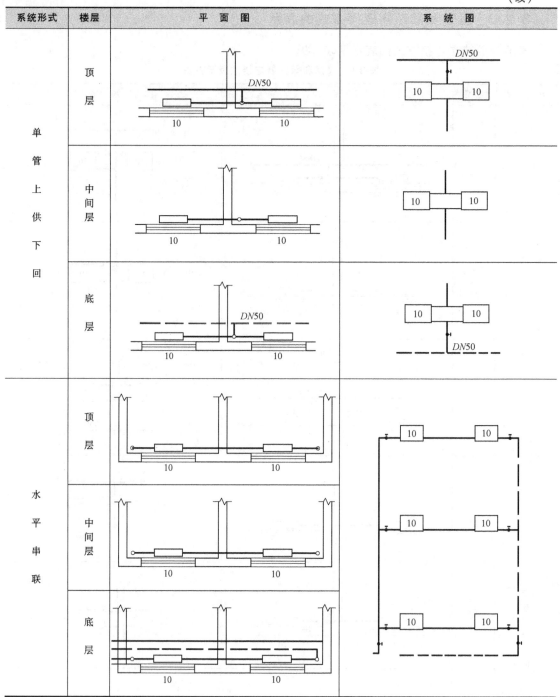

3.2.4　识读室内采暖工程施工图应注意的问题

1. 先看施工说明，从文字说明中了解以下几点：

1）散热器的型号。

2）管道所用的管材，管道连接方式是丝接，还是焊接。

3）管道、支架、设备的刷油保温方法。

4）施工图中使用了哪些标准图、通用图。

2. 看平面图要注意的几点：

1）散热器的位置、片数。

2）供、回水干管的布置方式及干管的阀门、固定支架、伸缩器的平面位置。

3）膨胀水箱、集气罐等设备的位置。

4）管子在哪些地方走地沟。

3. 看系统图要注意的几点：

1）采暖管道的来龙去脉，包括管道的走向、空间位置、管径及管道变径点位置。

2）管道上阀门的位置、规格。

3）散热器与管道的连接方式。

4）和平面图对应地看哪些管道明装，哪些管道暗装。

4. 要注意对施工图中详图的识读

在采暖平面图和系统图中表示不清楚，又无法用文字说明的地方，一般用详图表示。采暖施工图中的详图有：

1）地沟内支架的安装大样图。

2）地沟入口处详图，即热力入口详图。

任务 3　室内采暖工程施工图预算的编制

本节主要讲述室内采暖工程施工图预算编制时的工程量计算、定额套用及直接工程费的计算方法。

3.3.1　工程量计算

1. 工程量计算项目

现行"全国统一安装工程预算定额"根据室内采暖工程的组成，将一般室内采暖工程施工图预算的工程量项目划分为以下几项：

1）散热器等供暖器具安装。

2）室内管道安装。

3）管道支架的制作安装。

4）阀门、自动排气阀、手动放风阀安装。

5）管道镀锌铁皮套管的制作、钢套管的制作安装。

6）伸缩器的制作安装。

7）集气罐的制作安装。

8）散热器、管道、支架的除锈、刷油。

9）管道保温层和保护层安装。

10）温度计、压力表等仪表安装。

上述工程量计算项目是一般室内采暖工程常有的，对个别特殊的室内采暖工程还可能有其他的项目，如膨胀水箱制作安装、除污器安装等。另外还有一些按系数计算的定额直接工程费项目，如系统调整费、高层建筑增加费、超高增加费等。

2. 工程量计算规则

1）散热器和其他供暖器具组成安装工程量计算规则。

① 铸铁散热器、钢制闭式散热器安装工程量按"片"计算。

② 光排管散热器的制作安装以"米"为计量单位计算工程量，即以米为单位计算散热器上的焊接排管的总长度（联箱管长度已包括在定额内，不再计算）。

③ 钢制板式、壁式、柱式散热器安装工程量，以"组"为计量单位。

④ 暖风机安装按其单台重量不同以"台"为计量单位。

⑤ 低温地板辐射采暖管道铺设按延长米以"10m"为计量单位，保温隔热层铺设以"10m²"为计量单位，分（集）水器安装以"台"为计量单位，过滤器安装以"个"为计量单位。

2）室内管道安装工程量按延长米计算，即以"10m"为计量单位计算管子中心线延长米长度。计算时要注意以下几点：

① 计量管道延长米时，不扣除阀门及管件（包括减压阀、伸缩器）所占长度。

② 方形伸缩器两臂长度应计算在管道延长米内。

③ 室内外采暖管道以入口阀门或建筑物外墙皮外 1.5m 处为界。

3）管道支架制作安装工程量以"100kg"为计量单位计算支架本身重量。在计算支架重量时应注意，室内 $DN \leqslant 32$ 螺纹连接管道的支架制作安装工作内容已包括在管道安装工作内容中，不再单独计算其重量。

4）镀锌铁皮套管制作安装及穿墙、穿楼板钢套管制作安装，均按被套管 DN 不同以"个"为计量单位计算工程量。

5）各种阀门的安装均按其公称直径不同以"个"为计量单位。

6）各种伸缩器的制作安装工程量均以"个"为计量单位。

7）集气罐制作安装工程量，按其公称直径不同以"个"为计量单位计算。

8）管道和设备的除锈、刷油工程量均以"10m²"为计量单位计算其除锈、刷油的表面积；支架的除锈、刷油工程量按其重量计算。

9）管道和设备的保温工程量计算规则是：保温材料安装以"m³"为计量单位计算其体积，保护层安装按"10m²"为计量单位计算其面积。

10）温度计、压力表安装工程量分别以"支""块"为计量单位计算。

3. 工程量计算方法

为了准确快速地计算室内采暖工程的工程量，除了解掌握工程量计算项目和规则外，还应在工程量计算之前根据工程的特点，考虑工程量计算的程序和方法。具体程序根据编制者个人的习惯、经验，可各有特色，但一般都应首先按系统计算主要项目，相互有关系的应先算最基本的。如计算管道安装和管道刷油两个项目的工程量时，应先计算管道安装工程量，然后计算刷油工程量。

一般室内采暖工程主要项目的工程量计算可按下述方法进行：

（1）散热器片数（或组数）的统计方法

为了方便管道延长米的计算，在统计散热器片数或组数时，要将接管规格相同者统计在一起，即对于水平串联采暖系统的散热器，将水平串联管管径相同者统计在一起；对于垂直单、双管采暖系统的散热器，将散热器所接支管管径相同者统计在一起，并将统计结果记录在表 3-10 中。

表 3-10　散热器片数或组数统计表

散热器支管管径	$DN15$	$DN20$	$DN25$	$DN32$	合计
散热器片数/组数					
备　　注					

（2）管道延长米的计算方法

1）基本方法。横向管道的长度尽量用平面图上所注尺寸计算，当平面图上无标注尺寸时，可在平面图上用比例尺丈量。

2）散热器支管长度计算。水平串联采暖系统水平串联管某规格长度的计算公式为

水平串联管长度 = ∑（水平串联环路两立管（供回水）中心距离×层数）–串联散热器长度 + 乙字弯的增加长度

垂直单、双管采暖系统的水平支管某规格长度的计算公式为

水平支管长度（供、回水）= ∑（立管至窗户中心或散热器中心管线长度×2×层数）–散热器长度 + 乙字弯增加长度

散热器长度 = 每片散热器长度×散热器片数

乙字弯的增加长度 = 每个乙字弯增加长度 0.04m×乙字弯个数

3）明装立管长度计算。明装立管是指一层±0.000 以上的采暖立管，整个采暖系统各规格明装立管长度等于各规格单根立管长度乘以立管根数。各规格单根立管长度按下式计算：

垂直单管采暖系统的单根立管长度 = 立管上下端标高差–散热器上下接口的间距×层数 + 管道各种煨弯的增加长度

双管采暖系统的单根立管长度 = 立管上下端标高差 + 管道各种煨弯的增加长度

水平串联采暖系统的单根立管长度 = 立管上下端标高差

立管上的乙字弯或括弯的增加长度 = 单个增加长度 0.06m×个数

4）暗装立管长度计算。暗装立管是指一层±0.000 以下地沟内的立管。暗装立管在地沟内单根的弯曲长度应按地沟内管道安装详图计算，无详图者要结合土建地沟图纸和习惯的管道施工做法分析计算，一般可按每根 1.0~1.5m 估算。

5）干管长度计算。垂直干管各规格段长度 = 上下端标高差

横向干管及支干管各规格段的长度计算方法是：先在有干管的平面图上将各规格段干管的分界点（变径点）找到并标出，同时在平面图上标出各规格段的管径，然后依据标出的分界点和平面图尺寸计算或丈量各规格段管子的长度。

丝接管道的变径点一般在分支三通处，焊接管道的变径点一般在分支后 200mm 处，如图 3-4 所示。

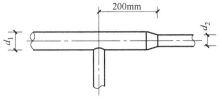

图 3-4　管道变径

6）管道长度计算应注意的问题。计算管道延长米时应将规格不同、连接方式不同的分开计算，将管道井、管廊中安装的管道长度与一般管长度分开计算；管道延长米计算时，精确到分米。

为了便于计算除锈、刷油、保温工程量，计算管道延长米时，要将明装管、暗装管、保温管和非保温管长度分开计算。一般将计算结果统计记录于表 3-11 中。

表 3-11　管道延长米统计表

管长/m DN 管名称		15	20	25	32	40	50	70	80	100	125	150
明装管道	支管											
	立管											
	干管											
	其他											
	小计											
暗装管道	支管											
	立管											
	干管											
	其他											
	小计											
合　计												

（3）管道支架重量的计算方法

管道支架重量的计算方法有两种，一是较精确地确定支架个数和单个重量的计算方法，二是按管道长度估算支架重量的方法。

1）精确计算按以下方法进行：

① 确定管道支架个数。散热器支管、采暖立管、竖干管支架的个数根据其设置原则确定；横干管上固定、导向支架个数按图示统计；横干管活动支架个数要按"不超最大支架间距"的原则，计算其支架个数或在平面上画出支架个数。

② 计算每个支架的重量。单个支架的重量应按现行有关支架制作标准图或支架设计构造图所给出的型钢规格、长度分析计算。

③ 计算管道支架制作安装总重量。

管道支架制作安装的总重量 =∑（某种支架个数×该种支架单个重量）

④ 为了便于计算支架除锈、刷油工程量，计算支架重量时，要将明装、暗装支架重量分开计算，并将计算结果记录于表 3-12 中。

2）估算法可采用以下公式：

管道支架制作安装重量 =∑（某规格管道的延长米×该规格每米管道支架用量）

式中某规格管道延长米查管道延长米统计表，各种规格每米管道支架用量见表

3-13。

表 3-12　管道支架重量统计计算表

支架名称		管径	管道长/m	支架个数	重量/(kg/个)	总重/kg	备注
明装支架	活动支架						
	固定支架						
暗装支架	活动支架						
	固定支架						
合　计							

表 3-13　每米管道支架用量表

公称直径/mm	15	20	25	32	40	50	70	80	100	125	150	200
管支架用量/(kg/m)	0.4	0.4	0.4	0.5	0.6	0.8	0.8	0.9	1.4	1.5	1.8	2.4

（4）阀门个数的统计

根据图纸所示图例符号及设计说明，将不同种类、不同连接方式、不同公称直径的阀门个数分别统计出来。

（5）管道铁皮套管和钢套管制作安装个数的计算

穿墙镀锌铁皮套管、钢套管个数一般为管道穿墙次数；穿楼板钢套管个数即为管道穿沟盖板与穿楼板的次数。

（6）伸缩器、集气罐个数的统计

伸缩器、集气罐的个数按图示统计。

（7）除锈、刷油工程量计算

1）散热器除锈、刷油面积计算。散热器除锈、刷油面积的计算公式为

散热器除锈、刷油面积＝每片散热器散热面积×片数。

每片铸铁散热器散热面积见表 3-1。

2）管道除锈、刷油面积计算。管道除锈、刷油面积可按公式计算，也可按查表计算。

按公式计算时，管道的除锈、刷油面积即为管道的展开面积，其计算公式为：

$$管道除锈、刷油面积＝\sum（某规格管子外径×π×该规格管长度）$$

查表计算时，可按以下公式计算：

$$管道除锈、刷油面积＝\sum\left(\frac{某规格管长}{100}×该规格管每100米的除锈、刷油面积\right)$$

其中每 100 米各规格管的除锈、刷油面积查表 3-14。

表 3-14　焊接钢管刷油、绝热工程量计算表

序号	公称直径/mm	绝热层厚度/mm																		
		0	20		30		40		50		60		70		80		90		100	
		面积/m²	面积/m²	体积/m³	面积/m²	体积/m³	面积/m²	体积/m³	面积/m²	体积/m³	面积/m²	体积/m³	面积/m²	体积/m³	面积/m²	体积/m³	面积/m²	体积/m³	面积/m²	体积/m³
1	15 (21.25)	6.67	22.5	0.27	29.09	0.51	35.68	0.81	42.28	1.18	48.87	1.62	55.47	2.12	62.06	2.70	68.65	3.33	75.25	4.04
2	20 (26.75)	8.40	24.23	0.31	30.82	0.56	37.41	0.88	44.01	1.27	50.60	1.73	57.20	2.25	63.79	2.84	70.38	3.5	76.98	4.22
3	25 (33.5)	10.52	26.35	0.35	32.94	0.63	39.53	0.97	46.13	1.38	52.72	1.86	59.32	2.40	65.91	3.01	72.50	3.69	79.10	4.44
4	32 (42.25)	13.35	29.18	0.41	35.77	0.72	42.36	1.09	48.96	1.53	55.55	2.03	62.15	2.61	68.74	3.25	75.33	4.00	81.93	4.73
5	40 (48)	15.07	30.9	0.45	37.49	0.77	44.08	1.16	50.68	1.62	57.27	2.14	63.87	2.73	70.46	3.39	77.05	4.11	83.65	4.91
6	50 (60)	18.84	34.67	0.52	41.26	0.89	47.85	1.31	54.45	1.81	61.04	2.37	67.64	3.00	74.23	3.70	80.82	4.47	87.42	5.30
7	70 (75.5)	23.71	39.54	0.62	46.13	1.04	52.72	1.52	59.32	2.10	65.91	2.68	72.51	3.36	79.10	4.10	85.69	4.92	92.29	5.80
8	80 (88.5)	27.79	43.62	0.71	50.21	1.16	56.80	1.68	63.40	2.27	69.99	2.93	76.59	3.65	83.18	4.44	89.77	5.3	96.37	6.22
9	100 (114)	35.80	51.63	0.87	58.22	1.41	64.81	2.02	71.41	2.69	78.00	3.43	84.60	4.23	91.19	5.10	97.78	6.04	104.38	7.05
10	125 (140)	43.96	59.79	1.04	66.38	1.66	72.97	2.36	79.57	3.11	86.16	3.93	92.76	4.82	99.35	5.79	105.94	6.80	112.54	7.89
11	150 (165)	51.81	67.67	1.20	74.23	1.91	80.82	2.68	87.42	3.51	91.01	4.42	100.61	5.39	107.20	6.43	113.79	7.53	120.42	8.70

3）管道支架的除锈刷油重量。管道支架的除锈刷油重量计算方法同支架的制作、安装重量计算方法。

（8）管道保温层、保护层安装工程量计算

1）计算公式。某规格管道保温层体积 V 的计算公式为

$$V = L \cdot \pi \cdot (D + \delta + \delta \times 3.3\%) \cdot (\delta + \delta \times 3.3\%)$$
$$= L \cdot \pi \cdot (D + 1.033\delta) \times 1.033\delta$$

式中　L——某规格管道长度（m）；

　　　D——某规格管道外径（m）；

　　　δ——保温层厚度（m）；

　3.3%——保温层厚度允许偏差系数。

某规格管道保护层面积 S 的计算公式为

$$S = L \cdot \pi \cdot (D + 2\delta + 2\delta \times 5\% + 0.0082)$$
$$= L \cdot \pi \cdot (D + 2.1\delta + 0.0082)$$

式中　0.0082——用于捆绑保温层的金属线直径（$2d_1 = 0.0032$）+防潮层厚度（$2d_2 = 0.005$）；

　　　5%——保温材料允许超厚系数。

2）查表计算。根据上述计算公式，可将各种规格焊接钢管每 100 米管长所用保温材料体积和保护层面积计算出来。查表计算时，可按以下公式计算：

$$保温材料体积\ V = \sum\left(\frac{某规格保温管长度}{100} \times 该规格保温管每\ 100m\ 保温材料体积\right)$$

$$保护层面积\ S = \sum\left(\frac{某规格保温管长度}{100} \times 该规格保温管每\ 100m\ 保护层面积\right)$$

3）计算时应注意的问题。按套定额的要求，计算管道保温材料体积时，应将 $DN \le 50$ 管的保温材料体积计算后统计在一起，将 $DN70$、$DN80$、$DN100$ 管的保温材料体积计算后统计在一起，将 $DN>100$ 管的保温材料体积计算后统计在一起。

（9）压力表、温度计个数统计

压力表、温度计的安装个数按图示统计。

3.3.2　定额套用

1. 各项所套定额册

计算室内采暖工程施工图预算的定额直接工程费时，散热器等供暖器具安装、室内管道安装、管道支架的制作安装、阀门安装、套管的制作安装、伸缩器的制作安装等计算项目套用现行《内蒙古自治区安装工程预算定额》第八册给排水、采暖、燃气工程中的相应项目；集气罐的制作安装套用第六册工业管道工程中的相应项目；散热器、管道、支架的除锈、刷油及管道保温层和保护层安装等计算项目套用第十一册刷油、防腐蚀、绝热工程中的相应项目；温度计、压力表等仪表安装项目套用第十册自动化控制仪表安装工程中的相应项目。

按系数计算的工程量项目的定额直接工程费计算方法见各定额册的册说明。

2. 各项工程量套用定额的项目及其包括的工作内容

（1）散热器等供暖器具安装

1）套用定额子目。散热器等供暖器具安装根据供暖器具的种类套用第八册定额第五章的相应子目。

2）定额包括的工作内容。铸铁散热器安装定额的工作内容为：组对、单组水压试验、栽钩子、挂装；成品钢制散热器安装定额的工作内容为：栽钩子、挂装；其余散热器及供暖器具安装的工作内容详见定额。

3）套定额应注意的问题：

① 各种型号散热器安装，不分明装、暗装均套用同一子目。

② 柱型散热器挂装时，可执行 M132 散热器安装子目，但主材应换价或调差。

③ 汽包垫所用材料与定额不同时，不可换价。

④ 闭式散热器如主材价不包括托钩者，托钩价格另计。

（2）室内管道安装

1）套用定额子目。室内采暖管道安装按管子规格、连接方式不同，套用不同的定额子目。焊接钢管螺纹连接时，按管径不同套用定额编号为 8-98～8-119 子目；焊接钢管焊接时，按管径不同套用定额编号为 8-120~8-130 子目。

2）定额包括的工作内容。室内焊接钢管安装定额包括下列工作内容：

① 管道及其接头零件安装。

② 管道的水压试验。

③ $DN \leqslant 32$ 螺纹连接管支架的制作安装。

④ 弯管的制作安装。

⑤ 管道穿墙或楼板的打洞堵眼和铁皮套管的安装。

3）套定额应注意的问题：

① 管道不分明装、地沟内安装，管径连接方式相同时套用同一子目，但设置于管道间、管廊内的管道安装，其定额人工费增加 30%。

② 钢管焊接子目的定额基价中未计主材价，主材价需单独计入。

③ 管道安装的损耗率为 2%。

（3）管道支架的制作安装

室内采暖管道支架属一般管道支架，其制作安装应套用第八册唯一子目，即 8-215 子目。定额规定的工作内容包括了支架制作安装的全部工序。套定额应注意：在管道间、管廊内的支架安装，其定额人工费增加 30%。

（4）阀门安装

1）套用定额子目。阀门安装根据阀门的种类、连接方式、公称直径不同套用第八册定额第二章的相应子目。

2）定额包括的工作内容：

① 螺纹阀安装：阀门单体水压试验、切管套丝、上阀门。

② 法兰阀安装：阀门单体水压试验、与之配套的法兰安装、上阀门。

③ 自动排气阀、手动放风阀安装：套丝、丝堵攻丝、支架制安、上阀门、水压试验。

3）套定额应注意的问题：

① 螺纹阀门安装子目适用于各种内外螺纹连接的阀门安装。

② 法兰阀门安装子目适用于各种法兰阀门安装，如仅为一侧法兰连接时，定额中的法兰、带帽螺栓、垫片数量减半。法兰垫片用其他材料时，不做调整。

③ 大多数阀门安装定额基价中未计主材价。

④ 设置在管道间、管廊内的阀门，其定额人工费增加 30%。

（5）铁皮套管的制作与钢套管的制作安装

1）套用定额子目：

① 铁皮套管制作套用定额子目：8-176~8-184。

② 穿墙钢套管制作安装按被套管公称直径为名义套用定额子目：8-185~8-195。

③ 穿楼板钢套管制作安装按被套管公称直径不同套用定额子目：8-196~8-206。

2）定额包括的工作内容。铁皮套管制作定额的工作内容为：下料、卷制、咬口；钢套管制作安装定额的工作内容为：下料、切割、切焊圆钢支架、填料、安装。

（6）伸缩器制作安装

1）套用定额子目：

① 套筒伸缩器安装，按其与管道的连接方式及其公称直径不同套用 8-236~8-249 中的

相应子目。

② 波纹伸缩器安装，按其与管道的连接方式及其公称直径不同套用 8-263 ~ 8-278 中的相应子目。

③ 各种形式方形伸缩器的制作安装，按其公称直径不同套用 8-250 ~ 8-262 中的相应子目。

2）定额包括的工作内容：

① 套筒伸缩器、波纹伸缩器安装：切管、螺纹或焊接法兰的安装、伸缩器安装、水压试验。

② 方形伸缩器制作安装：伸缩器热煨、焊制、与管道连接、预拉伸、水压试验。

3）套用定额应注意的问题。套筒伸缩器、波纹伸缩器安装基价中均未计主材价。

（7）集气罐制作安装

集气罐制作安装按罐体直径不同，分别套用第六册工业管道工程中定额编号为 6-2896 ~ 6-2900 与 6-2901 ~ 6-2905 中的相应子目。

（8）散热器、管道、支架的除锈、刷油

1）套用定额子目：

① 散热器、管道的除锈套用定额子目：11-1。

② 支架的除锈套用定额子目：11-7。

③ 管道刷油按设计要求套用第十一册定额第 12 ~ 14 页的相应子目。

④ 支架刷油按设计要求套用第十一册定额第 18 ~ 20 页一般钢结构的相应子目。

⑤ 铸铁散热器刷油按设计要求套用第十一册定额第 25 ~ 26 页的相应子目。

2）套用定额应注意的问题：

① 各种阀门、管件的除锈、刷油综合考虑在管道的除锈刷油定额内。

② 人工除微锈时执行人工除轻锈子目乘以系数 0.2。

③ 用一种油漆刷三遍以上时，从第三遍开始各遍均套用第二遍的定额子目。

（9）管道保温层、保护层安装

1）套用定额子目：

① 硬质瓦块保温层安装套用定额子目：11-1685 ~ 11-1784。

② 岩棉、玻璃棉等纤维类管壳安装套用定额子目：11-1824 ~ 11-1863。

③ 其他材质保温材料安装套用第十一册定额第九章相应子目。

④ 保护层安装按设计要求套用第十一册定额第 534 ~ 540 页的相应子目。

2）套定额应注意的问题：

① 保温材料安装定额基价中均未计主材价。

② 保温材料的损耗率详见各定额子目的材料栏。

③ 玻璃布等缠裹保护层安装时，缠绕二圈相互搭接重合的部分已考虑在定额内。

（10）温度计、压力表等仪表安装

采暖系统常用的膨胀式与压力式温度计的安装套用 10-1 ~ 10-6 的相应子目；压力表安装套用 10-25 项；温度计套管，压力表弯管制作安装分别套用定额 10-736、10-738 ~ 10-740 项；取源部件配合安装套定额 10-735 项；取源部件在管道上开孔焊接套用第六册《工业管道工程》管件安装的相应子目。

3.3.3 室内采暖工程施工图预算编制实例

下面以某办公楼室内采暖工程施工图预算为例，介绍施工图预算编制的方法与步骤。

1. 施工图介绍

（1）采暖平面图、系统图

图 3-5、图 3-6 为某办公楼一层采暖平面图和二层采暖平面图，图 3-7 为该办公楼的采暖系统图。对照阅读平面图、系统图可知，本采暖系统为同程式上供下回垂直单管采暖系统，供水干管在二层顶棚下，管径由 DN50 渐变为 DN20，供水干管末端装有一个 DN20 自动排气阀。回水干管敷设在地沟内，管径由 DN20 渐变为 DN50。采暖立管上下端各装阀门一个。

（2）图纸有关文字说明

1）散热器采用四柱 813 型。

2）采暖管道均采用焊接钢管，$DN \leqslant 32$ 者螺纹连接，$DN > 32$ 者焊接。立管管径均为 DN20，连接散热器的支管管径未标注者均为 DN15。

3）管道上的阀门均用闸板阀，螺纹连接的管道上用 Z15T-10K 阀门，焊接管道上用 Z45T-10 阀门。

4）明装管道、散热器、支架刷红丹防锈漆一遍、银粉漆两遍；地沟内管道、支架刷红丹防锈漆两遍。

5）地沟内采暖管道用 50mm 厚的岩棉套管保温，外包一层玻璃布保护层。

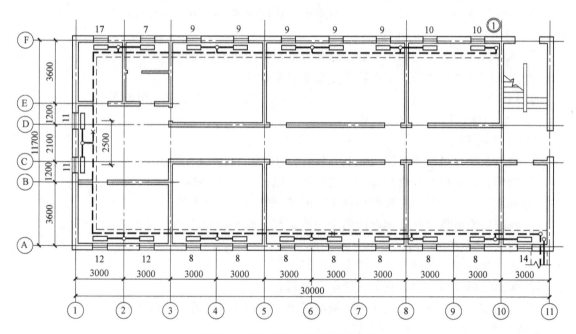

图 3-5　某办公楼一层采暖平面图

2. 工程量计算

（1）散热器片数统计

本工程用四柱 813 型散热器，散热器片数列表统计见表 3-15。

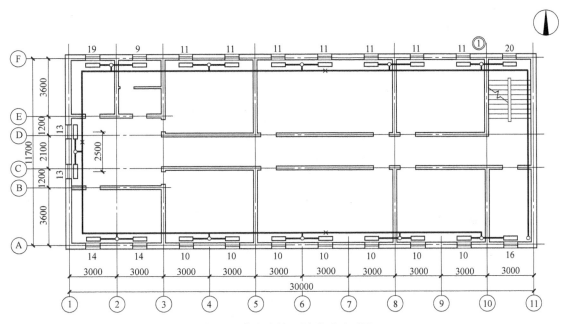

图 3-6 某办公楼二层采暖平面图

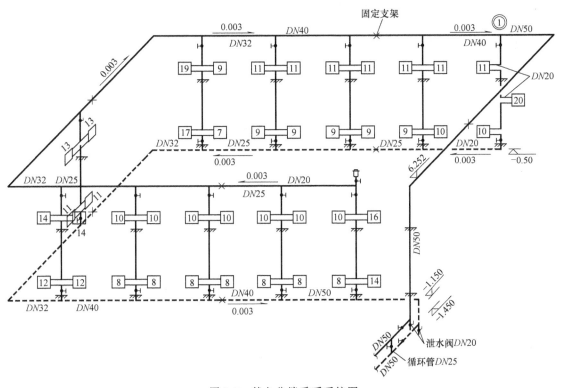

图 3-7 某办公楼采暖系统图

（2）管道延长米的计算

1）明装管道延长米的计算。

① DN15 散热器支管长度的计算。

L_{15}=各立管两侧散热器中心(窗中心)距之和×层数×2-支管为$DN15$的散热器总长度+乙字弯增加的长度

$$=(3.00×9+2.50×1)×2×2-0.057×429+0.04×80$$

$$=96.75(m)$$

式中　3.00×9——立管两侧散热器中心距为3m的有9根立管;

2.50×1——立管两侧散热器中心距为2.5m的有1根立管;

0.057——每片散热器的长度,查表3-1;

0.04——每个乙字弯的增加长度;

80——为乙字弯个数,每组散热器设二个乙字弯。

表 3-15　散热器片数统计表

连接散热器的支管管径	$DN15$	$DN20$	合计/片
散热器片数	429	41	470

② $DN20$ 的散热器支管长度的计算。

L_{20}=①立管至其左侧散热中心距×层数×2+①立管至其右侧散热器中心距×2-支管为$DN20$的散热器总长度+乙字弯增加的长度

$$=(3.00/2-0.12-0.05)×4+(3.00/2+0.12+0.05)×2-0.057×41+0.04×6$$

$$=6.56(m)$$

式中　0.12——半墙厚尺寸;

0.05——$DN20$立管中心距墙面尺寸。

③ $DN20$ 的明装立管长度的计算

L_{20}=(立管上端标高-底层地面标高+立管上端乙字弯增加长度)×立管根数-所有散热器上下接口的间距

$$=(6.252-0.00+0.06)×11-0.642×23=54.67(m)$$

式中　0.06——立管上乙字弯增加长度;

0.642——四柱813型散热器上下接管口中心距,见表3-1。

④ 明装供水干管长度的计算。

a. $DN20$ 明装供水干管长度的计算:

$$L_{20}=3.00×2-半墙厚×2-立管中心距墙面尺寸×2$$

$$=3.00×2-0.12×2-0.05×2=5.66（m）$$

b. $DN25$ 明装供水干管长度的计算:

$$L_{25}=3.00×6+半墙厚+立管中心距墙面尺寸$$

$$=18.00+0.12+0.05=18.17（m）$$

c. $DN32$ 明装供水干管长度的计算:

$$L_{32}=南侧左右方向的长度+北侧左右方向的长度+前后方向的长度$$

$$=(3.00-0.12-0.15)+(3.00×3-0.12-0.15-0.20)+(11.70-0.12×2-0.15×2)$$

$$=22.42(m)$$

式中　0.15——横干管距壁面距离;

0.20——$DN40$管变径为$DN32$管的变径点前移尺寸。

d. $DN40$ 明装供水干管长度的计算：

$$L_{40} = 3.00×6-(0.12+0.05)-0.20+0.20 = 17.83(m)$$

e. $DN50$ 明装供水干管长度的计算：

$L_{50} = $ 横干管长度+竖干管长度

$= [(3.00+0.20+0.05-0.15)+(11.70-0.12×2-0.15-0.08]+(6.252-0.00)$

$= 20.58(m)$

式中　0.08——竖干管中心距墙面尺寸。

⑤ $DN20$ 自动排气阀接管长度的计算：

$$L_{20} = 0.15m$$

2）暗装管道延长米的计算。

① 地沟内暗装立管长度的计算。

如图 3-8 所示为本工程地沟内管道布置连接图，根据此图可求得每根暗装立管的长度为

$L = $ 竖直长度+水平长度+立管上乙字弯增加长度

$= [0.00-(-0.50)]+(0.90-0.05-0.15)+0.06$

$= 1.26(m)$

$DN20$ 立管暗装部分总长度：

$L_{20} = $ 每根立管暗管部分×立管根数

$= 1.26×11 = 13.86（m）$

② 地沟内供、回水干管长度的计算。

a. $DN20$ 回水干管长度的计算：

$$L_{20} = 3.00×2 = 6.00（m）$$

b. $DN25$ 回水干管长度的计算：

$$L_{25} = 3.00×6 = 18.00（m）$$

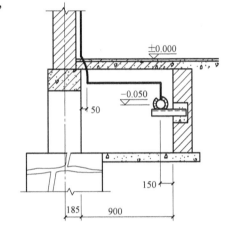

图 3-8　地沟横断面图

c. $DN32$ 回水干管长度的计算：

$L_{32} = $ 北侧左右方向的长度+前后方向的长度+南侧左右方向的长度

$= [3.00-(0.90+0.185-0.15)-(0.12+0.05)]+[11.70-(0.90+0.185-0.15)×2]+$

$[3.00-(0.90+0.185-0.15)-0.20]$

$= 13.60(m)$

式中　(0.90+0.185-0.15)——地沟内干管中心距外墙轴线尺寸；

(0.12+0.05)——立管中心距墙轴线尺寸；

0.20——管道连接点前移尺寸。

d. $DN40$ 回水干管长度的计算：

$$L_{40} = 3.00×6+(0.12+0.05)+0.20-0.20 = 18.17（m）$$

e. $DN50$ 回水干管长度的计算：

$L_{50} = $ 左右方向的长度+竖直方向的长度+前后方向的长度

$= [(3.00×3)-(0.12+0.05)-(0.185+0.15)+0.20]+[-0.5-(-1.45)]+[(0.90+0.185-$

$0.15)+0.25+1.50]$

$= 12.33（m）$

式中　0.18+0.15——回水干管出户时距东外墙轴线尺寸；

　　　0.25——外墙轴线距外墙面尺寸；

　　　1.50——室内干管算至外墙皮外 1.50m 处。

　　f. DN50 暗装供水干管长度的计算：

$$L_{50} = 竖直部分长度+横管长度+乙字弯增加长度$$
$$= [0.00-(-1.15)]+(0.08+0.37+1.50)+0.06$$
$$= 3.16 （m）$$

　　g. DN25 循环管长度的计算：

$$L_{25} = -1.15-(-1.45)=0.30(m)$$

DN20 泄水管长度的计算：

$$L_{20} = 0.10×2=0.20 （m）$$

3）管道延长米计算结果统计表（表3-16）。

表 3-16　管道延长米统计表

长度/m 名称 \ DN		15	20	25	32	40	50
明装管	支管	96.75	6.56				
	立管		54.67				
	干管		5.66	18.17	22.42	17.83	20.58
	放气管		0.15				
	小计	96.75	67.04	18.17	22.42	17.83	20.58
暗装管	立管		13.86				
	干管		6.00	18.00	13.60	18.17	15.49
	循环管			0.30			
	泄水管		0.20				
	小计		20.06	18.30	13.60	18.17	15.49
合　计		96.75	87.10	36.47	36.02	36.0	36.07

（3）支架制作安装重量计算

DN≥40 管道支架的制安重量用估算法计算为

$$G = 36.0×0.6+36.07×0.8 = 50.46 （kg）$$

式中　36.0、36.07——DN40、DN50 管道安装延长米，查表 3-17；

　　　0.6、0.8——DN40、DN50 管道每米用支架重量，查表 3-13。

（4）阀门安装个数统计

本工程各种规格型号的阀门安装个数统计于表 3-17 中。

表 3-17　阀门个数统计表

阀门规格型号	Z15T-10KDN20	Z15T-10KDN25	Z45T-10DN50	DN20 自动排气阀
个　数	25	1	2	1

（5）铁皮套管、钢套管制作安装个数统计

本工程管道穿墙用铁皮套管，穿楼板和地沟盖板用钢套管。各种套管个数分别统计如下：

1）铁皮套管制作个数。$DN15$ 散热器支管穿墙 16 次；$DN20$ 散热器支管穿墙 2 次；$DN25$、$DN32$、$DN40$、$DN50$ 供水干管分别穿墙 3 次、4 次、2 次、2 次。所以用 $DN \leqslant 25$ 的铁皮套管 21 个，$DN32$、$DN40$、$DN50$ 铁皮套管分别为 4 个、2 个、2 个。

2）钢套管制作安装个数。$DN20$ 立管共 11 根，每根穿楼板和沟盖板各一次，共需用 $DN20$ 钢套管 22 个；$DN50$ 供水立管穿楼板、沟盖板各一次，共需 $DN50$ 钢套管 2 个。

（6）散热器、管道、支架的除锈、刷油工程量计算

1）散热器除锈、刷油面积计算。散热器除锈、刷油面积为

$$S = 每片散热器的散热面积 \times 片数 = 0.28 \times 470 = 131.60 (m^2)$$

式中　0.28——查自表 3-1；

2）管道除锈、刷油面积计算。管道的除锈、刷油面积按查表计算法计算：

$$S = \sum \left[某规格管每100米的外表面面积 \times \frac{该规格管长度}{100} \right]$$

式中　某规格管每 100 米的外表面面积查表 3-14；管段的长度查管道延长米统计表 3-17。

本工程管道除锈、刷油面积列表计算见表 3-18。

表 3-18　管道除锈、刷油面积计算表

管道公称直径		15	20	25	32	40	50	小计
每 100m 管外表面积/m²		6.67	8.40	10.52	13.35	15.07	18.84	—
明管	管长度/m	96.75	67.04	18.17	22.42	17.83	20.58	—
	刷油面积/m²	6.45	5.63	1.91	2.99	2.69	3.88	23.55
暗管	管长度/m		20.06	18.30	13.60	18.17	15.49	—
	刷油面积/m²		1.69	1.93	1.82	2.74	2.92	11.10
总刷油面积/m²		34.65						

3）支架刷油、除锈重量计算。支架除锈、刷油重量按估算法计算：

$$G = \sum (某规格管延长米 \times 每米管支架用量)$$

式中　管道延长米查表 3-17；每米管支架用量查表 3-13。

本工程支架除锈、刷油重量列表计算结果见表 3-19。

表 3-19　支架除锈、刷油重量表

管道公称直径		15	20	25	32	40	50	小计
每米管支架用量/(kg/m)		0.4	0.4	0.4	0.5	0.6	0.8	—
明管	管长度/m	96.75	67.04	18.17	22.42	17.83	20.58	—
	支架重量/kg	38.70	26.82	7.27	11.21	10.70	16.46	111.16
暗管	管长度/m	—	20.06	18.30	13.60	18.17	15.49	—
	支架重量/kg	—	8.02	7.32	6.80	10.90	12.39	45.43
支架总重量/kg		156.59						

（7）地沟内管道保温层、保护层安装工程量计算

1）管道保温材料体积计算。查表计算管道保温材料体积 V：

$$V = \sum \left(\frac{某规格保温管长度}{100} \times 每\,100\,米管道保温材料体积 \right)$$

式中　某规格保温管长度查表 3-17；每 100 米管道保温材料体积查表 3-14。

2）保温层外保护层面积计算。查表计算保护层面积 S：

$$S = \sum \left(\frac{某规格保温管长度}{100} \times 每\,100\,米保温管保护层面积 \right)$$

式中　每 100 米保温管保护层面积查表 3-14。

3）保温材料体积 V 与保温层外保护层面积 S 计算结果见表 3-20。

表 3-20　保温材料体积 V 与保温层外保护层面积 S 计算表

管道公称直径/mm	20	25	32	40	50	合计
保温管道长度/m	19.86	18.30	13.60	18.17	15.49	—
每 100 米管道保温材料体积/m³	1.27	1.38	1.53	1.62	1.81	—
每 100 米管道保护层面积/m²	44.01	46.13	48.96	50.68	54.45	—
保温材料体积/m³	0.25	0.25	0.21	0.29	0.28	1.28
保护层面积/m²	8.74	8.44	6.66	9.21	8.43	41.48

3. 套定额计算直接工程费

1）本施工图预算各项工程量分别套用 2009 年《内蒙古自治区安装工程预算定额》第八册、第十一册、第十册，所套用的定额子目、计量单位、数量、定额基价、人工费单价、机械费单价均列于表 3-21 安装工程预算表中，用工程数量乘以定额单价可得出预算价。定额中未计价主材的材料价汇总于表 3-22 中，材料差价调整汇总于表 3-23 中。

计算定额直接工程费时应注意：

① 在未计价主材汇总表 3-22 中，未计价主材费＝主材的定额用量×市场价，表 3-22 中主材数量即为主材的定额用量，主材数量＝主材工程量×（1+损耗率），本预算中未计价主材的数量按预算定额规定的消耗量计算，即

$DN40$ 焊接钢管：36×1.02＝36.72（m）

$DN50$ 焊接钢管：36.07×1.02＝36.79（m）

$DN20$ 螺纹闸板阀：25×1.01＝25.25（个）

$DN25$ 螺纹闸板阀：1×1.01＝1.01（个）

$DN50$ 法兰闸板阀：2×1＝2（个）

岩棉保温套管：1.286×1.03＝1.325（m³）

② 表 3-23 中计算材差时，材差＝材料的定额用量×（市场价-定额价），材料的定额用量计算方法同未计价主材费的主材数量计算方法。

③ 表 3-22、3-23 中材料的市场价按内蒙古呼和浩特市地区 2013 年第二期工程造价信息计取。

2）定额直接工程费中涉及的按定额规定系数计取的费用本工程只有采暖系统的调整费，按照第八册定额的规定，采暖工程系统调整费按采暖工程人工费的 15% 计算，其中人工工资占 20%。

3）定额直接工程费：将表 3-21～表 3-23 中各项费用进行汇总，便得定额直接工程费、

人工费和机械费。

4. 措施项目费的计算

本预算中需计算的措施项目费有安全文明施工费、临时设施费、雨季施工增加费、已完及未完工程保护费、材料及产品检测费和脚手架搭拆费，计算结果见表 3-21。

（1）按费率计算的通用措施项目费

查《内蒙古自治区建设工程费用定额》可知，安全文明施工费、临时设施费、雨季施工增加费、已完及未完工程保护费的费率分别为：2.3%、5%、0.3% 和 0.5%，按费率计算的通用措施项目费见表 3-21。

（2）脚手架搭拆费

脚手架搭拆费包括第八册定额脚手架搭拆费和第十一册定额脚手架搭拆费。根据第八册定额册说明对脚手架搭拆费的规定：脚手架搭拆费均按人工费的 5% 计取，其中人工费占 25%，材料费占 50%，机械费占 25%。根据第十一册定额册说明对脚手架搭拆费的规定：刷油工程按人工费的 8%、防腐蚀工程按人工费的 12%、绝热工程按人工费的 20% 计取，其中人工费占 25%，材料费占 50%，机械费占 25%。脚手架搭拆费计算结果见表 3-21。

（3）材料及产品检测费

材料及产品检测费建筑面积计取，本工程建筑面积为 702 m²，根据《内蒙古自治区建设工程费用定额》规定，建筑面积小于 1 万平米，每平米按 4 元计取，暖通工程占 15%，计算结果见表 3-21。

5. 取费

取费程序及各项费用计算结果见单位工程费汇总表 3-24。

表 3-21 安装工程预算表

工程名称：采暖工程

定额编号	项目名称	单位	数量	定额/元			合计/元		
				基价	人工费	机械费	直接费	人工费	机械费
8-582	4柱813铸铁散热器安装	片	470.00	31.16	1.71		14645	804	
8-109	DN15焊接钢管螺纹连接	m	96.75	14.12	7.47		1366	723	
8-110	DN20焊接钢管螺纹连接	m	87.10	16.68	7.47		1453	651	
8-111	DN25焊接钢管螺纹连接	m	36.47	21.48	8.98	0.13	783	328	5
8-112	DN32焊接钢管螺纹连接	m	36.02	24.78	8.98	0.13	893	323	5
8-121	DN40钢管焊接	m	36.00	8.59	7.39	0.53	309	266	19
8-122	DN50钢管焊接	m	36.07	9.93	8.12	0.58	358	293	21
8-215	管道支架制作安装	kg	50.46	11.81	4.14	2.76	596	209	139
8-291	DN20螺纹阀门安装	个	25.00	7.67	4.32		192	108	
8-292	DN25螺纹阀门安装	个	1.00	9.83	5.18		10	5	
8-307	DN50焊接法兰阀门安装	个	2.00	83.01	21.17	6.77	166	42	14
8-349	DN20自动排气阀门安装	个	1.00	78.35	9.50		78	10	
8-176	DN25镀锌铁皮套管制作	个	21.00	2.31	1.25		49	26	
8-177	DN32镀锌铁皮套管制作	个	4.00	3.77	2.45		15	10	

（续）

定额编号	项 目 名 称	单位	数量	定额/元 基价	定额/元 人工费	定额/元 机械费	合计/元 直接费	合计/元 人工费	合计/元 机械费
8-178	DN40 镀锌铁皮套管制作	个	2.00	4.03	2.45		8	5	
8-179	DN50 镀锌铁皮套管制作	个	2.00	4.30	2.45		9	5	
8-196	DN20 穿楼板钢套管制作安装	个	22.00	5.35	1.88	0.25	118	41	6
8-200	DN50 穿楼板钢套管制作安装	个	2.00	12.89	3.72	0.50	26	7	1
	小计						21074	3856	210
第八册说明	采暖系统调试费	%	15.00		20.00		578	116	
	第八册部分合计						21652	3972	210
11-1	散热器、管道轻锈	m²	166.25	1.64	1.39		273	231	
11-7	管道支架轻锈	kg	156.59	0.21	0.14	0.06	33	22	9
11-51	管道刷红丹防锈漆第一遍	m²	34.65	2.58	1.10		89	38	
11-52	管道刷红丹防锈漆第二遍	m²	11.10	2.41	1.10		27	12	
11-56	管道刷银粉漆第一遍	m²	23.55	2.20	1.14		52	27	
11-57	管道刷银粉漆第二遍	m²	23.55	2.07	1.10		49	26	
11-117	支架刷红丹防锈漆第一遍	kg	156.59	0.17	0.06	0.04	27	9	6
11-118	支架刷红丹防锈漆第二遍	kg	45.43	0.16	0.06	0.04	7	3	2
11-122	支架刷银粉漆第一遍	kg	111.16	0.15	0.06	0.04	17	7	4
11-123	支架刷银粉漆第二遍	kg	111.16	0.14	0.06	0.04	16	7	4
11-198	散热器刷防锈漆第一遍	m²	131.60	2.16	1.35		284	178	
11-200	散热器刷银粉漆第一遍	m²	131.60	2.67	1.39		351	183	
11-201	散热器刷银粉漆第二遍	m²	131.60	2.49	1.35		328	178	
	小计						1553	921	25
11-1830	φ57mm 以下岩棉套管保温	m³	1.29	221.28	190.56	8.62	285	245	11
11-2234	管道玻璃布保护层安装	m²	41.48	3.34	1.92		139	80	
	小计						424	325	11
	第十一册部分合计						1977	1246	36
	计						23629	5218	246
第八册说明	脚手架搭拆费	%	5.00		25.00	25.00	199	50	50
第十一册说明	脚手架搭拆费（刷油）	%	8.00		25.00	25.00	74	19	19
第十一册说明	脚手架搭拆费（绝热）	%	20.00		25.00	25.00	65	16	16
	安全文明施工费	%	2.30		20.00		126	25	
	临时设施费	%	5.00		20.00		273	55	
	雨季施工增加费	%	0.30		20.00		16	3	
	已完、未完工程保护费	%	0.50		20.00		27	5	
	材料及产品检测费	m²	702.00	0.60			421		
	小计						1201	173	85
	合 计						24830	5391	331

表 3-22　未计价主材汇总表

工程名称：采暖工程

序号	材料名称	单位	数量	定额价/元	合计/元
1	钢管 DN40	m	36.72	15.17	557
2	钢管 DN50	m	36.79	19.28	709
3	螺纹闸阀 DN20	个	25.25	13.30	336
4	螺纹闸阀 DN25	个	1.01	17.50	18
5	法兰闸阀 DN50	个	2	104	208
6	岩棉套管		1.325	260	345
	合　计				2173

表 3-23　材料差价调整表

工程名称：采暖工程

（单位：元）

序号	材料名称	单位	数量	定额价	市场价	调整额	价差合计
1	散热器(柱型)足片 813	片	149.93	27.00	31.00	4.00	600
2	铸铁散热器 柱型 813	片	324.77	26.00	29.00	3.00	974
3	型钢 综合	kg	165.99	3.30	3.40	0.10	17
4	焊接钢管 DN15	m	98.69	4.43	5.04	0.61	60
5	焊接钢管 DN20	m	88.84	5.77	6.52	0.75	67
6	焊接钢管 DN25	m	37.20	7.85	9.56	1.71	64
7	焊接钢管 DN32	m	36.74	10.14	12.36	2.22	82
	合　计						1864

表 3-24　单位工程费汇总表

工程名称：采暖工程

序号	项目名称	计算公式	费率/%	金额/元
1	直接费	按定额计算		24830
1.1	直接工程费	按定额计算		23629
1.1.1	其中:(1)人工费	按定额计算		5218
1.1.2	(2)机械费	按定额计算		246
1.2	措施项目费	按定额计算		1201
1.2.1	其中:(3)人工费	按定额计算		173
1.2.2	(4)机械费	按定额计算		85
2	直接费中(人工费+机械费)	以上(1)+(2)+(3)+(4)		5722
3	企业管理费、利润	以下(5)+(6)	32	1831
3.1	其中:(5)企业管理费	2×费率	15	858
3.2	(6)利润	2×费率	17	973
4	总包服务等其他项目费	按实际发生计算		
5	材料价差调整	以下(7)+(8)+(9)		9003

（续）

序号	项目名称	计算公式	费率/%	金额/元
5.1	其中:(7)单项材料调整	明细附后		1864
5.2	(8)材料系数调整	1×系数	20	4966
5.3	(9)未计价主材费	明细附后		2173
6	小 计	1+3+4+5		35664
7	人工费调整	【定额人工费+机上人工费】×调整费率	56	3019
8	以上合计	6+7		38683
9	规 费	以下规费分项累计	5.57	2155
9.1	其中:养老失业保险	8×费率	3.5	1354
9.2	基本医疗保险	8×费率	0.68	263
9.3	住房公积金	8×费率	0.9	348
9.4	工伤保险	8×费率	0.12	46
9.5	意外伤害保险	8×费率	0.19	73
9.6	生育保险	8×费率	0.08	31
9.7	水利建设基金	8×费率	0.1	39
10	合 计	8+9		40838
11	税 金	10×税率	3.48	1421
12	含税工程造价(小写)	10+11		42259
13	含税工程造价(大写)	肆万贰仟贰佰伍拾玖元整		42259

各项费用计算完毕后，还应编制施工图预算的编制说明、填写封面，按照封面、编制说明、单位工程费汇总表、安装工程预算表、未计价主材汇总表、材料差价调整表的顺序装订成册形成完整的施工图预算书。

小 结

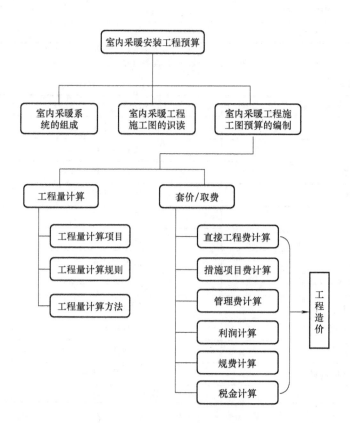

同步测试

一、单项选择题

1. 室内采暖管道安装工程量按（ ）统计。
A. 长度　　　　　B. 面积　　　　　C. 体积　　　　　D. 延长米

2. 管道支架的制作与安装工程量按（ ）统计。
A. 个数　　　　　B. 面积　　　　　C. 长度　　　　　D. 重量

3. 保温层安装工程量按（ ）统计。
A. 长度　　　　　B. 面积　　　　　C. 体积　　　　　D. 重量

4. 钢制散热器安装工程量按（ ）统计。
A. 片数　　　　　B. 组数　　　　　C. 长度　　　　　D. 个数

5. 铸铁散热器安装工程量按（ ）统计。
A. 片数　　　　　B. 组数　　　　　C. 长度　　　　　D. 个数

6. 室内采暖管道套用第（ ）册定额。
A. 十　　　　　　B. 十一　　　　　C. 八　　　　　　D. 七

7. 管道保温层安装套用第（ ）册定额。
A. 八　　　　　　B. 十一　　　　　C. 十　　　　　　D. 七

8. 温度计、压力表安装套用第（ ）册定额。
A. 十　　　　　　B. 十一　　　　　C. 八　　　　　　D. 六

9. 穿楼板钢套管的制作与安装按（ ）套定额。
A. 套管直径　　B. 被套管直径　　C. A、B 二者均可　　D. 被套管外径

10. 铸铁铸型散热器的损耗率为（ ）。
A. 2%　　　　　　B. 3%　　　　　　C. 1%　　　　　　D. 1.5%

11. 岩棉套管的损耗率为（ ）。
A. 1%　　　　　　B. 3%　　　　　　C. 2%　　　　　　D. 1.5%

12. 钢管的损耗率为（ ）。
A. 1%　　　　　　B. 3%　　　　　　C. 2%　　　　　　D. 1.5%

13. 螺纹阀的损耗率为（ ）。
A. 1%　　　　　　B. 3%　　　　　　C. 2%　　　　　　D. 1.5%

14. 采暖系统调整费按采暖系统人工费的（ ）计算。
A. 5%　　　　　　B. 20%　　　　　C. 15%　　　　　D. 25%

15. 六层办公楼附属的采暖工程属于（ ）工程。
A. 二类　　　　　B. 三类　　　　　C. 一类　　　　　D. 四类

二、多项选择题

1. 铸铁铸型散热器安装定额基价中已包括（ ）。
A. 散热器组对　B. 散热器安装　C. 散热器水压试验　D. 散热器涮油　E. 散热器除锈

2. 室内采暖管道安装定额基价中已包括（ ）。

A. 管道安装　　　　B. 管件安装　　　　C. 水压试验

D. 水冲洗　　　　　E. 穿墙套管的制作

3. 采暖管道室内外的分界线为（　　　）。

A. 建筑物外墙皮 1.5m　　　　　　　　B. 入口第一个阀门

C. 建筑物外墙皮　　　　　　　　　　D. 室外第一个检查井　　　E. 建筑物外墙皮外 3m

4. 室内采暖工程工程量计算项目有（　　　）。

A. 伸缩器安装　　　B. 阀门安装　　　　C. 散热器安装

D. 管件安装　　　　E. 采暖管道安装

5. 管道的安装延长米不扣除（　　　）所占长度。

A. 伸缩器　　　　　B. 阀门　　　　　　C. 散热器

D. 管件　　　　　　E. 热表

三、问答题

1. 室内热水普通散热器采暖系统由哪几部分组成？

2. 识读室内采暖工程施工图有什么基本要求？有哪些应注意的问题？

3. 一般室内采暖工程通常会有哪些工程量计算项目？

4. 简述一般室内采暖工程主要工程量计算规则。

5. 室内采暖工程的工程量计算应考虑什么顺序和方法？

6. 编制室内采暖工程预算，在套用预算定额时应注意哪些问题？

7. 室内外采暖管道如何划分？

8. 什么是管道的延长米？

9. 室内采暖管道安装定额中包含的工作内容有哪些？

四、计算题

1. 已知某室内采暖工程的工程量：M132 型散热器 100 片；DN50 焊接钢管 20 米；DN20 螺纹闸阀安装 5 个。试计算下列问题：

（1）M132 型散热器、DN50 焊接钢管、DN20 螺纹闸阀的主材用量分别为多少？

（2）若 M132 型散热器的市场价为 27 元/片，散热器主材价为多少？

2. 如图 3-9 所示为某建筑室内采暖工程的一个局部，其中散热器为四柱 813 型，每片散热器的长度为 53mm、散热面积为 0.28m²，管道采用焊接钢管，阀门采用闸板阀；每组散热器均安装手动放风门一个。试求：

（1）列出地面以上的工程量项目。

（2）分别计算散热器片数、±0.000 以上管道延长米及阀门个数。

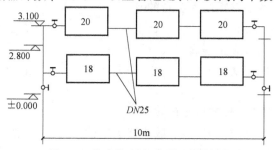

图 3-9　某建筑室内采暖工程的局部

项目4

室内给水排水安装工程预算

学习目标

知识目标

- 了解室内给水排水系统的组成。
- 熟悉室内给水排水施工图的组成与内容。
- 掌握分部分项工程的计算规则与方法。
- 掌握取费程序与方法。

能力目标

- 能够识读室内给水排水工程施工图。
- 能够正确计算室内给水排水工程分部分项工程量。
- 能够熟练应用定额，进行套价和取费。

任务1　室内给水排水工程的组成

一般室内给水排水工程由用水器具和设备、室内给水系统、室内排水系统三大部分组成。

4.1.1　用水器具和设备

用水器具主要指民用建筑中的各种卫生器具，用水设备主要指各种工业用水设备。

4.1.2　室内给水系统

室内给水系统按用途可分为生活给水系统、生产给水系统和消防给水系统。下面主要简单介绍生活给水系统和消防给水系统。

1. 生活给水系统

室内生活给水系统一般由下列各部分组成，如图4-1所示。

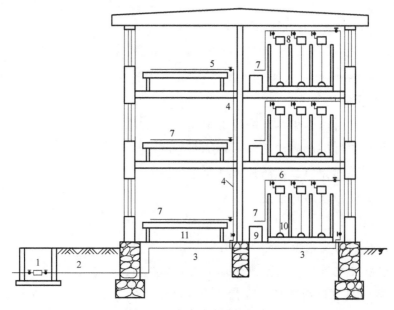

图4-1　室内给水系统组成

1—水表井　2—给水引入管　3—给水干管　4—给水立管　5—给水横管
6—给水支管　7—给水龙头　8—大便器冲洗水箱　9—污水池　10—大便器　11—盥洗槽

（1）给水管道

从图4-1可见，给水管道又分为给水支管、横管、立管、干管、引入管。

给水管道可以采用镀锌钢管，螺纹连接；也可采用塑料给水管，粘接或用其他方式连接。镀锌钢管的规格同焊接钢管，见表3-5，但其重量比同规格焊接钢管重，镀锌钢管比同规格焊接钢管增加的重量系数见表4-1。常用的PVC-U给水管材公称压力和规格尺寸见表4-2。

表 4-1　镀锌钢管比同规格焊接钢管增加的重量系数

壁厚/mm	2.0	2.5	2.8	3.2	3.5	3.8	4.0	4.5	5.0
系数 C	1.064	1.051	1.045	1.04	1.034	1.034	1.032	1.028	1.023

表 4-2　PVC-U 给水管材公称压力和规格尺寸表

公称外径 de	壁厚 e/mm 公称压力 PN/MPa				
	0.6	0.8	1.0	1.25	1.6
20					2.0
25					2.0
32				2.0	2.4
40			2.0	2.4	3.0
50		2.0	2.4	3.0	3.7
63	2.0	2.5	3.0	3.8	4.7
75	2.2	2.9	3.6	4.5	5.6
90	2.7	3.5	4.3	5.4	6.7
110	3.2	3.9	4.8	5.7	7.2
125	3.7	4.4	5.4	6.0	7.4
140	4.1	4.9	6.1	6.7	8.3
160	4.7	5.6	7.0	7.7	9.5
180	5.3	6.3	7.8	8.6	10.7
200	5.9	7.3	8.7	9.6	11.9
225	6.6	7.9	9.8	10.8	13.4
250	7.3	8.8	10.9	11.9	14.8
280	8.2	9.8	12.2	13.4	16.5
315	9.2	11.0	13.7	15.0	18.7
355	9.4	12.5	14.8	16.9	21.1
400	10.6	14.0	15.3	19.1	23.7
450	12.0	15.8	17.2	21.5	26.7
500	13.3	16.8	19.1	23.9	29.7
560	14.9	17.2	21.4	26.7	
630	16.7	19.3	24.1	30.0	
710	18.9	22.0	27.2		
800	21.2	24.8	30.6		
900	23.9	27.9			
1000	26.6	31.0			

（2）给水附件

给水附件分为配水附件与控制附件两大类。配水附件是指各种水龙头，如普通水龙头、浴盆和脸盆上的专用水龙头等；控制附件是指各种阀门，给水钢管上当 $DN \leqslant 50$ 时常用螺纹截止阀，当 $DN > 50$ 时常用螺纹法兰闸板阀；给水塑料管上的阀门一般用相配的塑料阀门。

（3）水表

水表是设置在住宅内每户的给水管上或需要单独计量用水的建筑物给水引入管上，以计量用水量的设备。户用水表为旋翼式螺纹水表，型号为 LXS（冷水）、LXR（热水），建筑物入口总水表常用螺翼式法兰水表，型号为 LXL（冷水）、LXLR（热水）。

（4）水箱

水箱在给水系统中是一个贮存水量、稳定水压、调节水泵工况的容器，有的给水系统设置有的给水系统不设。

水箱一般用钢板制作，也有用玻璃钢等其他材质制作。

水箱一般采用矩形水箱，包括成品水箱和现场制作钢板水箱两部分，成品水箱有组合式不锈钢板水箱、组合式不锈钢肋板水箱、装配式搪瓷钢板水箱、装配式热镀锌钢板水箱、装配式不锈钢板水箱、装配式 SMC 水箱、内喷涂冲压钢板水箱等。

（5）管道支架

给水镀锌钢管支架的设置原则基本同室内采暖管道，给水塑料管支架的设置根据使用管材的不同而不同。

给水管道支架构造详见内蒙古自治区《12 系列建筑标准设计图集》（DBJ-22-2014）12S10 管道支架、吊架。

（6）钢套管

给水立管穿楼板或地沟盖板时应设镀锌钢套管。

对于特殊给水系统及生活热水供应给水系统还有其他组成内容，如水泵、伸缩器、管道保温层与保护层、压力表、温度计等。

2. 消防给水系统

（1）消火栓给水系统

室内消火栓给水系统主要由消防给水管道、消火栓、水龙带和水枪组成，如图 4-2 所示。当室外给水管网水压不能满足消防需要时，还须设置消防水箱和消防泵。

室内消防管道是由进水管、干管、立管和支管组成。其作用是将水供给消火栓，并且必须达到消火栓在灭火时所需的水量和水压。

消火栓是具有内扣接口的球形阀龙头，其作用是控制水流。它一端与消防立管相连，另一端与水龙带连接。常用消火栓直径有 50mm、65mm 两种。

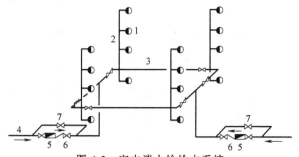

图 4-2　室内消火栓给水系统
1—室内消火栓　2—消防立管　3—干管
4—进户管　5—水表　6—止回阀
7—旁通管及阀门

水龙带是用帆布、麻布或橡胶制成的输水软管，其作用是连接消火栓和水枪，把具有一定压力的水流输送到灭火地点。连接方式均采用内扣式快速接头连接。水龙带常用的直径有 50mm、65mm 两种，每根长度一般为 10m、15m、20m、25m。

水枪是灭火的主要工具，用铝或塑料制成，其作用是将水龙带输送的水由喷嘴高速喷出，形成一股强有力的水柱，将火击灭。水枪喷嘴直径有 13mm、16mm、19mm 三种，另一端的直径有 50mm、65mm 两种，与水龙带相连接。

（2）自动喷洒消防给水系统

自动喷洒消防给水系统是在失火之后，能自动喷水灭火，同时发出火警信号的一种消防给水装置。该系统具有良好的灭火效果，多设在火灾危险性较大，起火蔓延很快的场所，或者容易自燃而无人管理的仓库以及对消防要求较高的建筑物或个别房间。

自动喷洒消防给水系统可为单独的管道系统，也可以与消火栓消防系统合并为一个系统，但不允许与生活给水系统相连接。

自动喷洒消防给水系统由洒水喷头、洒水管网、控制信号阀等组成，如图 4-3 所示。

（3）水幕消防给水系统

水幕消防给水系统是将水喷洒成水帘幕状，用以冷却防火隔绝物，以达到隔离火灾地区防止火灾蔓延，保护邻近的建筑物免遭火灾危害的目的。

设在仓库、汽车库内的水幕设备，可将库房分为苦干分区，当某一区发生火灾时，不致使火灾扩大。在剧院中，舞台防火幕（靠台的一面）需要用水幕装置来保护，以便在一定时间内能有效地阻止火灾向观众蔓延。

水幕消防给水系统由水幕喷头、管网和控制阀等组成。图 4-4 所示为手动式水幕消防装置，即在发生火灾时用手动开启阀门。一般在立管上设旁通管，室内、室外各装一个阀门，这样在室内、室外都可启动水幕。当建筑物内不能保证经常有人看守，或遇到易发生爆炸危险以及火灾蔓延极快的场所，应当考虑装置自动式水幕设备。

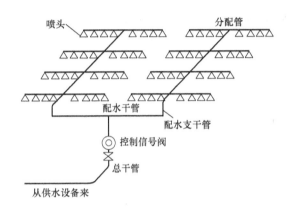

图 4-3　自动喷洒消防系统

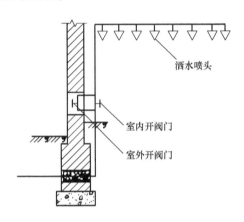

图 4-4　手动式水幕消防装置

4.1.3　室内排水系统

室内排水系统一般由下列几部分组成，如图 4-5 所示。

1．排水管道

室内排水管根据各部分作用不同可为排水支管、横管、立管、通气管、排出管。

排水管常采用排水铸铁管或塑料 PVC-U 管，排水铸铁管采用承插打口连接方式连接，排水塑料管常采用粘接方式连接。

排水铸铁管仅有承插式一种，其公称直径有 50mm、75mm、100mm、125mm、150mm、200mm 几种规格，长度一般有 300mm、500mm、1000mm、1500mm 四种，管壁厚 5~7mm。

常用普通型硬聚氯乙烯排水管（PVC-U 管）规格见表 4-3。

2．清通装置

为了清通室内排水管道，应在排水管道的适当部位设置清扫口、检查口，其构造如图 4-6 所示。

3．管道支架

排水横管、横支管一般采用吊架，排水立管用角钢管卡或塑料立管专用支架。

室内排水系统主要由以上几部分组成，若建筑楼层或室内设置的卫生器具较多时，还应设置辅助通气管及专用通气管等。

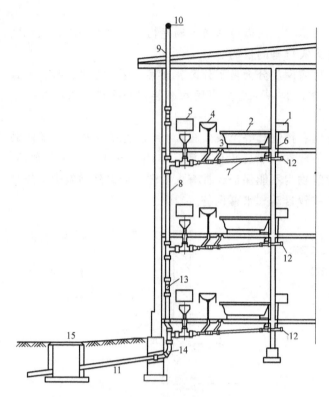

图 4-5　室内排水系统组成

1—洗涤盆　2—浴盆　3—地漏　4—洗脸盆　5—冲洗水箱

6—排水支管　7—排水横管　8—排水立管　9—通气管

10—铅丝球　11—排出管　12—清扫口　13—检查口

14—45°弯头　15—污水检查井

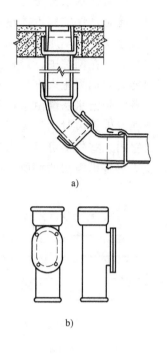

图 4-6　清通装置

a）清扫口　b）检查口

表 4-3　普通型硬聚氯乙烯排水管（PVC-U 管）规格表

公称外径 /mm	平均外径允许差/mm	最大最小外径允许差 /mm	壁厚/mm		参考重量 /（kg/m）	有效长度/m
			公称壁厚	允许差		
40	+0.3~0	+0.5	2.0	+0.4	0.3830	
50	+0.3~0	+0.6	2.0	+0.4	0.4839	
75	+0.3~0	+0.9	3.2	+0.6	1.1503	4
90	+0.3~0	+1.1	3.2	+0.6	1.3911	
110	+0.4~0	+1.4	3.2	+0.6	1.1730	
160	+0.5~0	+2.0	4.0	+0.6	3.0760	
200	+0.6~0	+2.4	4.9	+0.7	4.6971	
250	+0.8~0	+3.8	6.2	+0.9	7.4352	6
315	+1.0~0	+3.8	7.7	+1.0	11.5586	
400	+1.2~0	+4.8	9.8	+1.2	18.6144	

任务 2　室内给水排水工程施工图的识读

4.2.1　施工图的组成与内容

室内给水排水工程施工图主要由首页、平面图、系统图、详图四个部分组成。

1. 首页

施工图首页的内容主要是设计说明、小型工程的图纸目录、图例符号、主要设备材料明细表。

2. 平面图

平面图表示建筑物各层给水排水管道与设备的平面布置。内容包括：

1）用水房间的名称、编号、卫生器具或用水设备的类型、位置。

2）给水引入管、污水排出管的位置与名称。

3）给水排水干、立、支管的位置，管径与立管编号。

4）水表、阀门、清扫口等附件的位置。

给水排水平面图的比例一般与建筑平面图相同，常用 1：100、1：200、1：50 等。

3. 系统图

系统图也称为轴测图或透视图，表示给水排水系统的空间位置以及各层间、前后左右间的关系。给水与排水系统图应分别绘制，在系统图上要标明各立管编号、管段直径、管道标高、坡度等，其比例与平面图相同。

4. 详图

详图表示卫生器具、设备或节点的详细构造与安装尺寸和要求。如能选用国家标准图时，可不出详图，但要加以说明，给出标准图号。常用比例为 1：10~1：50。

4.2.2　常用图例

室内给水排水工程施工图图例符号的使用在《建筑给水排水制图标准》（GB/T 50106—2010）中均有规定。给水排水工程常见的施工图图例见表 4-4。

表 4-4　给水排水工程常见的施工图图例

图例	名称	图例	名称
—·—··—·—·—	冷水给水管	▭	蹲式大便器
—··—··—··—	热水给水管	▭◉	坐式大便器
—➤—➤—	排水管	▭·	洗涤池
—┬—	水龙头	⟍◯	淋浴器

（续）

图例	名称	图例	名称
	止回阀		地漏
	浮球阀		清扫口
	水表		检查口
	消火栓		存水弯
	洗脸盆		通气帽
	浴盆		

4.2.3　施工图识读

识读施工图的顺序是：首页→平面图→系统图→详图。识图时要注意平面图与系统图相互对照，注意掌握各图上的主要内容。

1．平面图的识读

给水排水管道和设备的平面布置图是室内给水排水工程施工图中最基本和最重要的图，它主要表明给水排水管道和卫生器具等的平面布置。在识读该图时应注意掌握以下主要内容：

1）查明卫生器具和用水设备的类型、数量、安装位置、接管方式。

2）弄清给水引入管和污水排出管的平面走向、位置。

3）分别查明给水干管、排水干管、立管、横管、支管的平面位置与走向。

4）查明水表的型号、安装方式。

2．系统图的识读

给水排水管道在系统图上的画法，原则上同采暖管道在系统图上的画法，系统图主要表示管道系统的空间走向。在给水系统图上不画出卫生器具，只用图例符号画出水龙头、淋浴器喷头、冲洗水箱等。在排水系统图上，也不画出主要卫生器具，只画出卫生器具下的存水弯或排水支管。识读系统图时要重点掌握下列两点：

1）查明各部分给水管的空间走向、标高、管径尺寸及其变化情况、阀门的设置位置。

2）查明各部分排水管道空间走向、管路分支情况、管径尺寸及其变化，查明横管坡度、管道各部分标高、存水弯形式、清通设备的设置情况。

3．详图的识读

室内给水排水工程的详图主要有水表节点、卫生器具、管道支架等安装图。当详图选用标准图和通用图时，需查阅相应的标准图和通用图。

任务3　室内给水排水工程施工图预算的编制

4.3.1　室内生活给水排水工程施工图预算编制

1. 工程量计算

（1）工程量计算项目

依据现行《内蒙古自治区安装工程预算定额》，编制一般的室内生活给水排水工程施工图预算时，要进行下列项目的工程量计算：

1）卫生器具制作安装。

2）给水管道安装。

3）阀门安装。

4）水表安装。

5）给水钢管支架制作安装。

6）钢套管制作安装。

7）水箱制作安装。

8）排水管道安装。

9）给水管道的消毒、冲洗。

10）管道、支架的除锈刷油。

11）塑料管阻火圈安装。

12）塑料管伸缩节安装。

13）其他特殊项目。

（2）工程量计算规则

上述工程量计算项目中的给水管道安装、阀门安装、水表安装、给水钢管支架制作安装、钢套管制作安装、管道及支架的除锈刷油等项的工程量计算规则同室内采暖工程，其余各项工程量的计算规则如下：

1）卫生器具制作安装工程量的计算规则是：浴盆、化验盆、洗脸盆、淋浴器、大便器、小便器、排水栓等成组安装的卫生器具以"组"为单位计算；水龙头、地漏和地面清扫口的安装以"个"为单位计算；小便槽冲洗管制作安装以"米"为单位计算其长度；大便槽自动冲洗水箱安装、蒸汽—水加热器安装、冷热水混水器安装以"套"为单位计算；电热器、开水炉、容积式水加热器安装以"台"为单位计算。

2）螺纹水表、法兰水表和螺纹IC卡水表按接管直径不同，分别以"块"和"组"为单位计算工程量。

3）钢板水箱制作工程量按水箱本身的重量以"100kg"为单位计算；钢板水箱安装工程量以"个"为单位计算。

4）排水管道安装工程量以"延长米"计算，不扣除管件、检查口所占长度。室内外排水管道以出户第一个检查井或距外墙皮外3m处为界。

5）给水管道消毒、洗清工程量也按管道公称直径不同以"延长米"计算。

6）阻火圈、伸缩节安装按接管公称直径不同以"10个"为单位计算。

（3）工程量计算方法

室内生活给水排水工程施工图预算的工程量计算可按下列顺序进行：卫生器具制作安装→给水管道安装、消毒冲洗→阀门安装→低压器具、水表组成安装→钢板水箱制作安装→塑料管阻火圈、伸缩节安装→排水管道安装→管道、支架、设备的除锈、刷油、保温→温度计、压力表安装。

下面介绍几个主要项目的工程量计算方法：

1）卫生器具制作安装组数、个数或台数的统计。在计算室内给水排水工程的工程量时，应先统计各种卫生器具制作安装的组数、个数或台数，并应将统计结果记录在表4-5的表格中。先统计卫生器具制作安装工程量是为了先弄清卫生器具成组安装与管道安装工程量的分界点，以便后来精确地计算管道安装工程量。

表4-5　卫生器具制作安装工程量统计表

卫生器具名称						
规　格						
数　量						

2）给水管道延长米的计算方法。

① 计算给水管道延长米时，显然要将钢管、塑料管及钢管中的镀锌管、非镀锌管分开计算，而且为了方便以后计算刷油工程量，要将各种管材的管子按埋地、走地沟、明装分开计算。

② 水平管道的长度尽量用平面图上所注尺寸计算，竖直管道的长度尽量用系统图上标注的高差计算。管道弯曲部分在图上未标注时，要按施工实际考虑管道的弯曲长度。

③ 计算各种规格管道长度时，要注意管道安装的变径点。

④ 为了清楚地算出和复核各部分管道长度，计算给水管道延长米时，给水立管要编号（图上有立管号的不再另编），对于明装给水管道要按立管编号依次计算各立管上支管长度、横管长度、立管长度，然后再计算明装干管长度；对于暗装给水管道也要按立管编号先计算各立管暗装部分长度，然后计算暗装干管长度。最后应将计算结果列表记录。

⑤ 因为卫生器具成组安装定额中，已按标准图包括了与卫生器具连接的给水支管，所以计算给水管道延长米时，不要将卫生器具成组安装定额中包括了的给水支管重复计算。

3）排水管道延长米的计算方法。计算室内排水管道安装工程量时，首先要弄清各卫生器具成组安装中包括的排水管道，然后按排水立管的编号或排出管的编号顺序计算各编号立管或排出管上的立支管、横支管、横管、立管、排出管的长度。

① 排水立支管长度计算。排水立支管长度是指卫生器具下除去卫生器具成组安装包括了的排水管部分剩下的排水短立管长度。如洗脸盆存水弯下的排水横管上的一段立管长度、蹲式大便器出水口下存水弯上的一段立管长度及坐式大便器下的一段立管长度等。排水立支管长度应按其上下端标高差计算，即按卫生器具与排水管道分界点处的标高与排水横管标高差计算，在施工图上所标注尺寸不全时，可按实际施工情况计算，一般的排水立支管长度约为400～500mm。

② 排水横管支管及横管长度计算。排水横管长度应按平面图所标注的尺寸计算或从平

面上丈量。对于横支管长度施工平面图上不一定能反映准确，因此，应按卫生器具安装图上的尺寸计算；排水横管的长度应是横管起点至排水立管中心的长度，计算横管长度时要注意管道变径点位置，以准确计算各段长度。

③ 排水立管长度计算。排水立管长度的计算方法是：先看立管有无变径，有变径时确定变径点位置（标高），而后按排水系统图上的标高差计算各段立管长度。

④ 排出管长度计算。排出管长度应计算至室外第一个排水检查井处，若施工图上明确有室外第一个检查井的标志及距建筑外墙皮尺寸，则排出管长度按图示尺寸计算；若施工图上未表示出检查井，则排出管长度可计算至外墙皮外 3.0m 处。

⑤ 计算排水管道安装延长米时，为了方便以后除锈、刷油工程量的计算，要将明装管道、埋地管道分开计算。

⑥ 同一建筑内排水管也可能地上、地下用不同材质的管材，如地上用 PVC-U 管，地下用排水铸铁管，此时应将两种管材的延长米分别计算。

4）钢板水箱制作安装工程量计算。计算钢板水箱制作重量时，要按水箱构造图计算构成水箱各部分钢板和型钢的重量，然后相加。计算钢板重量时不扣除接管口和人孔、手孔挖去钢板的重量。若水箱按标准图制作，其制作重量可查标准图上标出的重量。

5）给水管道消毒、冲洗延长米计算。消毒、冲洗给水管道延长米应为给水管道安装工程量的延长米与卫生器具成组安装已包括的给水管延长米之和。

6）水表安装个数按图示统计。

7）阻火圈、伸缩节安装个数按图示统计。

8）阀门安装，给水钢管支架制作、安装，钢套管制作、安装，管道及其支架的除锈、刷油工程量计算方法同室内采暖工程。

2. 定额套用

（1）各工程量计算项目套用定额

计算室内生活给水排水工程施工图预算的定额直接工程费用时，按单价计算的定额直接工程费的工程量项目大多数套用《内蒙古自治区安装工程预算定额》第八册给水排水、采暖、燃气工程中的相应子目；管道支架的除锈、刷油工程量项目套用第十一册定额中的相应子目；若有压力表、温度计等仪表安装工程量时，套用第十册定额中的相应子目。

（2）各项工程量套用定额的项目及其包括的工作内容与套用定额注意的问题

1）卫生器具安装。

① 套用定额子目。给水支管用镀锌钢管、排水支管用铸铁管的卫生器具安装应套用第八册定额第四章的相应子目。给水排水支管全采用塑料管的卫生器具安装应套用第八册定额第八章的相应子目。

② 定额包括的工作内容。

a. 卫生器具本身的安装以及支架的制作安装。

b. 标准图规定的部分给水支管及支管上的水龙头、阀门安装。

c. 标准图规定的排水栓、存水弯的安装。

各卫生器具成组安装定额子目包括的具体内容，详见各定额子目的材料栏。

③ 套用定额应注意的问题。

a. 各种卫生器具除浴器、净身盆、高级进口坐便器本身材料费没有进入基价外，其余均已按普通型号进入基价，如与设计不符时，卫生器具可按实调整（包括配件），其他不变。

b. 浴盆安装子目适用于各种型号的浴盆，但浴盆支座和浴盆周边的砌砖、瓷砖粘贴可另行计算。

c. 洗脸盆、洗手盆、洗涤盆、大便器安装子目适用于各种型号。

d. 小便槽冲洗管制作定额中，不包括阀门安装。

2）给水管道安装。

① 套用定额子目。镀锌给水钢管安装根据其公称直径不同套用 8-98～8-108 的相应子目。塑料给水管安装根据管道连接方式、公称直径不同套用 8-851～8-907 中的相应子目。

② 定额包括的工作内容。给水管安装定额包括的工作内容：

a. 直管及接头零件的安装。

b. $DN \leqslant 32$ 管支架的制作安装，$DN \leqslant 32$ 塑料管支架的安装。

c. 管道安装时的打洞堵眼。

d. 水压试验。

③ 套定额应注意的问题。塑料给水管安装定额基价中未计塑料管的主材价，主材价另计时应加 2% 的损耗。

3）排水管道安装。

① 套用定额子目。室内排水铸铁管安装根据其接口材料、公称直径不同，套用 8-131～8-170 中的相应子目；塑料排水管安装根据其连接方式与公称直径不同，套用 8-836～8-847 子目中的相应项目。

② 定额包括的工作内容。铸铁、塑料排水管安装定额包括直管与管件安装、立管检查口与风帽安装、管道支（吊）架制作安装、灌水试验等工作内容。

③ 套用定额应注意问题。

a. 塑料排水管安装定额基价中未计主材价，主材价需按定额含量（各子目不同）另计。

b. 室内排水管埋设的土方挖填及管道基础，应执行建筑工程预算定额。

4）水表安装。

① 套用定额子目。螺纹水表安装根据其公称直径不同套用定额 8-418～8-427 中的相应子目；螺纹 IC 卡水表安装根据其公称直径不同套用定额 8-428～8-439 中的相应子目；法兰水表安装根据其组合有无旁通管及止回阀套用定额 8-440～8-453 中的相应子目。

② 定额包括工作内容。螺纹水表安装定额内不仅包括水表本身安装，而且包括了水表前的一个螺纹闸板阀安装。法兰水表（带旁通管及止回阀）安装是按《给水排水标准图集》考虑的，定额内包括了 S145 标准图规定的整体一套内容；法兰水表（不带旁通管及止回阀）安装定额仅包括水表本身及表前一个法兰闸阀及与之配套的法兰安装；螺纹 IC 卡水表安装定额内已包括水表、螺纹闸阀、电磁阀的安装。

5）水箱制作安装。

① 套用定额子目。钢板水箱制作根据水箱形状和本身重量套用定额 8-644～8-657 项中的相应子目，钢板水箱安装根据其形状和总容积大小不同，套用定额 8-658～8-670 项中的相

应子目。

②定额包括的工作内容。钢板水箱制作定额工作内容包括：下料、焊接、装配、注水试验；水箱安装仅包括稳固、装配零件。

③套定额应注意问题。

a. 各种水箱连接管均未包括在定额内。

b. 各类水箱制作安装均未包括支架制作安装，如为型钢支架，执行第八册定额"一般管道支架"项目，混凝土或砖支座可按土建相应项目执行。

c. 水箱上的水位计、内外人梯均未包括在制安定额内。

6）给水管道的消毒、冲洗。给水管道消毒、冲洗按管径不同套用定额 8-279～8-284 项中的相应子目。消毒冲洗定额包括的工作内容为：溶解漂白粉、灌水、消毒、冲洗。套定额时应注意，管径≤50 给水管的消毒、冲洗均套 DN50 的子目。

7）塑料阻火圈、伸缩节安装。

①套用定额子目。阻火圈安装根据其公称直径不同套用定额 8-207～8-210 项中的相应子目，伸缩节安装根据其公称直径不同套用定额 8-211～8-214 项中的相应子目。

②定额包括的工作内容。塑料阻火圈、伸缩节安装定额包括了阻火圈、伸缩节的固定、连接、安装等全部工序。与采暖系统工程量计算规则、方法相同的工程量项目，其套用定额的子目与采暖工程相同。

3. 室内给水排水工程施工图预算编制实例

现以某办公楼室内给水排水工程为例，详述室内给水排水工程施工图预算编制方法与步骤。

(1) 例题施工图介绍

1）室内给水排水平面图，如图 4-7 所示。由平面图可见，底层有淋浴间，二、三层有厕所间。淋浴间设有四组淋浴器，一个洗脸盆，一个地漏。二层厕所内设有高水箱蹲式大便器三套，挂式小便器两套，洗脸盆一个，污水池一个，地漏两个。三层卫生间内卫生器具的布置和数量都与二层相同，每层楼梯间均设有一组消火栓。

2）室内给水管道轴测图如图 4-8 所示；室内排水管道轴测图如图 4-9 所示。

3）图纸有关文字说明。

①给水管道均采用镀锌钢管，螺纹连接；排水管道采用排水铸铁管，水泥接口。

②给水立管穿卫生间楼板时，应加镀锌钢套管。室外检查井距墙外皮 3.0m。

③给水管道上的阀门采用 J11T-16 型截止阀。

④卫生器具、消火栓安装的标准图见内蒙古自治区《12 系列建筑标准设计图集》

(DBJ-22-2014)：大便器安装：12S1-99；小便器安装：12S1-129；洗脸盆安装：12S1-18；污水池安装：12S1-1；淋浴器安装：12S1-74；地漏安装：12S1-219。

室内消火栓安装：05S4-11，DN50，水龙带长为 20m。

⑤明装镀锌管刷银粉漆两遍；明装铸管刷防锈漆一遍，银粉漆两遍；埋地铸铁管刷沥青漆两遍。所有明装管道支架刷红丹防锈漆两遍，银粉漆两遍；暗装管道支架刷防锈漆两遍。

⑥地沟内热水管道用厚度为 50mm 的岩棉套管保温，外做玻璃布保护层。

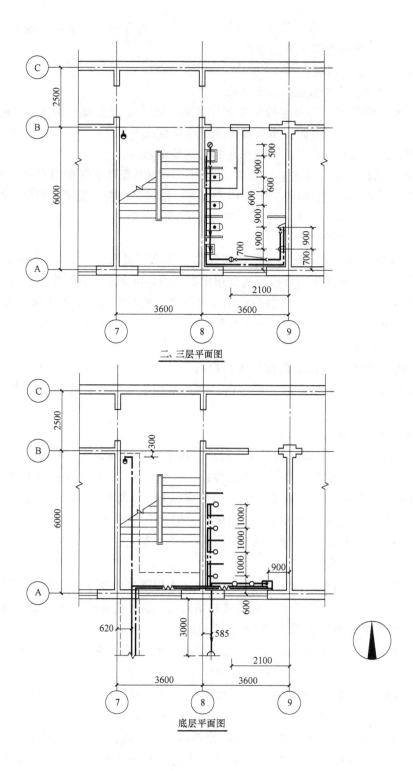

图 4-7　给水排水平面图

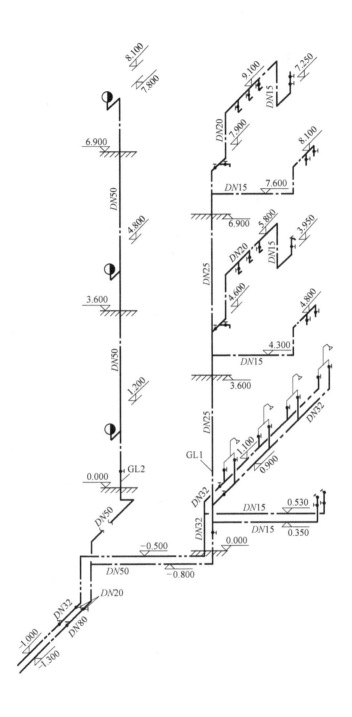

图 4-8　给水管道轴测图

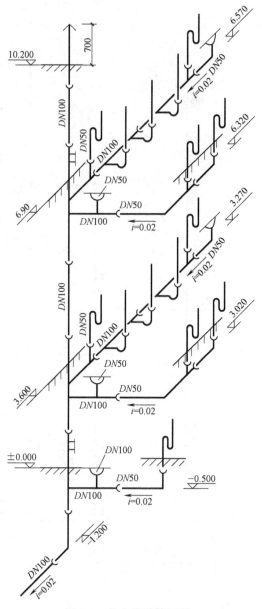

图 4-9 给水管道轴测图

（2）施工图预算的工程量计算

1）卫生器具制作安装工程量的统计。卫生器具制作安装工程量统计见表 4-6。

表 4-6 卫生器具制作安装工程量统计表

卫生器具名称	洗脸盆		淋浴器	水龙头	蹲式大便器
规　格	钢管组成 （冷水）	钢管组成 （冷热水）	钢管组成 （冷热水）	DN20	高水箱
数量	2	1	4	2	6

(续)

卫生器具名称	挂式小便器	排水栓	地 漏	
规 格	普通式	DN50 带存水弯	DN50	DN100
数 量	4	2	4	1

2）给水管道工程量计算。

① 明装给水管道延长米的计算。

a. 明装给水支、横管长度。

GL_1 立管上的支横管长度

二、三层小便器 $DN15$ 支横管长度：

L_{15} = [（左右水平长度）+（前后水平长度）+（垂直长度）]×2根

= [（3.60-0.12×2-0.07×2）+（0.70+0.90-0.12-0.07）+（4.80-4.30+0.15×2）]×2

= 10.86（m）

式中　0.12——半墙厚度；

0.07——管中心距离墙面尺寸；

0.15——支管阀前长度。

二、三层污水池、大便器、洗脸盆给水支横管长度：

$DN15$ 洗脸盆给水支管长度：

L_{15} = （水平长度+垂直长度）×2根

= [0.9+（5.80-3.95）]×2

= 5.50（m）

$DN20$ 给水横管长度：

L_{20} = [（水平长度）+（垂直长度）]×2根

= [（0.7+0.9×2+0.6×2-0.12-0.07）+（5.80-4.60）]×2

= 9.42（m）

式中　0.12——半墙厚度；

0.07——管中心距墙面尺寸。

一层淋浴器 $DN32$ 给水横管长度：

L_{32} = 水平冷水管长度+水平热水管长度

= 水平冷水管长度×2

= （1.0×3+0.6-0.07-0.12）×2

= 6.82（m）

一层洗脸盆 $DN15$ 给水支管长度：

L_{15} = 水平冷水管长度×2（冷热两根）

= （3.60-0.90-0.12-0.07）×2

= 5.02（m）

GL_2 立管上消火栓 $DN50$ 给水支管长度：

L_{50} = （垂直长度+水平长度）×根数

= （0.30+0.40）×3 = 2.10（m）

b. 明装给水立管长度。

GL_2 上 $DN50$ 明装立管长度：

$L_{50} = 7.80 - 0.00 = 7.80$ （m）

GL_1 上明装立管长度：

$DN20$ 立管长度：$L_{20} = 7.90 - 7.60 = 0.30$ （m）

$DN25$ 立管长度：$L_{25} = 7.60 - 0.90 = 6.70$ （m）

$DN50$ 立管长度：$L_{50} = 0.90 - 0.00 = 0.90$ （m）

热水 $DN32$ 立管长度：$L_{32} = 1.10 - 0.00 = 1.10$ （m）

② 暗装给水管道延长米的计算。通往消火栓的 $DN50$ 给水干管长度：

L_{50} = 前后方向水平管长度 + 左右方向水平管长度 + 垂直管长度

$\quad = (6.0 - 0.3 - 0.07 - 0.12) + (0.62 - 0.07 - 0.12) + (0.80 - 0.00)$

$\quad = 5.51 + 0.43 + 0.80 = 6.74(\text{m})$

通往卫生间的 $DN50$ 给水干管长度：

L_{50} = 水平方向长度 + 垂直方向长度

$\quad = (3.60 - 0.62 + 0.07 + 0.12) + [0.00 - (-0.80)]$

$\quad = 3.17 + 0.8 = 3.97(\text{m})$

冷水 $DN80$ 引入管长度：

L_{80} = 水平方向长度 + 垂直方向长度

$\quad = (1.50 + 0.37 + 0.07) + [-0.80 - (-1.30)] = 2.44$ （m）

式中　1.50——为外墙皮外管道长度；

　　　0.37——外墙厚度。

$DN32$ 热水管道暗装长度：

L_{32} = 前后方向水平长度 + 左右方向水平长度 + 垂直方向长度

$\quad = (1.50 + 0.37 + 0.07) + (3.60 - 0.62 + 0.12 + 0.07) + [0.00 - (-1.00)]$

$\quad = 1.94 + 3.17 + 1.00 = 6.11(\text{m})$

③ 给水管道延长米统计表。将上述计算结果统计在给水管道延长米统计中，见表4-7。

表 4-7　给水管道延长米统计表

名称		DN 长度/m	15	20	25	32	50	80
明装管道		支横管	21.38	9.42		6.82	2.10	
		支管		0.30	6.70	1.10	8.70	
		小　计	21.38	9.72	6.70	7.92	10.80	
暗装管道		干　管				4.17	10.71	
		引入管				1.94		2.44
		小　计				6.11	10.71	2.44
合　计			21.38	9.72	6.70	14.03	21.51	2.44

3）栓类、阀门工程量计算。室内消火栓、给水管上阀门安装数量统计于表4-8中。

表 4-8 栓类、阀门个数统计表

名称	室内消火栓	截止阀 J11T-16			螺纹法兰闸阀
规格	单出口，DN50，带长 20m	DN20	DN32	DN50	DN80
数量	3	4	3	2	1

4）给水管道支架制作安装重量计算。

支架制作安装重量 = $\sum$（DN>32 某规格管长度×每米管支架用量）

$$= 21.51×0.8+2.44×0.9$$
$$= 19.40（kg）$$

式中 21.51、2.44——分别为 DN50、DN80 给水管的长度，查自表 4-7；

0.8、0.9——分别为 DN50、DN80 钢管每米的支架用量，查自表 3-14。

5）给水立管穿楼板钢套管个数统计。GL$_2$ 立管穿楼板三次，需 DN50 钢套管 3 个；GL$_1$ 立管穿楼板三次，热水管穿沟盖板一次，共需 DN25 钢套管 2 个、DN32 钢套管 1 个、DN50 钢套管 1 个。

6）室内排水管道安装工程量计算。

① 排水立支管长度。洗脸盆存水湾下 DN40 镀锌钢管立支管长度：

L_{40} = 每根长度×根数

$= (3.60-3.27+0.15)×2+[0-(-0.5)+0.15]$

$= 1.61（m）$

式中 0.15——立支管高出地面 0.15m。

小便器存水弯下 DN40 镀锌钢管立支管长度：

L_{40} = 每根长度×根数

$= (3.60-3.02+0.15)×4 = 2.92（m）$

污水池存水弯下 DN50 镀锌钢管立支管长度：

L_{50} = 每根长度×根数

$= (3.60-3.27)×2 = 0.66（m）$

大便器出水口下，存水弯上 DN100 铸铁管立支管长度：

L_{100} = 每根长度×根数

$= (3.60-3.27)×6 = 1.98（m）$

② 排水横支管、横管长度。

a. 明装排水横支管、横管长度。二、三层地漏下 DN50 铸铁横管长度：

$L_{50} = (0.90+0.50)×2 = 2.80（m）$

二、三层小便器下 DN50 铸铁横管长度：

L_{50} = （左右方向长度+前后方向长度）×2

$= [(2.10-0.12-0.13)+(0.70+0.90-0.12-0.13)]×2 = 6.40（m）$

二、三层大便器下 DN100 铸铁横管长度：

$L_{100} = (0.70+0.9×2+0.6×2-0.13-0.12)×2 = 6.90（m）$

二、三层小便器下 DN100 铸铁横管长度：

$L_{100} = (3.60-2.10-0.59)×2 = 1.82（m）$

b. 暗装排水横支管、横管长度。

一层 $DN50$ 铸铁横支管长度：

$L_{50} = 2.10 - 0.90 = 1.20$（m）

一层 $DN100$ 铸铁横管长度：$L_{100} = 0.91$（m）（同二层）

③ 排水立管、通气管长度。

$DN100$ 明装铸铁立管长度：$L_{100} = 10.20 + 0.7 = 10.90$（m）

$DN100$ 暗装铸铁立管长度：$L_{100} = 0.00 - (-1.20) = 1.20$（m）

④ 排出管长度。

$L_{100} = 3.0_{（外墙皮外管长）} + 0.37_{（外墙厚）} + 0.13_{（立管中心距墙面尺寸）}$

$\quad\quad = 3.50$（m）

⑤ 排水管道延长米统计见表 4-9。

表 4-9　排水管道延长米统计表　　　　　　　　　（单位：m）

名称		镀锌钢管		铸铁管	
		DN40	DN50	DN50	DN100
明装管道	立支管	4.53	0.66	—	1.98
	横支管、横管	—	—	9.20	8.72
	立管、通气管	—	—	—	10.90
	小　计	4.53	0.66	9.20	21.60
暗装管道	横支管、横管	—	—	1.20	0.91
	立管	—	—	—	1.20
	排出管	—	—	—	3.50
	小计	—	—	1.20	5.61
合　计		4.53	0.66	10.40	27.21

7）除锈、刷油、保温的工程量计算。

① 明装镀锌给水管刷油面积计算。

明装镀锌给水管刷油面积 $= \sum\left[\text{某规格管每}100\text{m}\text{的外表面面积} \times \dfrac{\text{某规格管长度}}{100}\right]$。

某规格管长度应包括管道安装工程量的延长米和卫生器具成组安装中包括的给水支管长度。

本工程中所用卫生器具成组安装包括的支管长度见表 4-10。

表 4-10　卫生器具成组安装包括的支管长度计算表

卫生器具名称	冷水洗脸盆	冷热水洗脸盆	高水箱大便器	小便器	淋浴器	
每个支管长/m	0.40	0.80	0.30	2.50	0.15	2.50	共计：DN15 的支管长度为 14m；DN25 的支管长度为 15m
个（组）数	2	1	6	6	4	4	
总支管长度/m	0.80	0.80	1.80	15.00	0.60	10.00	
支管规格	DN15	DN15	DN15	DN25	DN15	DN15	

镀锌给水钢管刷油面积计算统计于表 4-11 中。

表 4-11 镀锌给水钢管刷油面积计算表

公称直径	15	20	25	32	50	合计
每百米管表面积/m²	6.67	8.40	10.52	13.35	18.84	—
管长度/m	21.38+14.0	9.72	6.70+15	7.92	10.80	—
刷油面积/m²	2.36	0.82	2.28	1.06	2.03	8.55

② 排水铸铁管除锈、刷油面积计算。铸铁排水管除锈、刷油面积计算统计于表4-12中。

表 4-12 铸铁排水管除锈、刷油面积计算表

管道名称	明装管		暗装管		合计
	DN50	DN100	DN50	DN100	
管外径/mm	60	110	60	110	—
管长度/m	9.20	21.60	1.20	5.61	—
刷油面积/m²	1.73	7.46	0.23	1.94	11.36

③ 管道支架的刷油、除锈重量计算。管道支架除锈、刷油重量应包括 $DN \leqslant 32$、$DN > 32$ 给水管道的支架重量和排水管道的支架重量。$DN > 32$ 给水管道刷油重量同前面计算的制作安装重量，$DN \leqslant 32$ 给水管道支架和排水管道支架重量仍按管道长度乘以每米管用支架重量（查表 3-14）估算。

明装支架除锈刷油重量=明装给水管支架重量+明装排水管支架重量

$= [(21.38+14.0) \times 0.4 + 9.72 \times 0.4 + (6.7+15) \times 0.4 + 7.92 \times 0.5 + (10.8 \times 0.8)] + [4.53 \times 0.6 + (0.66+9.2) \times 0.8 + 21.6 \times 1.4]$

$= 80.18(\text{kg})$

暗装支架除锈、刷油重量=暗装给水管支架除锈、刷油重量

$= 6.11 \times 0.5 + 10.71 \times 0.8 + 2.44 \times 0.9$

$= 13.82(\text{kg})$

8）保温层、保护层安装工程量计算。

① 地沟内 $DN32$ 热水管用保温层体积。

$$V = \frac{DN32 管长}{100} \times 每100米管用保温材料体积（查表3-15）$$

$$= \frac{6.11}{100} \times 1.53 = 0.093(\text{m}^3)$$

② 地沟内 $DN32$ 热水管保温材料保护层面积。

$$S = \frac{DN32 管长}{100} \times 每100米管用保护层面积（查表3-15）$$

$$= \frac{6.11}{100} \times 48.96 = 2.99（\text{m}^2）$$

9）给水管道消毒、冲洗工程量计算。给水管道消毒、冲洗长度见表4-13。

表 4-13　管道消毒、冲洗长度统计表

管径/DN	15	20	25	32	50	80
管长度/m	21.38+14.0	9.72	6.7+15.0	14.03	21.51	2.44

（3）套定额计算定额直接工程费

1）定额套用。上述工程量套用《内蒙古自治区安装工程预算定额》，所套用的定额子目、计量单位、数量、定额基价、人工费单价、机械费单价均列于安装工程预算表 4-14 中。

2）直接工程费的计算。用表 4-14 中工程数量乘以定额单价可得出预算价。定额中未计价主材的材料价汇总于表 4-15 中，材料差价调整汇总于表 4-16 中，表 4-15、表 4-16 中未计价主材、材料差价的市场价采用内蒙古呼和浩特地区 2013 年第二期信息价。未计价主材费、材料差价的计算方法同室内采暖工程。将表中各项费用进行汇总，便得定额直接工程费、人工费和机械费，结果见表 4-14～表 4-16。

（4）措施项目费的计算

本预算中需计算的措施项目费有安全文明施工费、临时设施费、雨季施工增加费、已完及未完工程保护费、材料及产品检测费和脚手架搭拆费。措施项目费的计算方法同室内采暖工程，计算结果见表 4-14。

（5）取费

本工程取费程序及各项费用计算结果见单位工程费汇总见表 4-17，表中各项费用的计算方法同室内采暖工程，不再赘述。

表 4-14　安装工程预算表

工程名称：给水排水工程

定额编号	项目名称	单位	数量	定额/元 基价	定额/元 人工费	定额/元 机械费	合计/元 直接费	合计/元 人工费	合计/元 机械费
8-466	钢管组成（冷水）洗脸盆安装	组	2.00	152.91	21.54		306	43	
8-467	钢管组成（冷热水）洗脸盆安装	组	1.00	219.82	26.56		220	27	
8-488	钢管组成（冷热水）淋浴器安装	组	4.00	60.93	22.85		244	91	
8-491	蹲式大便器安装	套	6.00	316.65	39.41		1900	236	
8-503	挂斗式小便器安装	套	4.00	118.01	13.71		472	55	
8-524	DN20 水嘴安装	个	2.00	18.99	1.14		38	2	
8-531	DN50 带存水弯排水栓安装	组	2.00	22.05	7.75		44	16	
8-535	DN50 地漏安装	个	4.00	34.40	6.53		138	26	
8-537	DN100 地漏安装	个	1.00	69.24	15.22		69	15	
8-98	DN15 镀锌钢管螺纹连接	m	21.38	15.63	7.47		334	160	
8-99	DN20 镀锌钢管螺纹连接	m	9.72	17.31	7.47		168	73	
8-100	DN25 镀锌钢管螺纹连接	m	6.70	22.19	8.98	0.13	149	60	1
8-101	DN32 镀锌钢管螺纹连接	m	14.03	25.62	8.98	0.13	359	126	2
8-102	DN40 镀锌钢管螺纹连接	m	4.53	29.38	10.69	0.13	133	48	1
8-103	DN50 镀锌钢管螺纹连接	m	22.17	38.74	10.93	0.39	859	242	9
8-105	DN80 镀锌钢管螺纹连接	m	2.44	52.19	11.83	0.37	127	29	1

（续）

定额编号	项目名称	单位	数量	定额/元			合计/元		
				基价	人工费	机械费	直接费	人工费	机械费
8-215	管道支架制作安装	kg	19.40	11.81	4.14	2.76	229	80	54
8-197	DN25 穿楼板钢套管制作安装	个	2.00	6.38	2.29	0.25	13	5	1
8-198	DN32 穿楼板钢套管制作安装	个	1.00	8.05	2.74	0.50	8	3	1
8-200	DN50 穿楼板钢套管制作安装	个	4.00	12.89	3.72	0.50	52	15	2
8-291	DN20 螺纹阀门安装	个	4.00	7.67	4.32		31	17	
8-293	DN32 螺纹阀门安装	个	3.00	12.84	6.48		39	19	
8-295	DN50 螺纹阀门安装	个	2.00	22.54	10.80		45	22	
8-309	DN80 焊接法兰闸阀安装	个	1.00	131.00	32.40	11.95	131	32	12
8-279	DN≤50 给水管道消毒、冲洗	m	102.00	0.50	0.21		51	21	
8-280	DN80 给水管道消毒、冲洗	m	2.44	0.74	0.28		2	1	
8-155	DN50 承插铸铁排水管水泥接口	m	10.40	57.37	9.14		597	95	
8-157	DN100 承插铸铁排水管水泥接口	m	27.21	139.03	14.12		3783	384	
7-146	DN50 室内消火栓安装	套	3.00	42.60	36.10	0.57	128	108	2
	八册部分合计						10669	2051	86
11-1	排水铸铁管轻锈	m²	11.38	1.64	1.39		19	16	
11-56	明装镀锌管刷银粉漆第一遍	m²	8.55	2.20	1.14		19	10	
11-57	明装镀锌管刷银粉漆第二遍	m²	8.55	2.07	1.10		18	9	
11-198	明装排水管刷防锈漆第一遍	m²	9.19	2.16	1.35		20	12	
11-200	明装排水管刷银粉漆第一遍	m²	9.19	2.67	1.39		25	13	
11-201	明装排水管刷银粉漆第二遍	m²	9.19	2.49	1.35		23	12	
11-202	暗装排水管刷沥青漆第一遍	m²	2.17	4.11	1.47		9	3	
11-203	暗装排水管刷沥青漆第二遍	m²	2.17	3.91	1.43		8	3	
11-7	支架轻锈	kg	93.99	0.21	0.14	0.06	20	13	6
11-117	支架刷红丹防锈漆第一遍	kg	93.99	0.17	0.06	0.04	16	6	4
11-118	支架刷红丹防锈漆第二遍	kg	93.99	0.16	0.06	0.04	15	6	4
11-122	明装支架刷银粉漆第一遍	kg	80.17	0.15	0.06	0.04	12	5	3
11-123	明装支架刷银粉漆第二遍	kg	80.17	0.14	0.06	0.04	11	5	3
	小计						215	113	20
11-1830	Φ57mm 以下岩棉套管保温	m³	0.09	221.28	190.56	8.62	21	18	1
11-2234	玻璃布保护层安装	m²	2.99	3.34	1.92		10	6	
	小计						31	24	1
	十一册部分合计						246	137	21
	小计						10915	2188	107
七、八册说明	脚手架搭拆费（第七、八册）	%	5.00		25.00	25.00	103	26	26

（续）

定额编号	项目名称	单位	数量	定额/元 基价	人工费	机械费	合计/元 直接费	人工费	机械费
十一册说明	脚手架搭拆费（刷油）（第十一册）	%	8.00		25.00	25.00	9	2	2
十一册说明	脚手架搭拆费（绝热）（第十一册）	%	20.00		25.00	25.00	5	1	1
	安全文明施工费	%	2.30		20.00		53	11	
	临时设施费	%	5.00		20.00		115	23	
	雨期施工增加费	%	0.30		20.00		7	1	
	已完、未完工程保护费	%	0.50		20.00		11	2	
	材料及产品检测费	m²	3000.00	0.60			1800		
	小计						2103	66	29
	合计						13018	2254	136

表 4-15　未计价主材汇总表

工程名称：给水排水工程

序号	材料名称	单位	数量	定额价	合计
1	螺纹阀门 J11T-16 DN20	个	4.04	11.80	48
2	螺纹阀门 J11T-16 DN32	个	3.03	26.30	80
3	螺纹阀门 J11T-16 DN50	个	2.02	53.60	108
4	法兰闸阀 Z45T-10 DN80	个	1.00	185.00	185
5	室内消火栓	套	3.00	900.00	2700
6	岩棉套管	m²	0.10	260.00	25
7	莲蓬喷头	个	4.00	5.04	20
	合计				3118

表 4-16　材料差价调整表

工程名称：给水排水工程

序号	材料名称	单位	数量	定额价	市场价	调整额	价差合计
1	型钢 综合	kg	99.63	3.30	3.40	0.10	10
2	镀锌钢管 DN15	m	23.85	5.06	5.67	0.61	15
3	镀锌钢管 DN20	m	9.91	6.64	7.78	1.14	11
4	镀锌钢管 DN25	m	6.83	9.08	11.42	2.34	16
5	镀锌钢管 DN32	m	14.31	11.75	14.81	3.06	44
6	镀锌钢管 DN40	m	4.62	14.42	18.11	3.69	17
7	镀锌钢管 DN50	m	22.61	18.32	23.02	4.70	106
8	镀锌钢管 DN80	m	2.49	31.32	39.34	8.02	20
	合计						239

表 4-17 单位工程费汇总表

工程名称：给水排水工程

序号	项目名称	计 算 公 式	费率(%)	金额/元
1	直接费	按定额计算		13018
1.1	直接工程费	按定额计算		10915
1.1.1	其中:(1)人工费	按定额计算		2188
1.1.2	(2)机械费	按定额计算		107
1.2	措施项目费	按定额计算		2103
1.2.1	其中:(3)人工费	按定额计算		66
1.2.2	(4)机械费	按定额计算		29
2	直接费中(人工费+机械费)	以上(1)+(2)+(3)+(4)		2390
3	企业管理费、利润	以下(5)+(6)	32	765
3.1	其中:(5)企业管理费	2×费率	15	359
3.2	(6)利 润	2×费率	17	406
4	总包服务等其他项目费	按实际发生计算		
5	材料价差调整	以下(7)+(8)+(9)		5961
5.1	其中:(7)单项材料调整	明细附后		239
5.2	(8)材料系数调整	1×系数	20	2604
5.3	(9)未计价主材费	明细附后		3188
6	小 计	1+3+4+5		19744
7	人工费调整	【定额人工费+机上人工费】×调整费率	56	1262
8	以上合计	6+7		21006
9	规 费	以下规费分项累计	5.57	1170
9.1	其中:养老失业保险	8×费率	3.5	735
9.2	基本医疗保险	8×费率	0.68	143
9.3	住房公积金	8×费率	0.9	189
9.4	工伤保险	8×费率	0.12	25
9.5	意外伤害保险	8×费率	0.19	40
9.6	生育保险	8×费率	0.08	17
9.7	水利建设基金	8×费率	0.1	21
10	合 计	8+9		22176
11	税 金	10×税率	3.48	772
12	含税工程造价(小写)	10+11		22948
13	含税工程造价(大写)	贰万贰仟玖佰肆拾捌元整		

4.3.2 室内消防给水工程施工图预算编制

1. 工程量计算

(1) 工程量计算项目

《内蒙古自治区安装工程预算定额》根据室内消防给水工程的组成，将一般室内消防给水工程施工图预算的工程量计算划分为以下几项：

1）给水管道安装。

2）喷头安装。

3）湿式报警装置安装。

4）温感式水幕装置安装。

5）水流指示器安装。

6）减压孔板安装。

7）末端试验装置安装。

8）室内消火栓安装。

9）消防水泵接合器安装。

10）管道支（吊）架制作安装。

11）自动喷水灭火系统管网水冲洗。

12）阀门安装。

13）法兰安装。

14）套管制作安装。

15）管道、支架、设备的除锈、刷油。

16）各种仪表的安装。

实际计算时要据实际工程的具体构成确定工程量计算项目。

（2）工程量计算规则

1）管道安装按设计管道中心长度，以"m"为单位计算，不扣除阀门、管件及各种组件所占长度。

2）喷头安装按有无吊顶不同，以"个"为单位计算。

3）报警装置安装按成套产品以"组"为单位计算。

4）水流指示器、减压孔板安装按管直径不同以"个"为单位计算。

5）末端试水装置安装按不同的公称直径以"组"为单位计算。

6）室内消火栓安装，区分单栓与双栓以"套"为单位计算。

7）消防水泵结合器安装，区分不同安装方式与规格以"套"为单位计算。

8）管道支（吊）架制作安装，以"100kg"为单位计算。

9）自动喷水灭火系统管网水冲洗，区分不同规格以"m"为单位计算。

10）温感式水幕装置安装，以不同型号和规格以"组"为单位计算。

11）法兰安装以"付"为单位计算。

12）其余项目的工程量计算规则同室内生活给水排水工程。

（3）工程量计算方法

以"个""套""组"为单位计算的工程量，其数量均按图示统计；管道延长米、支架制作安装重量、除锈刷油等项工程量计算方法与室内采暖、生活给水排水工程的计算方法相同或相近。

2. 定额套用

（1）各项所套定额册

第1-11项工程量套用第七册定额第二章的相应项目；室内消火栓给水管道安装套用第

八册定额的相应项目；阀门、法兰、钢套管安装套用第六册工业管道工程定额的相应项目；管道、设备、支架的除锈、刷油套用第十一册定额的相应项目；各种仪表的安装套用第十册定额的相应项目。

（2）各项工程量项目套用定额子目

1）给水管道安装。自动喷淋消防给水管道安装按管子规格、连接方式不同，套用不同的定额子目。镀锌钢管螺纹连接时，按管径不同套用第七册定额 7-71～7-77 子目；镀锌钢管法兰连接时，按管径不同套用第七册定额 7-78～7-79 子目；镀锌钢管沟槽连接时，按沟槽连接件、管径不同套用第七册定额 7-80～7-107 子目。

自动喷淋消防给水管道安装定额包括的工作内容有管道及其接头零件安装及管道的水压试验。

2）喷头安装按有无吊顶及规格不同套用第七册定额 7-108～7-115 子目。

3）湿式报警装置、温感式水幕装置安装按其公称直径不同分别套用第七册定额 7-116～7-120 和 7-121～7-125 子目。

4）水流指示器安装按其连接方式、公称直径不同套用第七册定额 7-126～7-134 子目。

5）减压孔板、末端试验装置安装按其公称直径不同分别套用第七册定额 7-135～7-139 和 7-140、7-141 子目。

6）室内消火栓安装按其种类、公称直径不同套用第七册定额 7-146、7-147 子目。

7）消防水泵接合器安装按其安装方式、公称直径不同套用第七册定额 7-162～7-167 子目。

8）管道支（吊）架制作安装套用第七册定额子目 7-172。

9）自动喷水灭火系统管网水冲洗按管道公称直径不同套用第七册定额 7-173～7-178 子目。

10）阀门、法兰安装与套管制作安装分别套第六册工业管道工程相应项目。

管道、支架、设备的除锈、刷油与各种仪表的安装同室内生活给水排水工程。

（3）套定额应注意的问题

1）第七册定额第二章中管道安装的项目，只适用于室内自动喷水灭火系统的管道安装，套用定额时应注意以下几点：

① 镀锌钢管（螺纹连接）定额基价中未计入镀锌钢管与管件的主材价，计算时，管材的定额含量为 10.2m，各种管件的定额含量见表 4-18。

表 4-18　镀锌钢管（螺纹连接）管件含量表　　　　　　（单位：10m）

项目	名称	公称直径（mm 以内）						
		25	32	40	50	70	80	100
管件含量	四通	0.02	1.20	0.53	0.69	0.73	0.95	0.47
	三通	2.29	3.24	4.02	4.13	3.04	2.95	2.12
	弯头	4.92	0.98	1.69	1.78	1.87	1.47	1.16
	管箍	—	2.65	5.99	2.73	3.27	2.89	1.44
	小计	7.23	8.07	12.23	9.33	8.91	8.26	5.19

② 镀锌钢管安装定额也适用于镀锌无缝钢管，其对应关系见表 4-19。

表 4-19　镀锌钢管与镀锌无缝钢管管径对应关系

公称直径/mm	15	20	25	32	40	50	70	80	100	150	200
无缝钢管外径/mm	20	25	—	38	45	57	76	89	108	159	219

③ 镀锌钢管法兰连接定额，管件是按成品、弯头两端是按接短管焊法兰考虑的，定额中包括了直管、管件、法兰等全部安装工序内容，但管件、法兰及螺栓的主材数量应按设计规定另行计算。

④ 镀锌钢管沟槽连接，定额包括打洞堵眼、调直、对口、压槽、管道安装内容。卡箍安装包括管口处理、管件连接。沟槽法兰式连接包括管调直、管件安装等全部内容。系统组件安装包括切管、完丝、管件安装、性能试验、安装等全部内容。主材不同时可以换价。

⑤ 设置于管道间、管廊内的管道，其定额人工费乘以系数 1.3。

2）喷头、报警装置及水流指示器安装定额均按管网系统试压、冲洗合格后安装考虑的，定额中已包括丝堵、临时短管的安装、拆除及其摊销。

3）雨淋、干湿两用及预作用报警系统装置安装，执行湿式报警装置安装定额，其人工费乘以系数 1.2，其余不变。

4）报警系统装置等成套产品定额包括的内容见表 4-20。

表 4-20　报警装置成套产品包括的内容

序号	项目名称	型号	包括内容
1	湿式报警装置	ZSS	湿式阀、蝶阀、装配管、供水压力表、装置压力表、试验阀、泄放试验阀、泄放试验管、试验管流量计、过滤器、延时器、水力警铃、报警截止阀、漏斗、压力开关等
2	干湿两用报警装置	ZSL	两用阀、蝶阀、装置截止阀、装配管、加速器、加速器压力表、供水压力表、试验阀、泄放试验阀（湿式）、泄放试验阀（干式）、挠性接头、泄放试验管、试验管流量计、排气阀、截止阀、漏斗、过滤器、延时器、水力警铃、压力开关等
3	电动雨淋报警装置	ZSY1	雨淋阀、蝶阀（2个）、装配管、压力表、泄放试验阀、流量表、截止阀、注水阀
4	预作用报警装置	ZSU	干式报警阀、控制蝶阀（2个）、压力表（2块）、流量表、截止阀、排放阀、注水阀、止回阀、泄放试验阀、报警试验阀、液压切断阀、装配管、供水检验管、气压开关（2个）、试压电磁阀、应急手动试压器、漏斗、过滤器、水力警铃等
5	室内消火栓	SN	消火栓箱、消火栓、水枪、水龙带、水龙带接扣、挂架、消防按钮

5）温感式水幕装置安装定额中已包括给水三通至喷头、阀门间的管道、管件、阀门、喷头等全部安装内容。但管道的主材数量按设计管道中心长度另加损耗计算；喷头数量也按设计数量另加损耗计算。

6）第七册定额第二章中的管道支（吊）架制作安装定额，适用于各种支架、吊架及防晃支架的制作安装。

7）管网冲洗定额是按水冲洗考虑的，若采用水压气动冲洗法时，可按施工方案另行计算。该定额项目只适用于自动喷水灭火系统。

8）室内消火栓组合卷盘安装执行室内消火栓安装定额时，相应定额基价应乘以系数 1.2。

小　　结

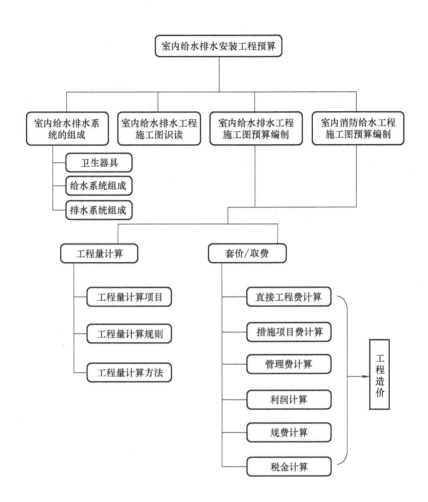

同　步　测　试

一、单项选择题

1. 给水管道安装工程量按（　　　）统计。

A. 长度　　　　B. 面积　　　　C. 体积　　　　D. 延长米

2. 铸铁管道安装工程量时，按铸铁管道的（　　　）计算。

A. 延长米　　　B. 根数　　　　C. 面积　　　　D. 长度

3. 管道支架的刷油工程量按（　　　）统计。

A. 长度　　　　B. 面积　　　　C. 体积　　　　D. 重量

4. 卫生器具成组安装按（　　　）统计。

A. 个　　　　　B. 组　　　　　C. 体积　　　　D. 重量

5. 小便槽冲洗管制作与安装按（　　　）统计。

A. 长度　　　　　B. 面积　　　　　C. 体积　　　　　D. 延长米

6. 消火栓安装按（　　　）统计。

A. 个　　　　　　B. 组　　　　　　C. 体积　　　　　D. 重量

7. 给水管道消毒、冲洗工程量等于（　　　）。

A. 管道安装延长米

B. 管道长度

C. 卫生器具成组安装包含的给水支管长度

D. 管道安装延长米+卫生器具成组安装包含的给水支管长度

8. 室内铸铁排水管的除锈、刷油套用第（　　　）册定额。

A. 八　　　　　　B. 十一　　　　　C. 十　　　　　　D. 六

9. 消火栓消防给水管道套用第（　　　）册定额。

A. 十　　　　　　B. 十一　　　　　C. 八　　　　　　D. 七

10. 自动喷淋消防给水管道套用第（　　　）册定额。

A. 十　　　　　　B. 十一　　　　　C. 八　　　　　　D. 七

11. 给水管道的损耗率为（　　　）。

A. 1%　　　　　　B. 3%　　　　　　C. 2%　　　　　　D. 1.5%

12. 四层办公楼附属的给水排水工程属于（　　　）工程。

A. 二类　　　　　B. 三类　　　　　C. 一类　　　　　D. 四类

13. 安全文明施工费的取费基数是（　　　）。

A. 直接工程费中人工费

B. 直接费中人工费+机械费

C. 直接费中人工费

D. 直接费工程费中人工费+机械费

14. 企业管理费的取费基数是（　　　）。

A. 直接工程费中人工费

B. 直接费中人工费+机械费

C. 直接费工程费中人工费+机械费

D. 直接费中人工费

15. 利润的取费基数是（　　　）。

A. 直接工程费中人工费

B. 直接费中人工费+机械费

C. 直接费中人工费

D. 直接费工程费中人工费+机械费

二、多项选择题

1. 排水管道室内外的分界线为（　　　）。

A. 建筑物外墙皮 3m　　　　　　B. 入口第一个阀门

C. 建筑物外墙皮 1.5m　　　　　D. 室外第一个检查井

E. 建筑物外墙中心线

2. 室内铸铁排水管安装定额基价中已包括（   ）。

A. 检查口安装   B. 风帽安装

C. 清扫口安装   D. 管道支架的制作与安装

E. 地漏安装

3. 洗脸盆安装定额基价中已包括（   ）安装。

A. 水龙头   B. 存水弯   C. 排水拴

D. 地漏   E. 排水立支管

4. 淋浴器安装定额基价中已包括（   ）安装。

A. 喷头   B. 给水立支管   C. 给水立支管上阀门

D. 地漏   E. 部分给水横管

5. 给水管道安装定额基价中已包括（   ）安装。

A. 直管   B. 管道的除锈、涮油

C. 管件   D. $DN \leqslant 32$ 管道支架制作与安装

E. 水压试验

6. 螺纹水表安装定额基价中已包括（   ）安装。

A. 表前阀门   B. 水表

C. 管道   D. 管道支架制作与安装

E. 水表精度复合

7. 消火栓安装定额基价中已包括（   ）安装。

A. 消火栓箱   B. 消火栓

C. 水枪   D. 水龙带

E. 消火栓按钮

8. 给水管道室内外的分界线为（   ）。

A. 建筑物外墙皮 3m   B. 入口第一个阀门

C. 建筑物外墙皮 1.5m   D. 室外第一个检查井

E. 建筑物外墙皮

三、问答题

1. 室内给水排水工程的组成内容有哪些？

2. 室内给水排水工程图由哪些内容组成？

3. 室内给水排水工程的工程量计算规则主要有哪些？

4. 简述室内给水排水工程预算的编制程序和方法。

5. 室内消防给水工程由哪些项目组成？

6. 室内外给水管道如何划分？

7. 室内外排水管道如何划分？

8. 管理费、利润的取费基数是什么？

四、计算题

已知某建筑室内给水排水工程的直接费 110000 元，其中人工费为 20000 元，机械费为 6000 元；管理费费率为 18%，利润费率为 17%，规费费率为 5.57%。试计算该建筑室内给水排水工程总造价为多少？

项目5

通风空调工程预算

 学习目标

知识目标
- 了解通风空调工程分部分项工程的构成及预算定额的组成。
- 熟悉通风空调工程的工程量计算规则。
- 掌握通风空调工程的分部分项工程量计算方法。

能力目标
- 能够识读通风空调工程的施工图样。
- 能正确计算通风空调工程分项工程量。
- 能够熟练应用定额进行套价，以及编制单位工程预算书。

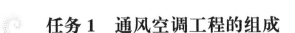

任务 1 通风空调工程的组成

5.1.1 通风工程的系统组成

一般通风工程由普通送排风系统和防排烟系统组成。

1. 普通送排风系统的组成

普通送风系统的作用是向室内输送新鲜或经过净化、热湿处理的空气。送风系统一般由进风口、空气净化和热湿处理设备、通风机、通风管道、通风管道阀门和送风口等通风部件组成。

机械全面送风系统如图 5-1 所示。该系统新鲜空气经百叶窗进入空气处理室，在空气处理室中，空气首先经过过滤器除掉空气中的灰尘，然后再进入空气换热器，在换热器中被加热或冷却后，经风机、通风管道、送风口送入房间。

普通排风系统一般由排气罩、通风管道、通风机、风帽组成，有有害气体净化要求的排风系统，还应有有害气体净化装置。

机械全面排风系统如图 5-2 所示。在该系统中，在排风机的作用下，室内空气通过排风口、排风管道进入除尘或净化设备，经过处理达到排放标准后，经风帽排至室外。

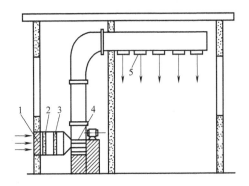

图 5-1 机械全面送风系统

1—百叶窗 2—空气过滤器 3—空气加热器

4—风机 5—送风口

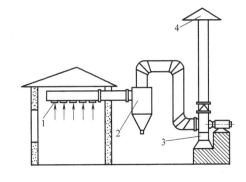

图 5-2 机械全面排风系统

1—排风口 2—净化设备 3—风机 4—风帽

2. 防排烟系统的组成

防排烟系统分为正压送风系统和排烟系统。正压送风系统一般由送风机、送风管道、正压送风口组成。排烟系统一般由排烟风口、排烟管道、防火阀、排烟风机组成。

3. 除尘系统的组成

除尘系统是一种特殊的排风系统，一般由吸尘罩、通风管道、除尘器、通风机、风帽等组成，如图 5-3 所示。

5.1.2 空调系统的系统组成

空调系统概括地说主要由空气处理设备、空气输送管道和空气分配装置所组成。但是，不同的空调系统其组成的内容不同。

1. 普通集中式空调系统的组成

普通集中式空调系统主要由新风入口、新风管道、集中设置组合空调器、送风机、送风管道、送风口、回风口、回风管道、回风风机、排风口、风管上的各种阀门、消声器，以及冷热源设备系统、空调水系统组成，如图 5-4 所示。

2. 半集中式空调系统的组成

半集中式空调的风系统主要由新风入口、新风管道、新风机组、新风送风口、风机盘管等末端装置、回风口、回风管道、回风风机、排风口、各种风管上的阀门，以及冷热源设备系统、空调水系统组成，如图 5-5 所示。

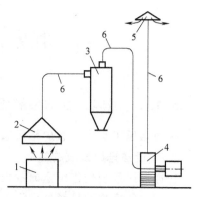

图 5-3　除尘系统

1—粉尘散发源　2—吸尘罩　3—除尘器
4—风机　5—风帽　6—通风管道

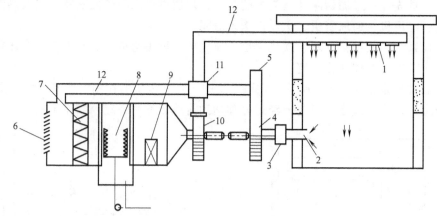

图 5-4　集中式空调系统示意图

1—送风口　2—回风口　3、11—消声器　4—回风机　5—排风口　6—百叶窗
7—过滤器　8—喷水室　9—加热器　10—送风机　12—送风管道

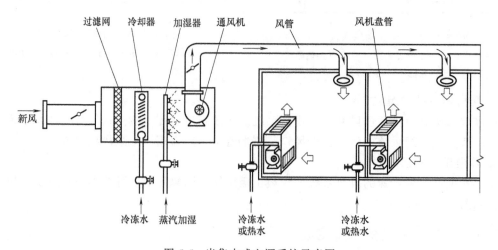

图 5-5　半集中式空调系统示意图

3. 净化空调系统的组成

净化空调系统是特殊的集中空调系统。其组成是在一般集中空调系统的送风口处增加了高效过滤器，如图 5-6 所示。

5.1.3 通风空调工程的工程内容

实际通风工程和空调工程系统的具体组成各有不同，有的较为复杂，有的较为简单。但是，从工程内容上看是同类的，通风空调工程的各子分部工程的分项工程组成包括以下系统。

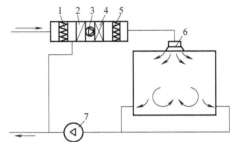

图 5-6 净化空调系统示意图
1—初效过滤器 2—表冷器 3—送风机
4—加热器 5—中效过滤器 6—高
效过滤器 7—回风机

1. 送排风系统

风管与配件制作，部件制作，风管系统安装，空气处理设备安装，消声设备制作与安装，风管与设备防腐，风机安装，系统调试。

2. 防排烟系统

风管与配件制作，部件制作，风管系统安装，防排烟风口、常闭正压风口与设备安装，风管与设备防腐，风机安装，系统调试。

3. 除尘系统

风管与配件制作，部件制作，风管系统安装，除尘器与排污设备安装，风管与设备防腐，风机安装，系统调试。

4. 空调风系统

风管与配件制作，部件制作，风管系统安装，空气处理设备安装，消声设备制作与安装，风管与设备防腐，风机安装，风管与设备绝热，系统调试。

5. 净化空调系统

风管与配件制作，部件制作，风管系统安装，空气处理设备安装，消声设备制作与安装，风管与设备防腐，风机安装，风管与设备绝热，高效过滤器安装，系统调试。

6. 制冷（热）设备系统

制冷机组或热泵机组、换热器安装，制冷剂管道及配件安装，制冷附属设备安装，管道及设备的防腐与绝热，系统调试。

7. 空调水系统

管道冷热（媒）水系统安装，冷却水系统安装，冷凝水系统安装，阀门及部件安装，冷却塔安装，水泵及附属设备安装，管道与设备的防腐与绝热，系统调试。

任务 2 通风空调工程的预算定额及组成

5.2.1 通风空调工程各分部分项工程对应的预算定额

采用工料单价法编制通风空调工程施工图预算时，各分部分项工程对应的预算定额册详见表 5-1。

表 5-1　通风空调工程各分部分项工程对应的预算定额册

定额册	第九册定额	第一、三册定额	第八册定额	第六册定额	第十一册定额
分项工程	风管与配件制作和安装;阀门、风口、风帽罩类等部件制作和安装;风管的制作和安装;空气处理设备安装;消声设备制作与安装;高效过滤器安装;风机、除尘器安装;系统调试	制冷机组或热泵机组、换热器安装;制冷附属设备安装;空调水系统冷却塔安装,水泵及附属设备安装	非机房内空调冷热(媒)水系统管道安装,冷却水系统管道安装,冷凝水系统管道安装,阀门及部件安装	制冷机房制冷剂管道及配件安装;制冷、换热机房内空调冷热(媒)水系统管道安装,冷却水系统管道安装,冷凝水系统管道安装,阀门及部件安装	风管与设备防腐;制冷设备系统制冷剂管道及设备防腐与绝热;空调水系统管道与设备的防腐与绝热

　　一般通风空调工程除了上表中的分项工程内容外，还有水系统上温度计、压力表等工程内容，其对应的定额为第十册自动化控制仪表安装工程定额。

5.2.2　安装工程预算定额第九册通风空调工程的组成

　　《内蒙古自治区安装工程预算定额》第九册通风空调工程除有总说明、册说明、目录、附录外，正文有薄钢板通风管道制作安装、调节阀制作安装、风口制作安装、风帽制作安装、罩类制作安装、消声器制作安装、空调部件及设备支架制作安装、通风空调设备安装、净化通风管道及部件制作安装、不锈钢板通风管道及部件制作安装、铝板通风管道及部件制作安装、塑料通风管道及部件制作安装、玻璃钢通风管道及部件安装、复合型风管制作安装等 14 章，有具体定额子目 439 个。

　　《内蒙古自治区安装工程预算定额》第九册通风空调工程适用于工业与民用建筑新建、扩建项目中的通风、空调工程。

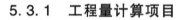

任务 3　通风空调工程施工图预算的工程量计算

5.3.1　工程量计算项目

　　对于某个具体的通风空调工程，要根据工程施工图的具体构成内容，以及《内蒙古自治区安装工程预算定额》第九册通风空调工程，第一册机械设备安装工程，第八册给水排水、采暖、燃气工程，第六册工业管道工程，第十一册刷油、防腐蚀、绝热工程的定额子目列项，确定工程量计算项目。一般通风空调工程的工程量计算项目可以分为两大类：

1. 风系统计算项目（本章的重点内容）

1）通风管道制作安装。

2）通风部件（调节阀、风口、风帽、罩类、消声器）制作安装。

3）空调部件和设备支架制作安装。

4）通风空调设备安装。

2. 水系统计算项目

1）建筑内制冷、换热站房外的水管道安装：同采暖工程。

2）制冷、换热站房内的水管道安装：按工艺管道安装列项。

3）制冷、换热站房内的水泵、制冷、换热、水处理等设备安装：按第一册、第三册定额有关章列项。

5.3.2 工程量计算规则

1. 风管的制作安装

对于各种风管及风管上附件的制作安装工程量计算规则汇总如下：

1）各种风管制作安装工程量均按风管施工图示的不同规格以展开面积计算，不扣除检查孔、测定孔、送风口、回风口所占面积。

2）计算风管长度时一律以图注中心线长度为准，包括三通、弯头、变径管、天圆地方等管件的长度，但不包括各部件所占长度（如各类阀门、风帽、罩类所占长度）。计算风管展开面积所用的管径或周长用图注尺寸，不计咬口重叠部分。

3）帆布接头按图示尺寸以"m²"为单位计算其展开面积。

4）风管导流叶片按图示叶片的面积计算。

5）风管检查孔制作安装按重量"kg"计算工程量。

6）风管上的温度、风量测定孔制作安装以"个"为计量单位计算工程量。

7）不锈钢板、铝板、塑料板通风管道的吊托支架制作安装按其重量计算工程量。

8）柔性软风管安装按图示中心线长度以"m"为单位计算，柔性软风管阀门安装以"个"为单位计算。

2. 通风、空调部件的制作安装

调节阀、风口、风帽、罩类、消声器等各类通风、空调部件的制作安装工程量计算规则汇总如下：

1）除个别部件外，大多数部件的制作安装工程量按其标准图所注重量或成品重量计算，成品调节阀、风口安装以"个"计算。

2）钢百叶窗、活动金属百叶风口按图示尺寸以"m²"为计量单位计算制作工程量，安装按规格尺寸不同以"个"为单位计算。

3）风帽筝绳制作安装，按其图示规格、长度以"kg"为计量单位计算工程量。

4）风帽泛水制作安装，按其图示尺寸以"m²"为计量单位计算工程量。

5）挡水板制作安装工程量按空调器断面面积计算。

6）空调空气处理室上的钢密闭门的制作安装工程量，以"个"为单位计算。

7）设备支架的制作安装工程量，依据图样按重量计算。

8）电加热器外壳制作安装工程量，按图示尺寸以"kg"为计量单位计算。

9）高、中、低效过滤器和净化工作台安装以"台"为单位计算工程量，风淋室安装按不同重量以"台"为单位计算。

10）洁净室安装工程量按重量计算。

11）消声器安装按图示以"个"为计量单位计算工程量，其制作工程量以本身重量计算。

12）消声弯头制作安装均按其规格型号以"m²"为计量单位计算。

3. 通风、空调设备安装

通风、空调设备安装工程量计算规则有下列几项：

1）风机安装按不同型号以"台"为计量单位计算工程量。

2）整体式空调机组以"10m"为计量单位计算工程量；空调器按其不同重量和安装方式以"台"为计量单位计算其安装工程量；分段组装式空调器按重量计算其安装工程量。

3）风机盘管安装，按其安装方式不同以"台"为计量单位计算工程量。

4）空气加热器、除尘设备安装，按不同重量以"台"为计量单位计算工程量。

5）热风幕安装按安装方式不同以"个"为计量单位计算。

4. 制冷、换热站设备安装

制冷、换热站内各种换热器安装，活塞式制冷压缩机组安装，溴化锂吸收式制冷设备安装，补水泵、热水循环泵安装，水处理设备安装的工程量计算规则详见《内蒙古自治区安装工程预算定额》第九册通风空调工程。

5. 制冷、换热站内管道安装

制冷、换热站内各种管道、管件、阀门、法兰及管道支架制作安装的工程量计算规则详见《内蒙古自治区安装工程预算定额》第九册通风空调工程。

6. 建筑内制冷、换热站外管道安装

建筑内制冷、换热站外空调水系统管道安装的工程量计算规则详见项目3任务3。

7. 除锈、刷油、保温

通风空调工程风管和部件，以及水、制冷剂管道除锈刷油保温工程量计算，应执行第十一册刷油、绝热、防腐蚀工程定额中规定的规则。需要重点指出的有以下几条：

1）薄钢板风管刷油与风管制作安装工程量相同。

2）薄钢板部件刷油按部件重量计算。

3）薄钢板风管、部件及支架，其除锈工程量均按第一遍刷油工程量计算。

5.3.3 工程量计算方法

通风空调工程水系统的工程量计算方法详见各有关项目，本任务主要根据工程量计算规则，讲述通风、空调工程风系统的工程量计算方法。

1. 计算顺序

为了方便工程量计算，通风、空调工程量的工程计算一般可按如下顺序进行：各种设备台数→各种部件重量→风管展开面积及风管上附件安装工程量→设备支架及部分管道支架重量→刷油保温工程量→自控及热工仪表安装工程量。

2. 通风、空调设备安装工程量计算方法

1）先从施工图上找出各种设备的名称、规格、型号以及某一名称设备每种规格型号的台数。

2）从设备的标准图或设备明细表中查出按重量套定额设备的单台重量（除尘器重量可从定额附录三查出）。

3）风机盘管安装台数要按吊顶式、落地式安装分开统计。

3. 通风空调各部件制作安装工程量的计算方法

1）先从施工图上分别将各种规格风管上的不同名称、规格、型号部件的个数统计出来。

2）查各种名称、各种规格部件的单个重量；若部件为标准部件，其单个重量可查第九册定额附录二——国标通风部件标准重量表；若部件为非标准部件，其重量为其成品重量。

3）按套定额要求将同种名称、同型号部件的总重量计算出来。

4）与风管相连接的部件，为了将其长度从风管长度中减去，在查部件重量时要顺便从标准图中查出其长度尺寸。

5）为了方便计算刷油工程量，在计算部件重量时要区分刷油不同的部件重量。

4．通风管道制作安装工程量的计算方法

1）首先确定管道和设备、管道和部件及不同规格管道间的分界点。设备与其接管的分界点，要从设备手册或设备样本中查设备构造尺寸确定；管道部件与管道的分界点，从部件标准图中查部件构造尺寸确定。

管道与管道间的分界点按下述方法确定：主风管从一种规格用变径管件变为另一种规格时，两种规格管的分界点在变径管件长度的 $\frac{1}{2}$ 处。分支管与主管的分界点为二者的中心线交点。

2）按施工图说明或施工规范要求确定各种规格管道的板材厚度。

3）根据管道与设备、部件、管道的分界点，按定额子目对管规格进行划分（管直径/壁厚或管周长/壁厚），将符合每一定额子目规格的管道长度计算出来。

4）按下列公式计算管道展开面积。

对于圆形管道：$F = \pi D L$（m^2）

对于矩形管道：$F = 2(a+b)L$（m^2）

式中　D——圆管直径（m）；

a、b——矩形风管的高、宽（m）；

L——管道中心线长度（m）。

5）为了便于计算管道刷油、保温工程量，在计算管道长度或展开面积时，要注意区分开刷油不同者，保温与非保温者。

6）风管检查孔的总重等于其单个重量乘以个数；检查孔单个重量按其型号查《内蒙古自治区安装工程预算定额》第九册通风空调工程附录二。

5．设备支架及部分管道支架制作安装工程量计算方法

1）对于有标准图的设备或管道支架的单个重量，可查标准图。

2）对于没有标准图的设备或管道支架的单个重量，要按其制作安装详图上所标注重量计算，若详图上未标注重量，则应据其构造计算其单个重量。

3）支架总的制作安装重量为各种支架的单个重量乘以其个数之和。

4）计算支架重量时要注意区分刷油不同者。

任务 4　通风空调工程施工图预算直接工程费的计算

5.4.1　套用定额子目及套用定额应注意的问题

1．钢板通风管道制作安装

钢板通风管道制作安装工程量项目套用第九册定额第一章的子目，该章定额包括钢板风管制作安装，柔性软风管及软管接头安装，风管上弯头导流叶片、检查孔、温度和风量测定孔等风管附件制作安装等内容。

（1）钢板风管制作安装

钢板风管的制作安装按风管形状（圆形、矩形）不同，材质（镀锌、不镀锌钢板）不同及板材厚度不同，套用9-1~9-26相应子目，套用定额时应注意以下几点：

1）镀锌薄钢板风管制作安装定额子目中，板厚$\delta \leqslant 1.2mm$的项目为镀锌钢板咬口项目；板厚$\delta = 2~3mm$的项目为普通薄钢板焊接项目。当实际风管用$\delta \leqslant 1.2mm$普遍薄钢板咬口时，可套用镀锌薄钢板项目，调整板材价，其余不变。

2）薄钢板风管制作安装项目中，包括弯头、三通、天圆地方等管件及法兰、加固框和吊托支架制作安装（不包括过跨风管的落地支架安装）。

3）如风管实际板厚与定额材料栏内板材的板厚不同时，可调整定额板材价，其余不变。

4）风管安装实际用的法兰垫料与定额中的不同时，可按定额章说明中的规定换算。

5）整个通风系统采用渐缩管均匀送风者，圆形风管的制作安装按平均直径套用定额子目。矩形风管按平均周长套用定额子项，且人工费应乘以系数2.5。

（2）柔性软风管与软管接头安装

柔性软风管安装按其有无保温套管和管径套用9-27~9-36定额子目；软管接头制作安装套用9-49定额子目。

柔性软风管定额子目适用于由金属、涂塑化纤织物、聚酯、聚乙烯、聚氯乙烯薄膜、铝箔等材料制成的软风管。软管接头使用其他材质材料而不使用帆布者，定额基价可以换算。

（3）风管上附件的制作安装

风管上附件的制作安装指的是风管上弯头导流叶片、检查孔，温度和风量测定孔的制作安装。定额对这些附件的安装均依据《内蒙古自治区安装工程预算定额》第九册通风空调工程附录二编制子目，套用定额项时应注意的是：风管导流叶片不分单叶片和香蕉形双叶片，均使用同一定额子目。

2. 调节阀制作安装

调节阀制作按阀门种类、单个重量不同套用定额9-52~9-73中的相应子目；调节阀安装也同样根据其种类、管径（或周长）不同套用定额9-74~9-99中的相应子目。套用上述定额子目时，应注意以下几点：

1）密闭式对开多叶调节阀与手动对开多叶调节阀套用同一定额子目。

2）蝶阀安装项目适用于圆形保温蝶阀、矩形保温蝶阀、圆形蝶阀、矩形蝶阀。风管止回阀安装项目适用于圆、方形风管止回阀。

3）铝合金或其他材料制作的调节阀安装，也执行本章定额有关子目。

3. 风口制作安装

风口制作根据风口种类、单个重量套用定额9-100~9-140中相应子目，风口安装根据风口种类、周长或直径套用定额9-141~9-187中相应子目，套用定额时应注意：

1）百叶风口安装项目适用于带调节板活动百叶风口、单层百叶风口、双层百叶风口、三层百叶风口、连动百叶风口，135型单双层百叶风口，135型带导流叶片百叶风口、活动金属百叶风口。

2）散流器安装项目适用于圆形与方形直片式散流器、流线形散流器安装。

3）送吸风口安装项目适用于单面、双面送吸风口。

4）铝合金或其他材料制作的风口安装也执行本章定额有关子目。

4. 风帽的制作安装

风帽制作安装、筒形风帽滴水盘、风帽筝绳、风帽泛水制作安装套用第九册定额第四章中的相应子目。

5. 罩类制作安装

罩类制作安装套用第九册定额第五章中的相应子目，定额项目未列出的排气罩可执行本章中近似的项目。

6. 消声器制作安装

各种片式、管式、声流式、阻抗复合式消声器制作安装套用第九册定额第六章中的相应子目。

7. 空调部件及设备支架制作安装

（1）空调部件制作安装

空调部件制作安装指的是空调器壳体、挡水板、密闭门、滤水器、溢水盘及电加热器外壳的制作安装。这些部件制作安装套用第九册定额第七章中的相应子目，套定额应注意的问题是：

1）玻璃挡水板制作安装可套用钢板挡水板的相应项目，但其材料乘以系数 0.5，机械乘以系数 0.45，人工不变。

2）保温密闭门制作安装可套用钢板密闭门子项目，但其材料应乘以系数 0.5，机械应乘以系数 0.45，人工不变。

（2）设备支架制作安装

设备支架制作安装指的是各类部件支托架、设备钢支架及风管过跨落地支架的安装，套用定额子目为 9-227、9-278。清洗槽、浸油槽、晾干架、LWP 滤尘器支架制作安装，也可套用设备支架制作安装项目。值得注意的是风机减震台座制作安装套用设备支架安装定额时，要计入减震器的价值。

8. 通风空调设备安装

通风、空调设备安装是指空气加热（冷却）器、风机、除尘器、空调机组、窗式空调器、风机盘管等设备的安装，这些设备的安装套用第九册定额第八章相应子目，套用时应注意以下几点：

1）通风机安装中包括了电机安装，不论风机与电机以哪种方式联结，均套用同一定额子项目。通风机安装子目也适用于不锈钢、玻璃钢和塑料风机安装。

2）设备安装子目中不包括设备费和相配备的地脚螺栓价值。

3）诱导器安装套用风机盘管定额子目。

9. 净化通风管道及部件制作安装

（1）净化通风管道制作安装

定额中所列的净化通风管道制作安装项目均为镀锌板咬口项目，按风管边长和壁厚不同分为 4 个子项目 9-322～9-325。套用定额子目时应注意以下几点：

1）净化通风管道制作安装子目中包括了管件、法兰、加固框和吊托支架的制作安装。

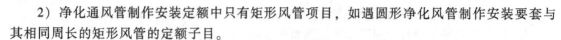

2）净化通风管制作安装定额中只有矩形风管项目，如遇圆形净化风管制作安装要套与其相同周长的矩形风管的定额子目。

3）净化风管抹密封胶是按全部接口缝外表涂抹考虑的，如设计要求不全涂抹，而只在法兰处涂抹者，每 $10m^2$ 风管应减去密封胶 1.5kg、人工 0.37 工日。

4）净化风管定额子目中的板材，如与设计厚度不同者可以换算，但人工、机械不变。

（2）净化通风部件制作安装

净化通风部件包括静压箱、铝制孔板风口、过滤器及过滤器框架、净化工作台、风淋室，这些部件的制作安装套用定额子项目 9-326~9-338。套用定额子目时应注意的几点是：

1）过滤器安装定额中包括试装，如设计不要求试装者，其人工、材料、机械不变。

2）铝制孔板风口如需要电化学处理时，应另加电化费。

3）风管及部件项目中，型钢未包括镀锌费，如设计要求镀锌时，另加镀锌费。

4）洁净室安装执行第八章分段组装式空调安装项目。

10. 不锈钢板通风管道及部件制作安装

不锈钢板通风管制作安装根据其直径和壁厚不同套用定额 9-339~9-343 中相应子目，风口、法兰、吊托支架制作安装套用定额 9-344~9-347 中相应子目。套定额时应注意：

1）风管制作安装项目中包括管件，但不包括法兰和吊托支架制作安装。

2）风管制作安装项目中的板材厚度如与设计要求厚度不同者可以换算，人工、机械不变。

11. 铝板通风管道及部件制作安装

铝板通风管制作安装按风管直径（或周长）、壁厚不同套用定额 9-348~9-362 中的相应子目；铝板通风部件（包括伞形风帽、法兰）套用定额 9-363~9-367 中的相应子目。套用定额时应注意：

1）风管制作安装中包括了管件制作安装，但未包括法兰和吊托支架的制作安装。

2）风管项目中的板材如与设计要求厚度不同者可以换算，但人工、机械不变。

12. 塑料通风管道及部件制作安装

塑料通风管道及部件是指用硬聚乙烯板制的风管与部件，其制作安装套用第九册定额第十二章的有关子目。套用定额时应注意以下几点：

1）定额子目中风管规格表示的直径为内径、周长为内周长。

2）风管制作安装中包括了管件、法兰、加固框，但不包括支托吊架，支托吊架套用有关子目。

3）风管制作安装中的板材，如实际用的厚度与定额材料栏内的不同时，可以换算材料价，但人工、机械不变。

4）塑料风管制作安装定额内不包括风管、部件制作用的胎具材料费，此项费用如发生时要按定额章说明中的规定计算。

5）定额子目中的法兰垫料如与设计要求使用品种不同者可以换算，但人工不变。

13. 玻璃钢通风管道及部件安装

玻璃钢通风管及部件安装应套用第九册定额第十三章有关子目。套用定额时应注意：

1）玻璃钢通风管道安装项目中，包括弯头、三通、变径管、天圆地方等管件的安装及法兰、加固框和吊托架安装。

2）玻璃钢通风管及管件按计算工程量加损耗外加工定做时，其价格按实际价格。风管修补应由加工单位负责，其费用按实际价格发生计算在主材费内。

3）定额内未考虑预留铁件的制作与埋设，如设计要求用膨胀螺栓安装吊托支架者，膨胀螺栓按实际调整，其余不变。

14. 复合型风管制作安装

复合型风管制作安装套用第九册定额第十四章的子目，定额子目中风管的规格以内径或内周长表示。定额基价中未包括复合型板材和热敏铝箔胶带的材料费，但包括了管件、法兰、加固框，吊托支架的制作安装。

15. 通风管道的刷油、保温

通风、空调工程中的刷油、绝热、防腐蚀部分的工程量计算项目有：薄钢板风管及其部件的除锈、刷油；不包括在风管工程量内的支架的除锈、刷油；风管的保温。这些工程量计算项目执行第十一册刷油、绝热、防腐蚀工程定额各有关章节的相应定额项目，但需要注意：

1）薄钢板风管刷油按风管形状是圆形、矩形分别套用管道刷油和设备与矩形管道刷油的相应子目。仅外（或内）面刷油者，其基价应乘以系数 1.2；内外均刷油者，其基价应乘以系数 1.1，乘系数的目的是为了将法兰加固框、吊托支架等风管的零星附件的刷油工程量折算到管道刷油工程量中，不再单独计算其刷油工程量。

2）薄钢板部件刷油，按其工程量套用金属结构刷油定额，套定额时其定额基价应乘以系数 1.15。

3）不包括在风管工程量内而单独列项的各种支架刷油套用金属结构刷油项目。

4）薄钢板风管、部件及单独列项的支架，其除锈不分锈蚀程度，一律按其第一遍刷油的工程量，套用有关轻锈子目。

5）绝热保温材料不需粘接者，套用有关定额子目时需减去其中的粘接材料，人工乘以系数 0.5。

5.4.2　直接工程费的计算

1. 按工程量和定额基价计取的直接费计算

通风空调工程定额按分项工程量和定额基价计算的直接工程费的计算方法基本同室内采暖工程。

2. 按系数计取的直接工程费计算

通风空调风系统工程定额直接工程费中除套定额单价计取的工程费用外，还有一些按规定系数计取的费用，第九册通风空调工程定额对按系数计取的费用做了如下规定：

1）通风空调工程系统调整费按工程人工费的 13% 计算，其中人工工资占 25%。

2）高层建筑增加费（指高度在 6 层或 20m 以上的工业与民用建筑）按表 5-2 计算。

3）超高增加费（指操作物高度距离楼地面 6m 以上的工程）按人工费的 15% 计算。

4）安装与生产同时进行增加的费用，按人工费的 10% 计算。

5）在有害身体健康的环境中施工增加的费用，按人工费的 10% 计算。

按系数计算的定额直接工程费的计算项目与计算方法详见各定额册的册说明。在编制通风空调工程施工图预算时，根据工程实际发生的项目按照所套用定额册的册说明规定计取。

表 5-2　高层建筑增加费

层数	9 层以下 (30m)	12 层以下 (40m)	15 层以下 (50m)	18 层以下 (60m)	21 层以下 (70m)	24 层以下 (80m)	27 层以下 (90m)	30 层以下 (100m)	33 层以下 (100m)
按人工费的%	1	2	3	4	5	6	8	10	13
层数	36 层以下 (120m)	39 层以下 (130m)	42 层以下 (140m)	45 层以下 (150m)	48 层以下 (160m)	51 层以下 (170m)	54 层以下 (180m)	57 层以下 (190m)	60 层以下 (200m)
按人工费的%	16	19	22	25	28	31	34	37	40

任务 5　通风空调工程施工图预算其他费用的计算

5.5.1　措施项目费的计算

措施项目费属于直接费的一部分，编制通风空调工程施工图预算时，同样应计算通用措施项目费和专业措施项目费。通用措施项目费的计算项目、方法与室内采暖工程相同。在计算专业措施项目费时，第十一册、第十册定额对脚手架搭拆的规定在有关章中已讲述，第九册定额对脚手架搭拆费规定：脚手架搭拆费均按人工费的 3% 计取，其中人工费占 25%，材料费占 50%，机械费占 25%。

5.5.2　通风空调工程企业管理费、利润、规费、税金的计算

通风空调风系统工程企业管理费、利润、规费、税金的计算方法同室内采暖工程。依据《内蒙古自治区建设工程费用定额》（DYD 15-801—2009），查表确定企业管理费费率时，通风空调工程类别按以下规定划分：

1）各类房屋建筑工程中设置集中、半集中空气调节设备的空调工程，属于二类工程。

2）四层及其以上的多层建筑物和工业厂房附属的通风工程，包括简单空调工程，如立柜式空调机组、热空气幕、分体式空调器等属于三类工程。

3）其余为四类工程。

任务 6　通风空调工程施工图预算编制实例

现以呼和浩特市某车间通风工程为例，结合实际具体地介绍通风空调工程施工图预算的编制方法。

5.6.1　某车间通风工程主要施工图介绍

1. 施工图文字说明

1）送排风系统的风管均采用普通薄钢板咬口制作，法兰连接。采用钢板厚度为：风管直径或最大边小于等于 200 时，$\delta = 0.5mm$；风管直径或最大边为 220～500mm 时，$\delta = $

0.75mm；风管直径或最大边为 530～800mm 时，$\delta = 1.00$mm。法兰垫片采用 $\delta = 5$mm 的橡胶板。

2）风管及进风室金属壳体内外壁（包括其法兰、支架）均刷红丹防锈漆两遍；风管、进风室金属壳体、法兰、支架的外表面再刷调合漆两遍。

2. 设备和部件明细表

设备和部件明细表见表 5-3。

表 5-3　设备和部件明细表

代号	设备或邮件名称	型号及规格	单位	数量	备　注
1	单层百叶风口	6 号 470mm×285mm	个	4	详见《内蒙古自治区安装工程预算定额》第九册通风空调工程、外购成品
2	滤尘器	LWP 型 5	个	6	安装详见《内蒙古自治区安装工程预算定额》第九册通风空调工程
3	进风过滤段金属壳体	钢板厚 $\delta = 2.5$mm	kg	202.5	自制
4	离心通风机	4-72-11、No、8C	台	1	风机基础见《内蒙古自治区安装工程预算定额》第九册通风空调工程
5	电动机	J02-51-4、7.5kW	台	1	
6	风管检查孔	520mm×480mm	个	5	详见《内蒙古自治区安装工程预算定额》第九册通风空调工程
7	钢制蝶阀（送风系统）	DN250	个	7	详见《内蒙古自治区安装工程预算定额》第九册通风空调工程、外购成品
8	钢制蝶阀（排风系统）	DN160	个	6	详见《内蒙古自治区安装工程预算定额》第九册通风空调工程、外购成品
9	轴流通风机	30k4-11No5	台	3	《内蒙古自治区安装工程预算定额》第九册通风空调工程甲型
10	轴流通风机	30k4-11No$3\frac{1}{2}$	台	1	《内蒙古自治区安装工程预算定额》第九册通风空调工程甲型
11	旋转吹风口	1 号、DN250	个	7	详见《内蒙古自治区安装工程预算定额》第九册通风空调工程、外购成品
12	圆伞形风帽	6 号、DN360	个	1	详见《内蒙古自治区安装工程预算定额》第九册通风空调工程
13	吸气罩	钢板厚 $\delta = 1.5$mm	个	6	单个重 8.78kh

3. 通风平面图

图 5-7 所示为某车间通风系统平面图，从图中可见该车间通风系统为机械送排风系统，系统内设有离心通风机的送风系统和轴流通风机的排风系统。

4. 剖面图

图 5-8 所示为某车间通风系统的主要剖面图。

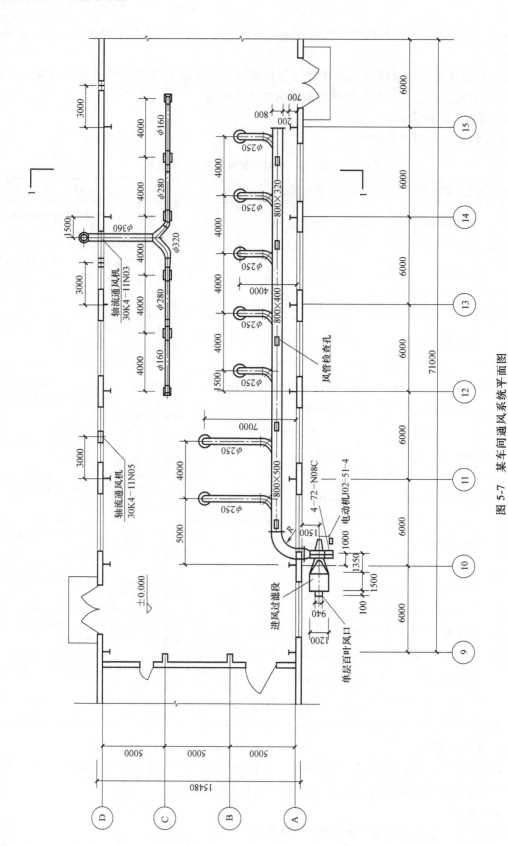

图 5-7 某车间通风系统平面图

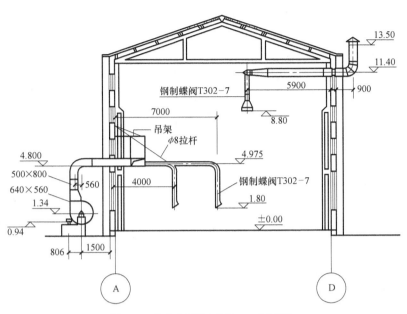

图 5-8 某车间通风系统 1-1 剖面图

5.6.2 工程量计算

1. 送风系统的工程量计算

（1）设备安装工程量计算

1）进风过滤段金属壳体的制作安装重量：查设备和部件明细表为 202.5kg。

2）初效过滤器安装台数：6 台。

3）过滤器框架安装重量查定额附录二为 26.07kg。

4）离心通风机安装台数：8 号风机 1 台。

（2）部件制作安装工程量计算

查设备和部件明细表可知：

1）单层百叶风口安装 4 个，单个风口周长为 1510mm。

2）DN250 钢制蝶阀安装 2 个（并从《内蒙古自治区安装工程预算定额》第九册通风空调工程附录二查得每个蝶阀长度为 0.15m）。

3）DN250 的旋转吹风口安装 7 个（从《内蒙古自治区安装工程预算定额》第九册通风空调工程附录二查得吹风口每个长度为 0.697m）。

（3）薄钢板风管的制作安装工程量计算

1）薄钢板矩形风管（$\delta \leqslant 1.2$ 咬口）制作安装。由图可见，送风系统中的矩形风管有 800mm×320mm、800mm×400mm、800mm×500mm 三种规格，各种规格管长及展开面积计算如下：

从平面图知，800mm×320mm 的风管长度 $L_1 = 0.3 + 4.0 + 2.0 = 6.3$（m），其展开面积 $F_1 = L_1 \times 2(a_1 + b_1) = 6.3 \times 2 \times (0.8 + 0.32) = 14.11$（$m^2$）。

从平面图知，800mm×400mm 的风管长 $L_2 = 2.0 + 4.0 + 4.0 + 2.0 = 12.0$（m），其展开面积 $F_2 = L_2 \times 2(a_2 + b_2) = 12 \times 2 \times (0.80 + 0.40) = 28.80$（$m^2$）。

从平面图和剖面图可见，800mm×500mm规格的风管有水平和垂直两部分，其总长度为：

$$L_3 = [水平管段长度] + [垂直管段长度]$$
$$= [(左右方向长度) + (前后方向长度)] + [管上端中心标高 - 风机轴标高 - 风机出口法兰至轴间距 - 帆布软接头长度]$$
$$= \left[(2+4+5-1) + \left(\frac{0.8}{2} + 0.2 + 0.7 + 0.24 + 2.06\right)\right] + [(4.80+0.25) - 1.34 - 0.52 - 0.3]$$
$$= 16.49(m)$$

800mm×500mm规格风管的展开面积为：

$$F_3 = L_3 \times 2(a_3 + b_3) = 16.49 \times 2 \times (0.80 + 0.50) = 42.87(m^2)$$

2）薄钢板圆形风管（$\delta \leq 1.2$ 咬口）制作安装。送风系统的送风支管管径均为 $\phi 250$ 的圆形风管，其展开面积计算如下：

从剖面图上可见，七根送风支管的垂直长度相等，均为：

$$4.975 - 1.80 - 蝶阀长度 - 旋转吹风口长度 = 4.97 - 1.80 - 0.15 - 0.697 = 2.32(m)$$

从平、剖面图上均可见，送风支管的水平长度不同，有两根较长，有五根较短，较长者和较短者的具体长度分别为：

较长水平支管长度 = 7.00 - 0.70 - 0.20 - 0.80 = 5.30(m)
较短水平支管长度 = 4.00 - 0.70 - 0.20 - 0.80 = 2.30(m)

所以，$\phi 250$ 送风支管总长度为：

$$L_4 = 较长支管长度 \times 2 根 + 较短支管长度 \times 5 根$$
$$= (较长水平支管长度 + 垂直长度) \times 2 + (较短水平支管长度 + 垂直长度) \times 5$$
$$= (5.30 + 2.32) \times 2 + (2.30 + 2.32) \times 5 = 38.34(m)$$

送风支管展开面积：$F_4 = \pi D L_4 = 3.14 \times 0.25 \times 38.34 = 30.10(m^2)$。

3）风管检查孔制作安装。从平面图上可见，有5个520mm×480mm的风管检查孔，查定额附录二知每个重4.95kg，所以风管检查孔总重量为：4.95×5 = 24.75（kg）。

4）帆布软接头制作安装。风机吸入口处设直径 $\phi 900$，长度为200mm的等径帆布软管，风机出口设 500mm×800mm-640mm×560mm、长度为300mm的帆布软管，两段软管的展开面积为：

$$F = 3.14 \times 0.9 \times 0.2 + \frac{2 \times (0.5 + 0.8) + 2 \times (0.64 + 0.56)}{2} \times 0.3 = 1.32(m^2)$$

2. 排风系统的工程量计算

（1）设备安装工程量计算

从平面图及设备部件明细表上可知，排风系统有5号轴流风机3台，$3\frac{1}{2}$号轴流风机1台。

（2）部件的制作安装工程量计算

1）吸气罩制作安装。从设备、部件明细表及平剖面图上知，有单个重量为8.78kg重的吸气罩6个，则其总制作安装重量为：（8.78×6）（kg）= 52.68（kg）。（从制作详图上查得吸气罩高度为0.3m）

2）钢制蝶阀制作安装。排风支管上共设 $\phi160$ 蝶阀 6 个，查《内蒙古自治区安装工程预算定额》第九册通风空调工程附录二每个阀长度为 0.15m。

3）圆伞形风帽制作安装。从设备部件明细表及剖面图上可见，有 6 号圆伞形风帽 1 个，查定额附录二，其重量为 7.66kg。

（3）薄钢板圆形风管（$\delta \leqslant 1.2$ 咬口）制作安装

从平、剖面图上可见，排风管道有 $\phi160$、$\phi280$、$\phi320$、$\phi360$ 四种规格，各种规格管道的长度及展开面积计算如下：

1）$\phi160$ 风管的长度及展开面积。

长度 L_5 = 垂直部分长 + 水平部分长

$\quad\quad$ = (11.40 - 8.80 - 蝶阀长度 - 吸气罩高)×6 根 + (4.00 + 0.30)×2 段

$\quad\quad$ = (11.40 - 8.80 - 0.15 - 0.30)×6 + (4.00 + 0.30)×2 = 21.5(m)

展开面积 $F_5 = \pi D L_5 = 3.14×0.16×21.5 = 10.80$（$m^2$）

2）$\phi280$ 风管的长度及展开面积。

长度 L_6 = 水平部分长度（从平面图上看）

$\quad\quad$ = (4.00 + 0.30 - 0.30)×2 = 8.00(m)

展开面积 $F_6 = \pi D L_6 = 3.14×0.28×8.00 = 7.03(m^2)$

3）$\phi320$ 风管长度及展开面积。

长度 L_7 = 水平部分长度（从平面图上看）

$\quad\quad$ = 4.00 - 0.3 - 0.30 = 3.40(m)

展开面积 $F_7 = \pi D L_7 = 3.14×0.32×3.40 = 3.42(m^2)$。

4）$\phi360$ 风管长度及展开面积。

长度 L_8 = 水平部分长度 + 垂直部分长度 - 轴流风机长度

$\quad\quad$ = (5.90 + 0.24 + 0.90) + (13.50 - 11.40) - 0.17 = 8.97(m)。

展开面积 $L_8 = \pi D L_8 = 3.14×0.36×8.97 = 10.14(m^2)$

3. 送、排风系统除锈、刷油的工程量计算

（1）薄钢板风管及其法兰、支架的除锈刷油工程量计算

1）圆形管道的刷油。

内、外壁刷油面积：

$S_1 = 2(F_4 + F_5 + F_6 + F_7 + F_8) = 2×(30.15 + 10.80 + 7.03 + 3.42 + 10.14) = 123.08(m^2)$

外壁刷油面积：

$$S_2 = \frac{S_1}{2} = \frac{123.08}{2} = 61.54(m^2)$$

2）矩形管道的刷油。

内、外壁刷油面积：

$S_3 = 2(F_1 + F_2 + F_3 + 软管接头面积)$

$\quad = 2×(14.11 + 28.80 + 42.87 + 1.32) = 174.20(m^2)$

外壁刷油面积：

$$S_4 = \frac{S_3}{2} = \frac{174.20}{2} = 87.10(m^2)$$

3）圆、矩形风管的除锈。

圆、矩形风管的除锈面积：

$$S_5 = S_1 + S_3 - 2 \times 软管接头面积$$
$$= 123.08 + 174.20 - 2 \times 1.32 = 294.64（m^2）$$

（2）薄钢板通风部件的除锈刷油工程量计算

1）风口与蝶阀为外购成品件，施工现场只需在外表刷调合漆即可。二者的刷油重量计算如下（各部件单个重量从标准图查得）：

单层百叶风口单个重×个数 = 2.48×4 = 9.92（kg）

$DN250$ 旋转吹风口单个重×个数 = 10.09×7 = 70.63（kg）

$DN250$ 钢制蝶阀单个重×个数 = 4.22×7 = 29.54（kg）

$DN160$ 钢制蝶阀单个重×个数 = 2.81×6 = 16.86（kg）

合计总重为：9.92+70.63+29.54+16.86 = 126.95（kg）

2）吸气罩、风帽的除锈、刷油重量。吸气罩、风帽的除锈、刷油重量为其制作安装重量，即：

$$52.68_{（吸气罩）} + 7.66_{（风帽）} = 60.34（kg）$$

（3）滤尘器框架除锈刷油工程量计算

滤尘器框架除锈刷油重量同其制作安装重量为 26.07kg。

（4）进风过滤段金属壳体除锈刷油的工程量计算

进风过滤段金属壳体体积较大，其除锈刷油按设备除锈刷油考虑。按过滤段金属壳体制作详图（本例未给出）计算其除锈、刷油面积如下：

内、外壁刷油面积 S_6 = 金属壳体外表面积×2 = 10.98×2 = 21.96（m^2）

外壁刷油面积 S_7 = 10.98m^2

除锈面积 S_8 = S_6 = 21.96m^2

4. 工程量计算汇总

将各项工程量计算结果汇总于表5-4中。

表5-4 工程量计算汇总表

工程量项目名称	单位	送风系统	排风系统	合计
薄钢板圆形风管制安 φ200 以下，δ=0.5	m²		10.80	10.80
薄钢板圆形风管制安 φ500 以下，δ=0.75	m²	30.15	7.03+3.42+10.14	50.74
薄钢板矩形风管制安周长 4m 以下，δ=1.0	m²	14.11+28.80+42.87		85.78
帆布软接头制作安装	m²	1.32		13.2
风管检查孔制作安装	kg	24.75		24.75
钢制圆形蝶阀安装（周长 800mm 以内）	个	7	6	13
单层百叶风口制作安装（周长 1800mm 以内）	个	4		4
旋转吹风口制作安装（直径 250mm）	个	7		7
圆伞形风帽制作安装（10kg 以下）	kg		7.66	7.66
进风过滤段金属壳体制作安装	kg	202.5		202.5
吸气罩制作安装	kg		52.68	52.68

（续）

工程量项目名称	单位	送风系统	排风系统	合计
8 号离心通风机安装	台	1		1
3$\frac{1}{2}$号轴流通风机安装	台		1	1
5 号轴流通风机安装	台		3	3
LWP 滤尘器框架制作安装	kg	26.07		26.07
LWP 滤尘器安装	台	6		6
风管除锈	m²	231.86	62.78	294.64
圆形风管内、外壁刷油	m²	60.30	62.78	123.08
圆形风管外壁刷油	m²	30.15	31.39	61.54
矩形风管内、外壁刷油	m²	174.20		174.20
矩形风管外壁刷油	m²	87.10		87.10
通风部件、滤尘器框架除锈	kg	136.79	77.20	213.99
通风部件刷油	kg	110.09	77.20	187.29
滤尘器支架刷油	kg	26.07		26.07
金属壳体除锈	m²	21.96		21.96
金属壳体内、外壁刷油	m²	21.96		21.96
金属壳体外壁刷油	m²	10.98		10.98

5.6.3 定额直接工程费的计算

本施工图预算各项工程量分别套用《内蒙古自治区安装工程预算定额》第九册、第十一册。套定额时应注意：

1）通风管道、部件刷油工程量定额基价应乘以相应的系数。根据第九册通风空调工程定额的规定：薄钢板风管仅外面刷油者，其基价应乘以系数1.2，内、外均刷油者，其基价应乘以系数1.1；薄钢板部件刷油，其定额基价应乘以系数1.15。所以，本预算中通风管道、部件刷油工程量套用定额子目及各子目定额基价、人工费时，应乘系数。

通风管道、部件刷油工程量套用的定额子目及各子目定额基价、人工费乘以系数的计算见表5-5。

表 5-5 风管制作安装基价换算表

工程量项目名称	套用定额	单位	定额基价/元	其中人工费/元	应乘系数	乘系数后基价/元	乘系数后人工费/元
圆形风管内、外壁刷红丹防锈漆第一遍	11-51	10m²	25.83	11.04	1.1	28.00	12.00
圆形风管内、外壁刷红丹防锈漆第二遍	11-52	10m²	24.14	11.04	1.1	27.00	12.00

（续）

工程量项目名称	套用定额	单位	定额基价/元	其中人工费/元	应乘系数	乘系数后基价/元	乘系数后人工费/元
圆形风管外壁刷调合漆第一遍	11-60	10m²	23.65	11.42	1.2	28.00	14.00
圆形风管外壁刷调合漆第二遍	11-61	10m²	21.95	11.04	1.2	26.00	13.00
矩形风管内、外壁刷红丹防锈漆第一遍	11-84	10m²	24.92	10.22	1.1	27.00	11.00
矩形风管内、外壁刷红丹防锈漆第二遍	11-85	10m²	22.72	9.79	1.1	25.00	11.00
矩形风管外壁刷调和漆第一遍	11-93	10m²	22.34	10.22	1.2	27.00	12.00
矩形风管外壁刷调和漆第二遍	11-94	10m²	20.53	9.79	1.2	25.00	12.00
薄钢板通风部件刷红丹防锈漆第一遍	11-117	10m²	17.38	5.90	1.15	20.00	7.00
薄钢板通风部件刷红丹防锈漆第二遍	11-118	10m²	16.45	5.9	1.15	19.00	7.00
薄钢板通风部件刷调和漆第一遍	11-126	10m²	16.22	6.10	1.15	19.00	7.00
薄钢板通风部件刷调和漆第二遍	11-127	10m²	15.29	5.9	1.15	18.00	7.00

2）其他工程量所套用的定额子目、计量单位、数量、定额基价、人工费单价、机械费单价均列于表5-6安装工程预算表中，用表中的工程数量乘以定额单价可得预算价。

表5-6　安装工程预算表

工程名称：车间通风空调工程

定额编号	项目名称	单位	数量	定额/元			合计/元		
				基价	人工费	机械费	直接费	人工费	机械费
9-1	普通薄钢板圆形风管制作安装（φ200以下/0.5）（6m以上）	m²	10.80	113.60	66.53	6.15	1227	719	66
9-2	普通薄钢板圆形风管制作安装（φ500以下/0.75）	m²	30.15	104.54	41.00	4.69	3152	1236	141
	普通薄钢板圆形风管制作安装（φ500以下/0.75）（6m以上）	m²	20.59	104.54	41.00	4.69	2152	844	97
9-8	普通薄钢板矩形风管制作安装（4000mm以下/1.0）	m²	85.78	95.77	22.76	2.72	8215	1952	233
9-49	帆布软管接口安装	m²	1.32	216.29	93.94	9.28	286	124	12
9-50	风管检查孔安装	kg	32.80	17.91	9.56	2.50	587	314	82

（续）

定额编号	项目名称	单位	数量	定额/元			合计/元		
				基价	人工费	机械费	直接费	人工费	机械费
9-80	钢制圆形蝶阀安装（800mm 以内）	个	7.00	12.81	9.17	1.62	90	64	11
9-80	钢制圆形蝶阀安装（800mm 以内）（6m 以上）	个	6.00	12.81	9.17	1.62	77	55	10
9-141	单层百叶风口安装（800mm 以内）	个	4.00	11.90	7.87	1.62	48	31	6
9-166	旋转吹风口安装（φ320mm 以内）	个	7.00	28.38	20.54		199	144	0
9-188	圆伞形风帽制作安装（10kg 以下）（6m 以上）	kg	7.70	12.99	6.94	0.63	100	53	5
9-213	侧吸罩制作安装（6m 以上）	kg	52.70	9.20	3.85	0.50	485	203	26
9-276	进风过滤器金属壳体制作安装	kg	202.50	8.18	3.05	0.56	1656	618	113
9-284	8 号离心式通风机安装	台	1.00	356.04	325.44		356	325	0
9-288	2.5 号轴流式通风机安装（6m 以上）	台	1.00	66.74	65.52		67	66	0
9-288	5 号轴流式通风机安装（6m 以上）	台	3.00	66.74	65.52		200	197	0
9-331	过滤器框架制作安装	kg	26.70	12.71	2.69	0.24	339	72	6
9-333	LWP1 滤尘器安装（初效过滤器）	台	6.00	3.65	3.65		22	22	0
	小计						19258	7039	808
9 册说明	超高增加费	%	15.00				320	320	
	小计						19578	7359	
9 册说明	系统调试费	%	13.00			25.00	957	239	
	九册定额部分合计						20535	7598	808
11-1	风管内外表面轻锈	m²	231.80	1.64	1.39		380	322	
11-1	风管内外表面轻锈（6m 以上）	m²	62.80	1.64	1.39		103	87	
11-51	圆形风管内外壁刷红丹防锈漆第一遍	m²	69.30	2.84	1.21		197	84	
11-51	圆形风管内外壁刷红丹防锈漆第一遍第一遍（6m 以上）	m²	62.80	2.84	1.21		178	76	
11-52	圆形风管内外壁刷红丹防锈漆第二遍	m²	69.30	2.66	1.21		184	84	
11-52	圆形风管内外壁刷红丹防锈漆第二遍（6m 以上）	m²	62.80	2.66	1.21		167	76	
11-60	圆形风管外壁刷红丹防锈漆第一遍	m²	30.10	2.84	1.37		85	41	
11-60	圆形风管外壁刷红丹防锈漆第一遍（6m 以上）	m²	31.40	2.84	1.37		89	43	

（续）

定额编号	项目名称	单位	数量	定额/元			合计/元		
				基价	人工费	机械费	直接费	人工费	机械费
11-61	圆形风管外壁刷红丹防锈漆第二遍	m²	30.10	2.63	1.33		79	40	
11-61	圆形风管外壁刷红丹防锈漆第二遍(6m以上)	m²	31.40	2.63	1.33		83	42	
11-84	矩形管道内外壁刷红丹防锈漆第一遍	m²	174.20	2.74	1.13		477	197	
11-85	矩形管道内外壁刷红丹防锈漆第二遍	m²	174.20	2.50	1.08		436	188	
11-93	矩形管道外壁刷调合漆第一遍	m²	87.10	2.68	1.23		233	107	
11-94	矩形管道外壁刷调合漆第二遍	m²	87.10	2.46	1.18		214	103	
11-7	通风部件、滤尘器框架除锈	kg	136.80	0.21	0.14	0.06	29	19	8
11-7	通风部件、滤尘器框架除锈(6m以上)	kg	77.20	0.21	0.14	0.06	16	11	5
11-117	通风部件刷红丹防锈漆第一遍	kg	110.10	0.20	0.07	0.04	22	8	4
11-117	通风部件刷红丹防锈漆第一遍(6m以上)	kg	77.20	0.20	0.07	0.04	15	5	3
11-118	通风部件刷红丹防锈漆第二遍	kg	110.10	0.19	0.07	0.04	21	8	4
11-118	通风部件刷红丹防锈漆第二遍(6m以上)	kg	77.20	0.19	0.07	0.04	15	5	3
11-126	滤尘器框架刷调合漆第一遍	kg	110.10	0.19	0.07	0.04	21	8	4
11-126	滤尘器框架刷调合漆第一遍(6m以上)	kg	77.20	0.19	0.07	0.04	15	5	3
11-127	滤尘器框架刷调合漆第二遍	kg	110.10	0.18	0.07	0.04	20	8	4
11-127	滤尘器框架刷调合漆第二遍(6m以上)	kg	77.20	0.18	0.07	0.04	14	5	3
11-117	滤尘器框架刷红丹防锈漆第一遍	kg	26.70	0.17	0.06	0.04	5	2	1
11-118	滤尘器框架刷红丹防锈漆第二遍	kg	26.70	0.16	0.06	0.04	4	2	1
11-4	进风过滤段金属壳体轻锈	m²	21.96	1.73	1.47		38	32	
11-84	进风过滤段金属壳体内外壁刷红丹防锈漆第一遍	m²	21.96	2.49	1.02		55	22	
11-85	进风过滤段金属壳体内外壁刷红丹防锈漆第二遍	m²	21.96	2.27	0.98		50	22	
11-93	进风过滤段金属壳体外壁刷调合漆第一遍	m²	10.98	2.23	1.02		24	11	

（续）

定额编号	项目名称	单位	数量	定额/元			合计/元		
				基价	人工费	机械费	直接费	人工费	机械费
11-94	进风过滤段金属壳体外壁刷调合漆第二遍	m²	10.98	2.05	0.98		23	11	
	小计						3292	1674	43
11 册说明	超高降效增加费	%	30.00				112	107	5
	十一册定额部分合计						3404	1781	48
	计						23939	9379	856
	安全文明施工费	%	2.30	20.00			235	47	
	临时设施费	%	5.00	20.00			511	102	
	雨季施工增加费	%	0.30	20.00			31	6	
	已完、未完工程保护费	%	0.50	20.00			51	10	
9 册说明	脚手架搭拆费	%	3.00	25.00	25.00		228	57	57
11 册说明	脚手架搭拆费（刷油）	%	8.00	25.00	25.00		142	36	36
	计						1199	258	93
	合计						25138	9637	949

3）按定额规定系数计取的费用。本实例涉及的按定额说明中规定系数计取的费用有超高增加费和系统的调整费，其费用计算如下：

九册定额超高增加费＝九册超高部分人工费合计×15% ＝2137×15% ＝321（元）

系统的调整费＝按单价计算的人工费合计×13%

$$=（7359+321）×13\%$$

$$=998（元）$$

其中人工费＝通风系统的调整费×25% ＝998×25% ＝250（元）

十一册定额超高增加费＝人工超高增加费+机械超高增加费，根据第十一册定额册说明的有关规定：

人工超高增加费＝十一册超高部分人工费合计×30% ＝355×30% ＝107（元）

机械超高增加费＝十一册超高部分机械费合计×30% ＝17×30% ＝5（元）

十一册定额超高增加费＝107+5＝112（元）

4）本工程中未计价主材、材差分别见未计价主材汇总表（表5-7）和材料差价调整表（表5-8）。表中的材料价格查自呼和浩特市地区某年第四季度工程造价信息。

表 5-7　未计价主材汇总表

工程名称：车间通风空调工程

序号	材料名称	单位	数量	市场价	合计
1	风管蝶阀	个	7.00	350.00	2450
2	离心式通风机 8 号	台	1.00	3150.00	3150
3	轴流式通风机 2.5 号	台	1.00	630.00	630
4	轴流式通风机 5 号	台	3.00	1500.00	4500

（续）

序号	材料名称	单位	数量	市场价	合计
5	中、低效过滤器	台	6.00	550.00	3300
6	百叶风口（成品）	个	4.00	40.00	160
7	旋转吹风口	个	7.00	250.00	1750
	合　计				15940

表 5-8　材料差价调整表

工程名称：车间通风空调工程

序号	材料名称	单位	数量	定额价	市场价	调整额	价差合计
1	扁钢<－59	kg	75.873	3.24	3.86	0.62	47
2	槽钢匚5～16号	kg	21.183	3.24	3.8	0.56	12
3	普通钢板 0～3号 δ2～2.5	kg	115.121	4.15	4.2	0.05	6
4	普通钢板 0～3号 δ3.5～4.0	kg	43.477	4.15	4.2	0.05	2
5	普通钢板 0～3号 δ4.5～7	kg	0.932	3.6	4.2	0.60	1
6	角钢 <∟60	kg	569.81	3.18	3.75	0.57	325
7	角钢 >∟63	kg	5.11	3.24	3.75	0.51	3
8	圆钢 Φ5.5～9	kg	26.049	3.9	3.98	0.08	2
9	镀锌钢板 δ0.5	m²	12.29	26.38	21.82	－4.56	－56
10	镀锌钢板 δ0.75	m²	57.742	38.78	32.73	－6.05	－349
11	镀锌钢板 δ1.0	m²	97.618	48.79	43.64	－5.15	－503
	合计						－511

5.6.4　措施项目费的计算

措施项目费＝通用措施项目费＋专业措施项目费

通用措施项目费有安全文明施工费、临时设施费、雨季施工增加费和已完、未完工程保护费。各项费用计算如下：

安全文明施工费＝（9379＋856）×2.3%＝235（元），其中人工费＝235×20%＝47（元）

临时设施费＝（9379＋856）×5%＝512（元），其中人工费＝512×20%＝102（元）

雨季施工增加费＝（9379＋856）×0.3%＝31（元），其中人工费＝31×20%＝6（元）

已完、未完工程保护费＝（9379＋856）×0.5%＝51（元），其中人工费＝51×20%＝10（元）

通用措施项目费＝235＋512＋31＋51＝829（元）

其中人工费为＝47＋102＋6＋10＝165（元）

专业措施项目费有九册定额脚手架搭拆费和十一册定额脚手架搭拆费。

9 册定额脚手架搭拆费＝7598×3%＝228（元）

其中人工费＝228×25%＝57（元）

其中机械费＝228×25%＝57（元）

11 册定额脚手架搭拆费＝1781×8%＝142（元）

其中人工费 = 142×25% = 36（元）

其中机械费 = 142×25% = 36（元）

措施项目费 = 829+228+142 = 1199（元）

其中人工费 = 165+57+36 = 258（元）

其中机械费 = 57+36 = 93（元）

5.6.5　取费

根据《内蒙古自治区建设工程费用定额》的工程类别划分，该工程属于三类工程。企业管理费、利润、规费、税金的计算结果见单位工程费汇总表（表5-9）。表中各项费用的计算方法同室内采暖工程，其中企业管理费按三类工程查费率表。

表 5-9　单位工程费汇总表

工程名称：车间通风空调工程

序号	项目名称	计算公式	费率（%）	金额/元
1	直接费	按定额计算		25138
1.1	直接工程费	按定额计算		23939
1.1.1	其中:(1)人工费	按定额计算		9379
1.1.2	(2)机械费	按定额计算		856
1.2	措施项目费	按定额计算		1199
1.2.1	其中:(3)人工费	按定额计算		258
1.2.2	(4)机械费	按定额计算		93
2	直接费中(人工费+机械费)	以上(1)+(2)+(3)+(4)		10586
3	企业管理费、利润	以下(5)+(6)	35	3705
3.1	其中:(5)企业管理费	2×费率	18	1905
3.2	(6)利润	2×费率	17	1800
4	总包服务等其他项目费	按实际发生计算		
5	材料价差调整	以下(7)+(8)+(9)		15429
5.1	其中:(7)单项材料调整	明细附后		−511
5.2	(8)材料系数调整	1×系数		
5.3	(9)未计价主材费	明细附后		15940
6	小　计	1+3+4+5		44317
7	人工费调整	【定额人工费+机上人工费】×调整费率	56	5397
8	以上合计	6+7		49714
9	规　费	以下规费分项累计	5.57	2769
9.1	其中:养老失业保险	8×费率	3.5	1740
9.2	基本医疗保险	8×费率	0.68	338
9.3	住房公积金	8×费率	0.9	447
9.4	工伤保险	8×费率	0.12	80
9.5	意外伤害保险	8×费率	0.19	94

（续）

序号	项目名称	计算公式	费率（%）	金额/元
9.6	生育保险	8×费率	0.08	40
9.7	水利建设基金	8×费率	0.1	50
10	合 计	8+9		52483
11	税 金	10×税率	3.48	1826
12	含税工程造价（小写）	10+11		54309
13	含税工程造价（大写）	伍万肆仟叁佰零玖元整		

小 结

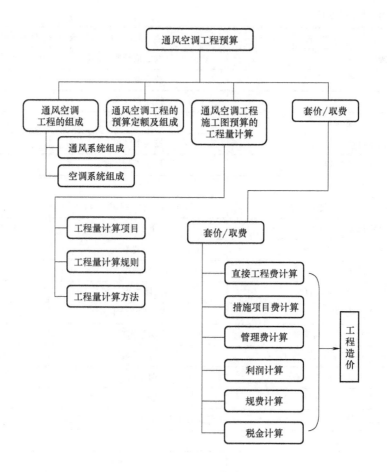

同 步 测 试

一、单项选择题

1. 各种风管制作安装工程量均按风管施工图示的不同规格以（ ） 计算。

A. 延长米　　　　　　　　B. 展开面积　　　　　　C. 重量

2. 风管检查孔制作安装按计算工程量。

A. 重量"kg"　　　　　　B. 展开面积　　　　　　C. 长度

3. 柔性软风管安装按图示以（　　　）计算。

A. 中心线长度以"米"为单位

B. 展开面积

C. 重量

4. 钢百叶窗、活动金属百叶风口按图示尺寸以（　　　）计算制作工程量。

A. "个"为计量单位　　B. 重量"kg"　　　　C. "m²"为计量单位

5. 消声弯头制作安装均按其规格型号以（　　　）计算。

A. "个"为计量单位　　　　　　　　　　B. 重量"kg"为计量单位

C. "m²"为计量单位

二、多项选择题

1. 薄钢板风管制作安装项目定额中，包括（　　　）制作安装（不包括过跨风管的落地支架安装）。

A. 弯头、三通、天圆地方等管件　　　　B. 吊托支架

C. 法兰、加固框　　　　　　　　　　　D. 过跨风管的落地支架安装

E. 风阀

2. 风管上附件的制作安装指的是（　　　）的制作安装。

A. 温度和风量测定孔　　　　　　　　　B. 法兰及加固框

C. 风管检查孔　　　　　　　　　　　　D. 风管上弯头导流叶片

E. 风阀

3. 计算风管长度时一律以图注中心线长度为准，包括（　　　）等管件的长度，但不包括（　　　）等部件所占长度。

A. 三通　　　　　　B. 变径管　　　　　C. 阀门　　　　　D. 风帽

E. 弯头　　　　　　F. 天圆地方　　　　G. 罩类

4. （　　　）安装定额中包括了吊托支架的安装。

A. 薄钢板风管　　　B. 不锈钢风管　　　C. 铝板风管　　　D. 塑料风管

E. 玻璃钢风管

三、问答题

1. 渐缩管工程量如何计算？

2. 风管部件通常指哪些？其制作安装工程量如何计算？

3. 风管检查孔制作安装工程量如何计算？

4. 帆布接头工程量如何计算？

5. 简述通风空调工程的工程量计算方法和步骤。

6. 编制通风空调工程预算时，套用定额应注意的问题有哪些？

7. 通风空调系统的调整费应如何计算？

8. 编制通风空调工程预算时，脚手架搭拆费应如何计算？

项目6

室内电气照明设备安装工程预算

 学习目标

知识目标

- 熟悉建筑电气设备安装工程施工图的图例符号和标注代号。
- 熟悉室内电气照明设备安装工程的组成内容。
- 掌握电气照明设备安装工程的预算编制程序和方法。

能力目标

- 能够熟练识读建筑电气照明设备安装工程施工图。
- 能够计算确定室内电气设备安装工程各个分项工程量。
- 能够依据有关计价定额文件,熟练编制工程预算书。

任务1 电气施工图识读

施工图是表达设计意图并付诸实施的工程语言，工程技术经济管理人员必须具备施工图识读能力。掌握电气施工图的组成内容与常用图例符号及标注代号是识图的关键。

6.1.1 电气施工图的组成

电气安装工程施工图简称"电施"，一般由设计说明、材料设备表、系统图、大样图（配电箱二次接线图等）、平面图等组成。

1. 设计说明

设计说明用于说明建筑物电气设备安装工程的概况和设计者的意图，用于表达图形、符号难以表达清楚的设计内容。主要内容包括工程概况、设计依据、设计内容、供配电方式、各系统设计说明，及图中不能表达的各种电气设备安装高度、工程主要技术数据、施工验收要求以及有关事项等。

2. 材料设备表

在材料设备表中列出电气施工图中所涉及的主要材料设备（如控制设备、室内电器设备、管材、导线等）的名称、图例、规格型号、安装方式、安装高度、数量等。需要注意的是，材料设备表中所列的材料设备数量，由于与预算编制中工程量的计算方法和要求不同，一般不能作为编制预算的依据，只能作为参考数量。

3. 系统图

配电系统图是表示建筑物内外配电干线控制关系的示意图，一般不按比例绘制。它反映了配电控制箱（柜）的设置状况与电源输送干线的连接状况。根据负载性质的不同，有照明系统图、动力系统图、电话系统图和电视系统图，以及弱电综合布线等。如图6-1所示为某三单元六层住宅楼的电气照明系统图。

识读电气照明工程施工图应按照一定的顺序进行，以便能看懂施工图和形成较完整的整体构成概念。识图时，首先要看施工图的设计说明、图例、文字符号和电气设备的规格等，了解施工图的设计思路和设计内容。然后再看系统图，了解配电方式和回路与装置之间的关系。看系统图的一般顺序是：从进户线开始看至室内各配电箱（柜等），以及配电箱（柜等）之间的配电干线，了解各用电回路的接线关系，了解整个系统的控制关系等。

系统图表达的主要内容有：埋设线路进户电缆或架空线路进户线，干线系统控制配电箱回路数、电缆的型号规格和敷设方式、导线的型号规格和敷设方式，电气负荷（容量）的大小等。但系统图不具体说明各种电器或照明灯具的情况。

4. 大样图

大样图是明确表示工程局部做法的详图，在05系列建筑标准设计图集中有大量的标准做法大样图。在电气照明安装工程施工图中，常见的大样图一般会有配电箱二次（外部）接线图，如图6-2所示。

它主要反映成品配电箱与电源输送干线的连接状况和与用电设备支线的连接状况。配电箱二次接线图也可以在电气系统图中直接表示。编制预算时不必考虑成品配电箱的一次接

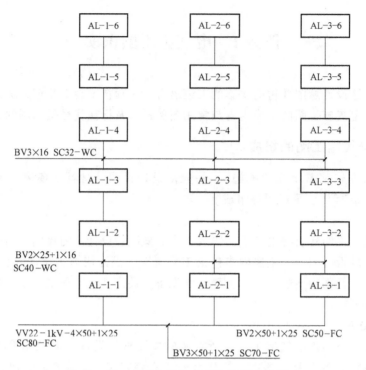

图 6-1　某三单元六层住宅楼电气照明系统图

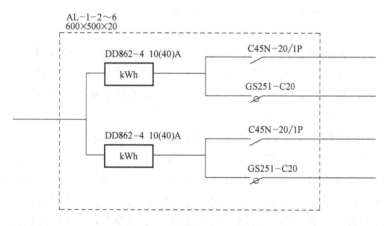

图 6-2　配电箱二次接线图

线，即配电箱内部电器元件之间的接线，那是配电箱生产厂家的事。配电箱二次接线图表达的主要内容有：配电箱内安装的电器元件种类（如电度表、总控制开关、安全保护器等）、数量、规格型号，支线回路编号和用电设备总容量、导线的型号规格和敷设方式等。

此外，还有电气原理图、设备布置图、安装接线图等详图，用在安装做法比较复杂，或者是电气工程设计施工图册中没有标准图，而特别需要表达清楚的地方，一般在电气照明安装工程施工图中没有。

5. 平面图

平面布置图是按一定比例（通常为 1∶100 或 1∶50）绘制的，具体地、准确地表示该工程各楼层（或某单元）所有电气线路走向和电气设备位置的，如图6-4所示。

平面图反映了工程的水平面准确尺寸位置；而系统图只反映该工程的线路连接关系。所以在编制预算计算管线工程量时，用比例尺量取水平长度必须在平面图上进行。但是，平面图只表示电器的水平位置，其标高尺寸要结合设计说明才能确定，必要时还需查阅建筑施工图。

平面图表达的主要内容有：电源进户位置，配电箱安装位置，导线根数，照明灯具及各种用电设备的安装位置、规格型号、安装方式等。结合系统图看平面图，就可以看清楚各种电器或照明灯具的具体布置情况了。

电气照明施工图一般只采用平面图来表示建筑物内的电气照明布置情况，很少采用剖面图表示。因为上、下行线路总是由总配电箱沿垂直方向以最短距离输送到上一层的相应位置。水平方向线路若明敷，总是沿建筑物墙面、天棚面走直线距离布线；若暗敷，总是沿建筑物天棚内或地面内走斜线距离（最短距离）布线。所以，只要平面图和系统图结合起来看，就能看懂施工敷设线路的做法。

照明平面图中各段导线根数用短横线表示。如管内穿三根线则在表示线路的直线上加三小道线，两根线可以省略画道；多于三根线时只画一道线，旁标注阿拉伯数字表示导线根数。编制电气预算就是根据导线根数及其长度来计算导线的工程量的。识读电气工程图，应该掌握判断各段导线根数的规律：

① 照明灯具支线一般是两根导线，要求带接地的则是三根导线。一根相线与一根零线形成回路，这盏灯就可以点亮了。但是为了确保安全用电，规范要求安装高度在距地2.4m以下的金属灯具必须连接PE专用保护线（从配电箱引来）。应该注意卫生间或走廊上的壁灯，链吊式或管吊式安装的日光灯等的安装高度。

② n 联开关共有（$n+1$）根导线。照明灯具的开关必须接在相线（也称火线）上，无论是几联开关，只接进去一根相线，再从开关接出来控制线，几联开关就应该有几条控制线；所以，双联开关有三根导线，三联开关有四根导线，以此类推。

③ 单相插座支线有三根导线。现行国家规范要求照明支路和插座支路分开，一般照明支路在顶棚上敷设，插座支路在地面下敷设；并且在插座回路上安装漏电保护器。插座支路导线根数由极数（即孔数）最多的插座决定，所以二、三孔双联插座是三根导线，若是四联三极插座也是三根线。单相三孔插座中间孔接保护线PE，下面两孔是左接中性线（即零线）N，右接相线L；单相两孔插座则无保护线。

④ 三相五线制供电（TN-S系统供电方式）干线。其中有三根相线（现称L1、L2、L3，即原A、B、C），一根工作零线（N），一根专用保护线（PE）。也有的是单相三线制供电方式，即一根相线、一根零线、一根保护线。

6.1.2　常用图例符号和标注代号

在电气施工图中，会用到许多简明的图例符号和标注代号，来反映电气设备的位置和电气线路的走向。以前的国家标准标注代号采用过汉语拼音字头的形式，已经淘汰。现在为了与国际接轨，主要采用国际电工委员会（IEC）的通用标准作为新的国家标准标注代号，采用的是英文字头标注代号。

电气工程平面图上为了表示出不同的电气设备，经常是将一般符号加以变化来表示。例如用圆圈来表示照明灯具，一半涂黑表示壁灯，中间画×表示一般灯具（如最普通的座灯），再多画一道叉又可以表示花灯；光是一个圆圈，或把圆圈全部涂黑，或者仅半个圆圈涂黑或不涂黑，即可以表示出不同的灯具。

建筑安装工程设计图纸必须按照国家绘图标准绘制，还必须和国际标准接轨。我国幅员辽阔，随着建筑业的发展，建筑设计单位日益增多，绘图标准如果不能统一，设计出来的图纸将会五花八门，施工企业则难以照图施工。所以标准化是建筑业发展的必然趋势。

由于目前在工程设计上采用的标准尚不够完全统一，有新旧国家标准，又有国际标准（如 IEC617）；所以电气工程图上所采用的图例符号和标注代号，应注意查阅其主要材料设备明细表（图例）。

1. 常用图例符号

电气照明工程施工图常用图例符号，见表 6-1。

表 6-1　电气工程图常用图例符号

标准	图例符号	说　明	标准	图例符号	说　明
GB		照明配电箱（屏）	IEC		灯具一般符号
GB		动力配电箱（屏）	GB		花灯
GB		应急照明配电箱	GB		天棚灯
IEC		导线、电缆、电路	GB		壁灯
IEC		3 根导线	IEC GB	*n*	单管日光灯； 旁标 *n* 为 *n* 支管
IEC	*n*	*n* 根导线	IEC GB		双管日光灯
GB		事故照明线	GB	*t*	单极延时开关
GB		无接地极接地装置 有接地极接地装置	GB		单极扳把开关； 旁标 *n* 为 *n* 联开关
IEC		动合常开触点，可作开关 一般符号	GB		三联开关暗装； 不涂黑为明装
IEC		断路器	GB		双控开关暗装（单极三线）
IEC		立管引线；从下引来，再 向上引	GB		单相二孔插座暗装
		向上配线	GB		单相二、三孔双联插座
		向下配线	GB		三相四孔插座暗装

2. 常用标注代号

（1）常用电气设备字母代号

华北地区建筑设计标准化办公室推出的《建筑电气通用图集》（简称华北标）是参照国际 IEC 标准制定的。常用电气设备字母代号见表 6-2。

表 6-2 常用电气设备字母代号

序号	种类	名　称	代号	序号	种类	名　称	代号
1	组件或部件	低压配电屏	AA	31	继电器	中间继电器	KA
2		电桥	AB	32		电流继电器	KC
3		控制屏（箱）	AC	33		双稳态继电器	KL
4		并联电容器屏	ACP	34		接触器	KM
5		直流配电屏	AD	35		极化继电器	KP
6		低压负荷开关箱	AF	36		干簧继电器	KR
7		高压开关柜	AH	37		逆流继电器	KRR
8		刀开关箱	AK	38	电动机	电动机	M
9		照明配电箱	AL	39		异步电动机	MA
10		应急照明配电箱	ALE	40		鼠笼式电动机	MC
11		多种电源配电箱	AM	41		直流电动机	MD
12		动力配电箱	AP	42		电动机（通用）	ME
13		应急动力配电箱	APE	43		同步电动机	MS
14		继电器屏	AR	44		绕线式转子感应机	MW
15		漏电流断路器箱	ARC	45	测量仪表	电流表	PA
16		信号屏（箱）	AS	46		电度表	PJ
17		电源自动切换箱	AT	47		无功电度表	PJR
18		电度表箱	AW	48		电压表	PV
19		插座箱	AX	49		有功电度表	PW
20	保护器件	避雷器	F	50	电力电路开关	起动器	QS
21		跌开式熔断器	FF	51		自耦降压起动器	QSA
22		熔断器	FU	52		星-三角起动器	QSC
23		限压保护器件	FV	53		漏电流断路器	QR
24		快速熔断器	FTF	54		真空断路器	QV
25	信号器件	蜂鸣器、电铃	HA	55	变压器	电流互感器	TA
26		绿色指示灯	HG	56		照明变压器	TL
27		指示灯	HL	57		有载调压变压器	TLC
28		红色指示灯	HR	58		电力变压器	TM
29		光信号	HS	59		稳压器	TS
30		黄色指示灯	HY	60		电压互感器	TV

例如，在建筑电气施工平面图中第一层第二个照明配电箱标注为 AL-1-2；第二层第三个动力配电箱标注为 AP-2-3；住宅楼的照明配电箱也可以按单元和楼层编号，如 AL-1-2 表示的则是第一个单元二楼的照明配电箱。

（2）线路敷设标注代号及方法

常用的电线、电缆型号见表 6-3。

电线、电缆型号的第一个字母代号表示其种类：B 表示绝缘导线，R 表示绝缘软导线；

电力电缆不表示，Y 表示移动式软电缆，K 表示控制电缆，H 表示电话电缆，S 表示射频电缆。

表 6-3 常用电线、电缆型号

名　称	型号	名　称	型号
铝芯聚氯乙烯绝缘导线	BLV	铜芯聚氯乙烯绝缘、护套电缆	VV
铝芯橡皮绝缘导线	BLX	铜芯塑料绝缘铠装塑料护套电缆	VV22
铝芯丁橡胶绝缘导线	BLXF	铜芯聚氯乙烯绝缘铠装电缆	VV29
铝芯聚氯乙烯绝缘、护套线	BLVV	铜芯交联聚乙烯绝缘、聚氯乙烯	YJV
铜芯聚氯乙烯绝缘导线	BV	护套电力电缆	YJV
铜芯橡皮绝缘导线	BX	铜芯交联聚乙烯绝缘、钢带铠装	
铜芯丁橡胶绝缘导线	BXF	聚氯乙烯护套电力电缆	YJV22
铜芯聚氯乙烯绝缘、护套线	BVV	铜芯交联聚乙烯绝缘、钢带铠装	
铜芯聚氯乙烯绝缘、护套平型线	BVVB	聚乙烯护套电力电缆	YJY22
铜芯聚氯乙烯绝缘软线	RV	中型橡套移动式软电缆	YZ-YZW
铜芯聚氯乙烯绝缘平型软线	RVB	重型橡套移动式软电缆	YC
铜芯聚氯乙烯绝缘绞型软线	RVS	铜芯控制电缆	KVV
铜芯聚氯乙烯绝缘屏蔽软线	RVP	铜芯钢带铠装控制电缆	KVV22
铜芯聚氯乙烯绝缘、护套软线	RVV	铜芯铠装控制电缆	KVV29
铜芯聚氯乙烯绝缘护套屏蔽软线	RVVP	铜芯屏蔽控制电缆	KVVP
铝芯聚氯乙烯绝缘、护套电缆	VLV	聚氯乙烯绝缘、护套电话电缆	HYV
铝芯塑料绝缘铠装塑料护套电缆	VLV22	铜芯聚氯乙烯绝缘铠装电话电缆	HYV21
铝芯聚氯乙烯绝缘铠装电缆	VLV29	射频同轴电缆	SKYV

　　种类代号后面是导体代号：L 表示铝芯，铜芯不表示。再后面的代号则表示绝缘层和护套等：V 表示聚氯乙烯塑料，X 表示天然橡胶等。

　　常用线路敷设方式和部位的标注代号见表 6-4 和表 6-5。

表 6-4 常用线路敷设方式标注代号

序号	中 文 名 称	旧代号	新代号	英　文
1	暗敷	A	C	Concealed
2	明敷	M	E	Exposed
3	铝皮线卡敷设	QD	AL	Aluminum Clip
4	电缆桥架敷设		CT	Cable Tray
5	穿金属软管敷设		F	Flexible metallic conduit
6	穿厚壁钢管（水煤气管）敷设	GG	RC	Gas tube(pipe)
7	穿焊接钢管敷设	G	SC	Steel Conduit
8	穿电线管敷设	DG	TC	Electrical metallic Tubing
9	穿硬聚氯乙烯管敷设	VG	PC	Poly Chre
10	穿阻燃半硬聚氯乙烯管敷设	ZVG	FPC	Frie Poly Chre
11	绝缘子瓷瓶或瓷柱敷设	CP	K	Porcelain insulator(Knob)
12	塑料线槽敷设	XC	PR	Plastic Raceway
13	钢线槽敷设	GC	SR	Steel Raceway
14	金属线槽敷设		MR	Metallic Raceway
15	瓷夹板敷设	CJ	PL	
16	塑料线夹敷设	VJ	PCL	
17	穿蛇皮管敷设	SPG	CP	
18	穿塑料刚性阻燃管敷设		PC、PVC	

表6-5 常用线路敷设部位标注代号

序号	中文名称	旧代号	新代号	英文
1	沿钢索敷设	S	SR	Supported by messenger wire
2	沿屋架或跨屋架敷设	LM	BE	Rack Exposed
3	沿柱或跨柱敷设	ZM	CLE	Column Exposed
4	沿墙面敷设	QM	WE	Wall Exposed
5	沿天棚面或顶板面敷设	PM	CE	Ceiling Exposed
6	在能进人的吊顶内敷设	PNM	ACE	Suspended ceiling Exposed
7	暗敷设在梁内	LA	BC	Beam Concealed
8	暗敷设在柱内	ZA	CLC	Column Concealed
9	暗敷设在墙内	QA	WC	Wall Concealed
10	暗敷设在地面或地板内	DA	FC	Floor Concealed
11	暗敷设在屋面或顶板内	PA	CC	Ceiling Concealed
12	暗敷设在不能进人的吊顶内	PNA	ACC	Suspended ceiling Concealed

线路敷设的标注方法采用以下表达格式：

$$a\text{-}b(c\times d)e\text{-}f$$

式中　a——回路编号；

　　　b——导线型号；

　　　c——导线根数；

　　　d——导线截面；

　　　e——敷设方式及穿管材质管径；

　　　f——敷设部位。

【例6.1】　某住宅楼电源进户处标注为 VV22（4×50+1×25）SC80-FC，其含义是什么？

【解】　该标注忽略了回路编号。说明该住宅楼电源引入，采用铜芯塑料绝缘、塑料护套五芯电力电缆，其中四芯是截面为 $50mm^2$ 的，一芯是截面为 $25mm^2$ 的；穿入公称直径为80mm 的焊接钢管内，暗敷设在地面内。

（3）灯具安装方式标注代号及方法

常用灯具安装方式的标注代号见表6-6。

表6-6 常用灯具安装方式标注代号

序号	中文名称	旧代号	新代号	英文
1	线吊式	X	CP	Wire(cord)Pendant
2	自在器线吊式	X	CP	Wire(cord)Pendant
3	固定线吊式	X1	CP1	
4	防水线吊式	X2	CP2	
5	吊线器式	X3	CP3	
6	链吊式	L	CH	Chain pendant
7	管吊式	G	P	Pipe(conduit)erected
8	壁装式	B	W	Wall mounted
9	吸顶式或直附式	D	S	Ceiling mounted(Absorbed)
10	嵌入式（嵌入不可进人的顶棚）	R	R	Recessed in
11	顶棚内安装（嵌入可进人的顶棚）	DR	CR	Coil Recessed
12	墙壁内安装	BR	WR	Wall Recessed
13	台上安装	T	T	Table
14	支架上安装	J	SP	
15	柱上安装	Z	CL	Column
16	座装	ZH	HM	

灯具安装的标注方法采用以下表达格式：

$$a\text{-}b\frac{c\times d}{e}f$$

式中 a——某场所同类型灯具数量，通常在一张平面图中各类型灯具应分别标注；

b——灯具型号，可以查阅设计施工图册或厂家产品样本；

c——每套灯具内安装灯泡或灯管数量，通常一个灯泡或一根灯管可以不表示；

d——灯泡或灯管的功率瓦数（W）；

e——灯具底部距本层楼地面的安装高度（m）；

f——灯具安装方式代号。

【例6.2】 某照明平面图中标注代号 $10\text{-}X03A6\frac{60}{-}S$ 和 $6\text{-}PKY501\frac{2\times40}{2.5}CH$ 各表示什么意思？

【解】 说明该区域安装10套型号为X03A6的圆扁圆吸顶灯，每盏灯内安装一个功率为60W的灯泡，灯具吸顶安装。部分区域安装了6套型号为PKY501的盒式日光灯，每套日光灯上安装两支40W的灯管，灯具距地高度2.5m链吊式安装。

任务2 电气照明系统的组成

电气照明系统，是指照明电能来源控制、分配输送、消耗使用的系统。它是一个相对独立完整的设计工作系统，一般也就是一个单项工程中的一个单位工程。编制预算考虑分部工程项目时，可以认为电气照明安装工程由电源控制、线路敷设、用电设备等三大部分组成。

6.2.1 电源控制分部

电源控制分部也就是供配电控制设备，主要由进户线装置和配电控制设备（配电箱、配电柜、配电屏等）组成。它在电气系统中起的作用是将电源接入室内，并分配和控制室内各用电线路的电能，同时保障电气系统安全运行。

1. 进户线装置

进户线装置是指城市供电线路进入建筑物的供电系统方式和线路敷设形式。如果施工图纸的设计要求在进户处作重复接地，则必须考虑接地极制作安装和对该独立接地装置系统的调试。

（1）供电系统方式

在建筑安装工程中，通常所说的三相三线制、三相四线制、三相五线制等，这些名词术语的内涵不十分严谨。国际电工委员会（IEC）有统一的规定，称为 TT 系统、TN 系统和 IT 系统等，其中 TN 系统又分为 TN-C 系统（即三相四线制）、TN-S 系统（即三相五线制）、TN-C-S 系统。

国际电工委员会（IEC）规定的供电方式符号，第一个字母表示电源侧电力系统对大地的连接关系，第二个字母表示负载侧电气设备外露的可导电金属部分对大地的连接关系；如果后面还有加注字母（在加注字母前标注一道短横杠），则表示中性线与保护线的组合关系。供电系统方式字母代号见表 6-7。

表 6-7　供电系统方式字母代号

序号	标注位置	字母代号	字母含义
1	第一个字母	T I	表示电源侧中性点一点直接接地 表示电源侧没有工作接地,所有带电部分绝缘
2	第二个字母	T N	表示负载侧电气设备金属外壳直接接地 表示负载侧电气设备金属外壳与保护线连接
3	其他字母	C S	表示中性线与保护线合一 表示中性线与保护线严格分开

建筑物常用的供电系统方式有 TN-S 系统或 TN-C-S 系统。

① TN-S 系统。它是把中性线 N 和专用保护线 PE 严格分开的供电系统,即三相五线制供电系统。在双电源(城市电源+自备电源)供电方式中,自备电源有专用供电变压器,一律采取 TN-S 供电系统方式。

专用保护线 PE 的规格要求见表 6-8。

表 6-8　专用保护线 PE 采用规格

序号	相线截面	相应专用保护线 PE 截面
1	≥50mm^2	不小于相线截面的一半
2	16~35mm^2	16mm^2
3	<16mm^2	与相线截面相等

② TN-C-S 系统。城市供电网往往采用 TN-C 供电系统方式(即三相四线制),它是中性线兼作保护线的;该中性线可以称为保护性中性线,用 PEN 表示。若建筑物必须采用专用保护线 PE 时,可在进户第一个总配电箱的中性线上分出 PE 线;该总配电箱 N 端子板与 PE 端子板必须连接,且应直接与接地装置焊接连接(即在进户处作重复接地,接地电阻不大于 10Ω)。这种系统称为 TN-C-S 供电系统。

TN-C-S 供电系统的三个特点:

其一,进户处总配电箱的中性线 N 与专用保护线 PE 相连通,应作重复接地,而且要求负载不平衡电流不能太大;

其二,进户后专用保护线 PE 和中性线 N 必须严格分开,除进户总箱外,其他配电箱均不得把专用保护线 PE 和中性线 N 相连;

其三,PE 线不许断线,PE 线上绝对不允许安装各类开关、熔断器、漏电保护器等,也不得再用大地兼作 PE 线,例如错误利用给水排水金属管道接地等。

(2)线路敷设形式

通常进入建筑物的供电线路敷设形式有两种,架空引入和电缆埋设引入。

① 架空引入。从架空线路电杆引入建筑物电源入口的第一支持物(进户横担)的这段架空线路称为接户线(或称引下线),接户线的长度一般不大于 25m,必须采用绝缘导线,为美观角度出发也可以采用电缆。由进户横担穿过防水弯头到室内第一个总配电箱的线路就叫进户线。

导线在横担上排列应符合如下规定：当面向荷载时，从左侧起为 L1、N、L2、L3、PE，导线间距不小于 300mm；横担可以垂直于或者平行于建筑物山墙固定，即分为一端埋设和两端埋设两种形式，须看电杆引下线与建筑物山墙形成的夹角，当小于 45°时垂直埋设，当大于 45°时两端埋设。

架空引入的进户线装置包括了进户线横担（含绝缘子、防水弯头等）安装和进户线架设等分项工程项目。进户线架设应考虑 2.5m/根的导线预留长度，还要考虑进入总配电箱的每根导线预留长度为其箱体的半周长（高+宽）。

② 电缆埋设引入。从城市美容的要求来看，电缆埋设引入比架空引入要好得多。除电缆材料和安装的成本比架空线高外，它的供电可靠性更高、供电容量更大。因为它不易受到自然界风暴冰冻或人为损伤，截面相同时电缆比导线的阻抗小，且便于采用大截面（小区外线电缆截面统一规范为 70、120、180mm²）。

电缆的敷设方式主要有直埋铺砂盖砖或盖混凝土板敷设、沿地沟内敷设、穿保护钢管直埋敷设、沿墙明设、沿桥架或托盘敷设等。在建筑安装工程中，应用最多的是直埋敷设。

直埋电缆必须采用铠装电缆，电缆埋深要求不小于 0.8m，电缆沟深不小于 0.9m，电缆的上下各有 10cm 的砂子，上面还要盖砖或混凝土盖板。地面上在电缆拐弯处或进建筑物处要埋设方向桩，以备日后施工时参考。电缆沟内敷设进入室内电缆沟时，要设金属网（网孔不大于 1cm²），以防小动物进入室内。直埋电缆进入外墙时要穿不小于 φ100mm 的钢管，所穿的保护钢管应该超出建筑物的散水坡以外 0.1m，工程量计算规则规定穿过外墙保护管长度按基础外缘以外增加 1m 计算。

电缆进入建筑物和进入配电箱，都应增加各为 2m 的预留长度。直埋电缆还要按电缆全长计算 2.5% 的"波纹"预留长度（包括松弛度、波纹弯度、交叉）。

2. 接地装置

建筑工程电气设备重复接地装置，是一种独立接地装置，它由接地极和接地母线组成。接地极材料，一般采用 SC50 镀锌钢管、L50×5 镀锌角钢或 Φ20 镀锌圆钢；接地母线通常采用 -60×6 镀锌扁钢。

接地种类有工作接地、保护接地、静电接地、防雷接地、重复接地等。防雷接地和重复接地的接地电阻要求为不大于 10Ω；工作接地、保护接地和静电接地的接地电阻要求应不大于 4Ω。

高层建筑（6 层或高度 20m 以上）往往设有防雷系统，防雷系统由接闪器、引下线、接地装置三部分工程内容组成。接闪器分避雷针和避雷网两种形式，避雷针适用于细高建筑物和构筑物（水塔、烟囱等），材料一般用 Φ20 镀锌圆钢或 SC40 镀锌钢管，铜针尖可以做成装饰性的各种艺术形状；避雷网适用于宽大建筑物，材料一般用 Φ8 镀锌圆钢。引下线一般利用两根柱主筋焊接引下，接头处焊接采用双面搭接，其焊接长度应大于 6 倍的钢筋直径；金属门窗应与引下线焊接连接在一起。防雷接地沿建筑物四周布置成接地网，电气设备重复接地就可直接利用防雷接地网。

3. 配电控制设备

配电箱是建筑电气设备安装工程中不可缺少的重要设备。它里面装的东西有控制设备、保护设备、测量仪表等。它在电气系统中起的作用是分配和控制各用电支路的电能，并保障电气系统安全运行。

配电箱按其结构形式可分为箱、柜、屏、台、板等。按其使用功能可分为照明配电箱、动力配电箱、插座箱、电话组线箱、电视前端设备箱等。按其箱体材质分有铁制和木制，现以铁制配电箱为多见。按生产方式分有定型产品、非定型产品和现场组装配电箱；在建筑安装工程中要求使用成套配电箱，如果设计采用非定型产品，则要用设计的配电系统图和二次接线图到工厂加工定制。

（1）配电箱组成

配电箱由控制设备、保护设备、测量仪表和箱体及端子板等组成。电压在500V以下的各种控制设备和保护设备称为低压电器。在建筑安装工程中常用的低压电器设备有刀开关、熔断器、断路器、接触器、磁力启动器及各种继电器等。

① 刀开关及熔断器。刀开关是最简单的、也是比较陈旧过时了的手动控制设备，其功能仅适用于无须频繁控制开关电路的场合。根据闸刀的构造可分为胶盖闸和铁壳闸两种，按极数分为单极、双极、三极等三种。

虽然小容量的胶盖闸可以直接用闸内保险丝起短路保护作用，但是在建筑安装工程中不能用闸内熔体，而是在闸外另装瓷插熔断器，胶盖闸内装熔体的地方用铜丝代替。

② 低压自动空气断路器。低压自动空气断路器是建筑安装工程中应用最广泛的一种控制设备，简称断路器或空气开关。它除具有全负荷分断能力外，还具有短路保护、过载保护和失欠压保护等功能。常用作配电箱中的总开关或支路开关。因为是靠手动直接控制断开主电路，所以不宜频繁操作。

常用的断路器有梅兰牌C45系列、DZ系列、DW系列，奇胜牌E4系列等。其中C45N用于照明线路控制和保护，C45AD用于动力线路控制和保护。

断路器型号举例：C45N-63/1，表示自动断路器设计系列号45，N表示保护照明线路用；壳架额定电流容量63A，单极。

③ 漏电保护断路器。国际电工委员会（IEC）颁布"剩余电流动作装置的一般要求"（IEC755.1983）建议带有插座的家庭安装动作电流小于30mA的漏电断路器。

常用的电流型漏电保护器分为电磁式和电子式两种。电磁式的可靠性好，建筑安装工程中常用。正常工作时没有漏电现象，漏电断路器不动作；如果负载出现漏电电流，漏电电流通过人体或其他路径流走，漏电断路器就会跳闸。

漏电断路器型号举例：DZ15L-60/3 901，表示自动断路器设计系列号15，L表示电磁式漏电断路器（若C为集成电路式，E为电子式）；壳架额定电流容量60A，三极；90为脱扣器代号，电磁液压式延时脱扣器（若0为无脱扣器，1热式，2电磁式，3复式，4分励辅助触头，5分励失压，6二组辅助触头，7失压辅助触头），1表示配电保护用（若2电机保护用）。

④ 接触器与磁力启动器。接触器与磁力启动器是可以频繁操作的按钮开关，也叫电磁开关，安全可靠，常用作动力控制箱中的控制开关。

接触器具有失欠压保护作用，当电压过低时电磁线圈吸力变小，接触器自动断电。接触器有直流接触器和交流接触器两类，在建筑安装工程中常用交流接触器。

磁力启动器比接触器多装有一个热继电器。热继电器是一种具有延时动作的过载保护器件，能防止长时间超载而损坏电动机。热继电器不仅可以作为磁力启动器的一个组成器件，也可以单独使用。

磁力启动器的按钮有启动（常开）和停止（常闭）两种。还有复合按钮是两个按钮，按上面按钮起动，按下面按钮停止，上下联动。

⑤ 电度表。在建筑物配电箱中安装的测量仪表主要有累计电能的电度表，也叫电能表，俗称火表。根据供电线路分配的需要，相应设置三相电度表或单相电度表。一般住宅楼仅安装单相电度表，综合楼总配电箱多设有三相电度表。

电度表型号举例：DD862-4 10（40），表示单相电度表设计系列号86，额定电流容量10A（最大电流容量40A）。

⑥ 配电箱定型产品。照明配电箱的结构形式大都采用冲压成型，外形平整美观。箱内器件一般具有互换性。箱壁进出线上下设有长腰敲落孔，两侧各有两个安装孔，可以用来并装通道箱。

配电箱二次接线图上标有箱体外形尺寸（宽×高×厚）。

配电箱型号举例：XMR-04-6/1，表示嵌入式照明配电箱设计系列号04，出线回路6个，带单极主开关。

（2）配电箱安装

配电箱安装仅指成套配电箱安装。

① 配电箱安装方式。成套配电箱安装方式分为落地式、悬挂式和嵌入式三种安装方式。落地式配电箱安装在电缆沟槽钢基础梁上，悬挂式明装配电箱安装高度距地 1.2m（指箱体下边），嵌入式暗装配电箱距地 1.4m，建筑安装工程中应按照施工图具体设计要求施工。

② 配电箱安装工艺要求。落地式配电箱的安装倾斜度不得大于 5°，安装的场所不得有剧烈振动和颠簸；柜下进线方式设有电缆沟，要考虑基础槽钢安装。悬挂明装时，安装在墙上或柱上，要考虑角钢支架安装。暗管向明装配电箱进线时，在箱后须加暗装接线盒。

配电箱安装时，先按接线的要求把必须穿管的敲落孔打掉，然后穿管。注意配电箱内的管口要平齐，尤其是要及时堵好管口，以防掉进异物而严重影响管内穿线。

③ 配电箱二次接线。配电箱二次接线是电源控制分部和线路敷设分部的边缘项目。考虑到在配电箱二次接线图中很容易数清楚接线根数，姑且归属到配电箱安装工作内容里；严格地讲，配电箱安装并不包括二次接线的工作内容，编制预算时则需要区别其种类规格列出各分项工程项目。

配电箱二次接线是指该配电箱与连接各配电箱之间的干线及其用户支线的连接线头个数状况。一根导线进（或出）配电箱就有一个接线头，一根电缆（不论几芯）进配电箱就是一个电缆终端头。

一般可以这样考虑接线端子种类：（一）仅 BV6 以内的支线导线与断路器接线孔连接是无端子外部接线（PE 线严禁接断路器）；（二）PE 和 N 线与端子板连接是焊接线端子接线；（三）大于 BV6 的相线（L 线）与设备（断路器）连接是压接线端子接线。

6.2.2　线路敷设分部

室内线路敷设也就是配管配线工程，它可以划分为配电干线和用电支线两种。配电干线（即动力线路或相当于动力线路）是连接各配电箱之间的线路；用电支线是连接照明器具等的线路，即照明线路，包括照明回路与插座回路。配管配线工程也包括管与管连接接线、管与设备器具连接接线所必需的接线盒（箱）安装项目。

1. 室内线路敷设的一般规定

关于室内线路敷设的一般规定简要列举如下：

1）室内插座回路与照明回路宜分别供电，其供电半径不宜超过50m。

2）室内线路敷设应避免穿越潮湿房间，潮湿房间应尽量成为电气线路的终端。

3）半硬难燃塑料管、波纹管不允许明配，不允许敷设在天棚内。

4）配电干线管径选用宜按导线穿管最小管径加大1~2级考虑。

5）管内穿设导线的总截面积（包括外护层）不应超过管子截面积的40%，不同截面、根数绝缘导线穿管最小管径见表6-9。

表6-9　绝缘导线穿管最小管径　　　　　　　　　　（单位：mm）

管材	导线根数	导线截面/mm²											
		2.5	4	6	10	16	25	35	50	70	95	120	150
焊接钢管	2	15	15	15	25	25	32	32	40	50	70	70	80
	3	15	20	20	25	32	40	40	50	70	80	80	100
	4	20	20	25	32	32	50	50	70	80	80	100	100
	5	20	25	25	32	40	50	50	70	80	100	100	125
	6	25	25	25	40	50	50	70	80	100	100	125	125
硬塑料管	2	16	20	20	25	32	40	40	50	63			
	3	20	25	25	32	40	50	50	63				
	4	25	25	25	40	50	50	50					
	5	25	32	32	40	50	50						
	6	25	32	32	50	50							

6）导线分色：穿入管内的配电干线可不分色；支路导线的L1相为黄色，L2相为绿色，L3相为红色，N线为淡蓝色，PE线为绿/黄双色。

7）后期室内装修未定时，可只设计到进入厅堂第一个用电出线口或其专用配电箱处。

8）电气布线在竖井管道间内时宜将强、弱电分室设置。

2. 配管

配管配线广泛应用于建筑电气安装工程上。配管的目的在于穿设、保护导线，配管的方式有明配、暗配等，采用的管材有焊接钢管、电线管、PVC阻燃塑料管、波纹管等，局部也采用金属软管。最常用的管材是焊接钢管和PVC阻燃塑料管。

目前，建筑物内的电气管路大量采用暗配管，暗配管隐蔽可靠，不影响建筑物表面的整齐和美观，不易受外力破坏损伤，而且施工方便。明配管只在某些管路的局部和高层建筑的电气竖井内采用。其他几种配线方式，如瓷夹板配线、塑料夹板配线、瓷柱配线、塑料槽板配线等已很少采用，尤其在新建工程中早已淘汰。

（1）钢管敷设

钢管的代号SC，它的标称直径近似于内径。钢管的特点是抗压强度高，若是镀锌钢管还比较耐腐蚀，较重要的电信枢纽工程上往往采用镀锌钢管。配电干线、动力线路必须采用焊接钢管。

钢管的连接，明配管应采用螺纹连接，暗配管时允许用套管连接。采用螺纹连接时，必须加焊Φ6（≤SC40）、Φ10（SC50）、2Φ8（≥SC70）圆钢跨接线，在管箍的两头与钢管两

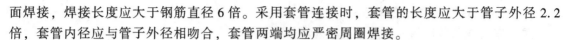

面焊接，焊接长度应大于钢筋直径 6 倍。采用套管连接时，套管的长度应大于管子外径 2.2 倍，套管内径应与管子外径相吻合，套管两端均应严密周圈焊接。

钢管引入箱盒，在箱盒内外应用锁紧螺母固定，或局部点焊，箱盒内管端长度不大于 5mm，或者管口与箱盒内壁平齐。

（2）PVC 阻燃管敷设

PVC 阻燃塑料管被大量地用于支线以及弱电工程上，PVC 阻燃塑料管的标称直径近似于外径。这种管材具有如下优点：

① 施工方便，裁断、弯曲很容易加工。

② 耐腐蚀，抗酸碱能力强。

③ 耐高温，符合防火规范的要求。

④ 重量轻，只有钢管重量的六分之一，运输、施工省力。

⑤ 价格便宜，比钢管价廉。

PVC 阻燃塑料管，用一种专用管刀很容易裁断，穿入专用弹簧后在膝盖下可任意弯曲，引入箱盒有专用锁母，连接有专用插接管箍（插接时管端应涂粘结剂）；可用于明配和暗配及天棚内敷设。

3. 管内穿线

一般室内电气线路采用的线材有 500V BLV 铝芯聚氯乙烯绝缘导线或 BV 铜芯聚氯乙烯绝缘导线。在进户口或者在若干总配电箱之间会局部采用 1000V 铝芯聚氯乙烯绝缘聚氯乙烯护套电缆或铜芯聚氯乙烯绝缘聚氯乙烯护套电缆。

可以这样说，从发展的趋势看铝芯线材是要被淘汰了。铜芯线材在导电性能（相同截面能提高 1 级载流量，即 2.5mm^2 铜芯线相当于 4mm^2 铝芯线）和强度上要比铝芯线材好得多，价格虽然贵了一些，但在整体工程造价上所占比例并不明显。所以新建工程已经极少有采用铝芯线材的。

（1）管内穿线工艺要求

① 钢管在穿线之前应严格戴好护口，管口无螺纹的可戴塑料内护口；管内穿线后发现漏戴护口，应全部补齐。

② 放线时应用放线车。为保证做到相线、零线、PE 线严格区分，应在放线车的线轴上做好记号。

③ 导线在管内不准有接头、背花、死扣等，绝缘不应有损坏。

④ 照明灯具采用螺口灯头，相线应接灯口舌簧，开关应能断相线。

（2）导线预留

一般动力线路在钢管内穿线，在配电箱之间走线。导线进入配电箱应该考虑一定的预留线长度，以保证在箱内与导线或者器件连接以及将来的维护所需的接线余量。

照明线路在 PVC 管内穿线，从配电箱引出，在接线盒（包括开关盒、插座盒、灯头盒等）之间走线。布线时在配电箱处以及接线盒处也是要考虑预留线长度的。

4. 接线盒安装

在各种配管过程中，不论是明配管还是暗配管，都存在着接线盒（箱）。接线盒包含分线盒、灯头盒、开关盒、插座盒等。预埋灯头盒有八角形或圆形的，预埋开关盒和插座盒是用的同一种方盒（如 86H 系列）；接线盒周边留有敲落孔，便于插管连接。住宅建筑往往直接利用灯头盒及插座盒分线，不必单设分线盒，如住户客厅或过道的灯头盒常兼有分线作用。钢管应配置钢盒，塑料管应配置塑料盒。

1）管路的长度、弯曲数量超过下述规定时，中间应加装接线盒：

① 直线管路长度超过 45m；

② 管路长度超过 30m、中间有 1 个弯；

③ 管路长度超过 20m、中间有 2 个弯；

④ 管路长度超过 12m、中间有 3 个弯。

2）在灯具及其他电器（如排风扇等）、开关、插座设置预埋接线盒：

① 暗装开关和插座的地方应预埋 86H 系列方盒；

② 现浇混凝土板内所有灯位应预埋灯头盒；

③ 明配管要用相应配套使用的明装接线盒；

④ 防爆钢管就要采用相应的防爆接线盒。

总之，安装接线盒，既是安装照明器具、开关插座的需要，也是管路连接、分线的需要。电气管路分支不像水暖管道分支那样可以加一个三通、四通，否则穿线时就不好把握方向了！

6.2.3　用电设备分部

对于一般民用建筑来讲，所谓用电设备，也就是指照明器具、开关插座等。电气设备可靠安全、能用好用，这是设计安装电气工程的目的和任务。至于电源控制分部的保证作用和线路敷设分部的纽带作用，当然也不能忽略。

1. 照明设备

（1）照明方式

照明方式一般分为工作照明和事故照明两大类。我国照明采用 220V 电压。

① 工作照明。一般生产和生活照明都属于工作照明。工作照明又分为一般照明、局部照明和混合照明三种方式。

一般照明，在房间内布置同一形式、统一功率的灯具。其特点是室内照度均匀，安装费用少。

局部照明，仅在工作点设置照明灯具。局部照明又分为固定式和移动式。移动式局部照明灯具要求使用安全电压（36V 以下）。

混合照明，即一般照明和局部照明相结合的方式。目前在工业建筑和要求较高的民用建筑中广泛采用。

② 事故照明。事故照明可分为暂时继续工作照明、人员疏散照明、警卫值班照明以及障碍照明四种方式。前三种属于应急事故照明，障碍照明属于预防性事故照明。障碍照明应用能透雾的红光灯具。

（2）灯具种类

目前，照明器具种类繁多。从学习编制预算的角度出发，可以把灯具分为普通灯具、装饰灯具、荧光灯具和特种灯具等类别。

① 普通灯具。普通灯具泛指采用单个普通白炽灯泡或节能灯泡的吸顶灯、吊线灯、弯脖灯、壁灯、座灯头等。

白炽灯是采用不易蒸发耐高温的钨丝，通电后使之发热到白炽状态而发光的一种电光源。它适用于局部照明的场所、经常开闭灯的场所和照度不高且照明时间较短的场所；而节能灯则反之。节能灯是紧凑型带电子镇流器的普通照明用自镇流荧光灯，在相同照明效果时的用电量仅为白炽灯的 20% 左右。

② 装饰灯具。装饰灯具是指在高级装饰中采用的吊式安装或吸顶式安装的具有一定装饰效果的灯具。如蜡烛灯、挂片（碗、碟）灯、串珠（穗、棒）灯、组合灯、玻璃罩灯、荧光灯带（棚）、点光源艺术灯、水下艺术灯、草坪灯、歌舞厅灯等。

③ 荧光灯具。荧光灯由镇流器、灯管、启辉器和灯座组成。一套灯的灯管数有单管的、双管的、三管的。安装方式有吊链式、吊管式、吸顶式等。

④ 其他灯具。其他灯具包括工厂、医院使用的灯具和路灯等。

（3）灯具安装技术要求

① 灯具安装高度低于 2.4m 时，灯座应连接保护线。

② 螺旋灯口的中心触点必须连接相线，螺旋体连接零线。

③ 同一室内成排安装的灯具，其中心偏差不应大于 5mm。

④ 吊管式安装灯具，其吊管内径不小于 10mm；吊链式安装灯具，灯线不应受拉力，灯线宜与吊链编插在一起。

⑤ 吊灯根据灯具重量：线吊式限于 1kg 以下，超过 1kg 采用链吊式，超过 3kg 应预埋铁件、吊钩或螺栓。

⑥ 固定花灯的吊钩，其圆钢直径不应小于灯吊挂销钉的直径，且不得小于 Φ6。

⑦ 嵌入式灯具，配管应与灯体衔接或装置接线盒采用金属软管与灯体衔接，顶棚内不应裸露导线。

⑧ 每个照明回路的灯和插座数不宜超过 25 个，且应有 15A 及以下过载保护。

2. 开关、插座

（1）开关、插座的种类

开关、插座的安装形式分为明装和暗装。

开关根据构造形式的不同有拉线开关、扳把开关、跷板开关、密闭开关以及按钮等；按控制方式分为单控开关和双控开关；按控制极数分，有单联开关至六联开关等。

插座按电源相数分为单相插座和三相插座；按额定电流分有 5A、10A、15A、25A、30A等不等。插座按插接极数分，有 2 孔至 12 孔等不等。

插座的联数和开关联数含义有所不同，应注意其差异。按接出开关的导线极数（根数）计算即是其开关联数，一联就相当于一个控制开关。可是按接出插座的导线极数（根数或孔数）计算却不是其插座联数；因为两孔、三孔，甚至四孔（三相四孔插座）才相当于一个插座。

例如，鸿雁牌 A86Z223-10 型两位两极双用两极带接地插座，其型号表示的含义是：A86 系列插座，双联（即两位），二极（且扁、圆双用）加三极（两极带接地极），额定电流 10A。

也就是说这是一个双联插座，也可以叫五孔插座，俗称"二加三插座"。

（2）开关、插座安装技术要求

① 开关必须断、合相线。

② 门侧安装的跷板式开关中心、拉线开关的拉线距门口边缘应在 15～20cm 之间，同一层的开关宜一致。

③ 跷板开关的安装高度距地面 1.3～1.4m（底边），拉线开关为 2～3m。

④ 多联开关各自控制灯的位置、顺序应协调，跷板闭合方向应一致。

⑤ 明装插座安装高度一般距地面 1.8m，暗装插座安装高度一般距地面 0.3m；住宅楼内的插座低于 1.8m 时应采用安全型插座，托儿所、幼儿园里的插座不应低于 1.8m。

⑥ 单相二孔插座，面对插座的右孔接相线、左孔接零线；单相三孔插座上孔接保护线，右孔接相线、左孔接零线；三相四孔插座，上孔接保护线，下三孔接相线。

⑦ 开关、插座压接线应牢固；盒内清洁、导线无砸压；面板端正、垂直误差不大于 1mm。

⑧ 铁制接线盒应先焊接好保护线，然后全部进行镀锌；出现锈迹，应再补刷一次防锈漆。

任务 3　电气照明设备安装工程预算的编制

在施工图设计完成以后，应由建设单位（或委托招标代理、造价咨询单位）和施工单位分别编制工程预算，以便确定招标控制价或投标报价。

6.3.1　编制电气照明预算的依据和要求

1. 编制依据

1）电气施工图纸，这是列项和计算工程量的主要依据。

2）《建筑电气安装施工图册》、05 系列建筑标准设计图集，里面有许多推荐的标准做法大样图。

3）施工组织设计或有关施工方案，因为在施工组织设计中包含有丰富的内容，如新材料、新工艺、新技术、新机具等，这些都和预算有直接的关系。

4）《电气装置工程施工及验收规范》《建筑电气安装工程质量检验评定标准》和地区性标准规定。

5）预算定额，本书电气照明工程预算编制主要使用《内蒙古自治区安装工程预算定额》第二册 电气设备安装工程（DYD 15-502—2009），这是确定各分项工程单价的依据，也是计算专业措施项目费的依据。

6）内蒙古自治区建设工程费用定额（DYD 15-801—2009），依据费用定额可以查出各个不同工程类型及类别的取费费率，以便进行取费计算。

7）2008 年呼和浩特地区建设工程材料预算价格，作为确定未计价主材费的依据或参考。

8）施工合同及补充协议，一般把承包方式和工期、质量要求及费用结算方法等都写入合同，这是后期编制结算、进行索赔和反索赔的重要依据。

9）设计变更单、施工技术核定单，有时其中还绘有附图，这些都是作为电气工程结算中计算增减费用的依据，它和图纸有同等的作用。

10）各盟市建设工程造价管理部门随时颁布的建设工程造价动态信息文件，主要查看建设工程用主要材料的价格信息和其他要素价格的调整信息。

2. 编制要求

1）首先要熟悉电气安装施工图，并了解土建、水暖等有关的施工图。特别是在电气管路工程量的计算中，必须明白这些管路是在土建结构中的什么部位敷设的，例如是走地面垫层、还是走吊顶，这直接关系到工程量的计算。

2）熟悉有关标准、定额、材料价格表及各种有关文件。各种有关的标准含规范、图集等，其中都有标准做法和安装尺寸等，还有电气线路安全保护的技术要求等，编制电气预算书是离不开的。

3）掌握工程量的计算方法、套用定额的方法、计算未计价主材设备费的方法、取费的方法、调整材料价差的方法和工程结算的方法等，这是编制预算的基本功。

4）计算数据要求可靠、有足够的精确度。在电气工程预算中，套用定额数据是可靠的、准确的。但是，对于定额基价中未计价的材料或设备，例如成套配电箱在材料预算价格中查不到的设备型号，可以作暂估价进入预算，最后由建设单位保底。这就要求预算员作暂估价时尽可能的符合供应市场的实际价格。

5）需要作补充定额时，应在施工过程中将补充单位估价表及有关资料报有关主管业务部门审查批复，这就能够保持定额的严肃性。

6）了解施工合同及补充协议，其中许多条款和工程结算有关系，例如设计施工变更项目的费用调整、材料设备结算的价格调整等。

7）了解建设单位（业主）的有关要求、资金情况、设计意图等。这些直接和施工单位的利益密切相关。

8）电气工程预算列项时，宜把定额未计价主要材料设备费用单独列项，动力与照明也可以分开列项。弱电工程预算也可以单独做，以便于审核或分包。

9）工程量计算草稿一般保留，供复查之用。

6.3.2　工程量计算的技术方法

编制预算进行列项和计算，必须思路清晰，讲究条理性、技术性。编制电气工程预算，难点在于列项和工程量计算，工程量计算的难点又在于线路工程量计算。掌握工程量计算的顺序和表达方式很重要。

1. 计算顺序

编制电气照明工程预算，应按照一定的顺序来列出各分项工程并计算其工程量，这要严格训练养成习惯。这也是造价人员头脑、思路、技术、才能的体现。

总的来说，列项可以按"进户装置——控制设备——干线——支线——用电设备"的顺序来考虑。

列项计算顺序就是要按照线路顺序（包括干线的顺序和支线的顺序）和楼层顺序，进一步再按照回路号或方向顺序（逆时针方向或顺时针方向）逐条计算。设备列项计算顺序，可按控制设备和用电设备分类，或者按图纸材料设备明细表所列顺序。

材料设备明细表列有工程采用材料设备的名称、型号、规格、安装标高尺寸及数量等内容。此表中所列数量是设计者提供的一个参考数量，不能作为工程量来编制预算，预算人员要按照相应的工程量计算规则和方法重新计算。

（1）干线的计算顺序

室内供配电线路分为进户电源线、干线和支线。连接总配电箱与各分配电箱之间的线路就是干线。总配电箱之前的是进户电源线，连接用电设备的就是支线。

干线的敷设方式或者说配电箱的设置方式有单相并联式、三相分配式、总分式等几种低压配电系统方式，理解它有助于我们逐条计算清楚干线工程量。总分式也就是在单相并联式和三相分配式这两种基本方式的电源侧设置了一个带总开关的总配电箱，自成控制回路。

单相并联式、三相分配式、总分式等低压配电系统方式如图6-3所示，图中仅表示了相线的接线关系。由单相并联式、三相分配式、总分式又可以组合成多种混合式。

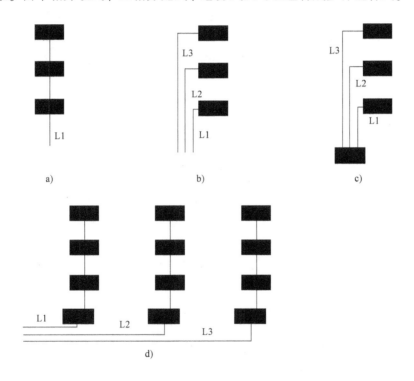

图 6-3 低压配电控制系统示意图

a）单相并联式 b）三相分配式 c）总分式 d）混合式

低压配电系统（回路）的划分：某个建筑物有几个配电控制系统，要看带有分配电箱的总配电箱（带主控开关）有几个，就是有几个配电系统（回路）。凡回路中带有仪表、继电器、电磁开关等调试元件的（不包括闸刀开关、保险器），均按调试系统计算。若某个建筑物不设带主控开关的总配电箱，亦可算作一个配电系统。电度表箱、开关箱、插座箱等均算作分配电箱，只有接线箱（箱内没有装电器元件、仪表的）不算分配电箱。

干线的计算顺序的确定，可以按导线截面由大到小排列，这往往也和配电箱顺序、回路号顺序相一致。电流类似于水流，进户处管径要大、导线截面要大；越往后供电，经分流后逐渐变小。

（2）支线的计算顺序

编制电气预算，支线工程量计算最难、最麻烦，学习中要强化实训环节，熟练掌握线路计量技术。

支线主要有插座回路和照明回路。平面图上一般标有支线各回路的顺序号，也可以按逆时针方向或顺时针方向逐条计算回路。

在平面图上，暗敷线路的走向没有规律性，一般是沿最短的距离到达灯具位置。因此，计算暗敷线路的长度，往往要用比例尺量取平面图上的线路长度。明敷线路一般沿墙走线，平直见方、比较规则，其长度可以参照建筑平面图的有关尺寸计算。

计算插座回路时，要特别注意特殊地方的插座标高，如厨房、卫生间等处插座标高在1.5m左右，抽油烟机插座标高在2.2m左右。

计算照明回路时，要注意开关连接线，它往往显得比较繁杂。为避免漏算、错算，累加照明回路长度时，每遇见（量）到一盏灯，就要马上度量它的开关连接线长度；要注意多联开关连接线比一般照明线路多出来的导线根数；有要求接地的灯具，要考虑从配电箱引来的保护线长度是多少。

如图6-4所示，为某户型电气照明设备安装平面图。其户内支线计算工程量的顺序可以这样确定。

按分部顺序考虑，可以先算线路，后算室内电器。计算线路按逆时针方向为计算顺序，即应该先计算插座回路（一般设计为BV3×4-PVC20或25），后计照明回路（一般设计为BV3×2.5-PVC15或20）。

插座回路在②轴处有一处分支，按逆时针方向为计算顺序，通往①轴分支先算，②轴分支后算。

照明回路在客厅有一处分支，按逆时针方向为计算顺序，通往厨房分支先算，居室分支后算，开关连接线应与灯具联系起来算；计算须分列清楚管内穿二线、三线不同线路长度数量，以便于计算管内穿线工程量。

按照顺序量得的数量可以直接在图上用铅笔标注。写计算书的时候，按顺序去找数量也就等于有规律可循了。如果熟练了，也可以不标，计算书上的数量对应的是图上的哪一条线路工程量，是可以弄得清楚明白的。

需要强调的是，安装工程预算的线路工程量计算，尽管是按照正确方法去量取图纸尺寸、正确计算工程量的，但计算误差总是难免的。因为图纸表达的问题：如配电箱、开关、插座等暗装本来在墙内，但图纸画在墙外；设备平面布置的位置要排开，会往空白多处挤。而施工时只要符合规范的安装尺寸要求，为施工方便也好、用户要求也好，实际平面位置还是可以适当变通的。所以说，图纸的线路长度本来画得也不是很准，加之预算量尺寸又要求做适当调整，如量暗装插座位置可以量到墙中处等等；这样预算人员谁来量取这张图纸的尺寸，都可能会有计算误差，各人也均会有各自的计算结果，只要误差不大、合理就行。

2. 线路计算书表达方式

编制电气预算，线路工程量计算相比较而言是最难的。所以要掌握一些技巧，熟练编制线路计算的计算书。

线路计算表达方式，实质是线路配管穿线工程量在工程量计算书上项目怎么列、数量怎么记、结果怎么算的问题。

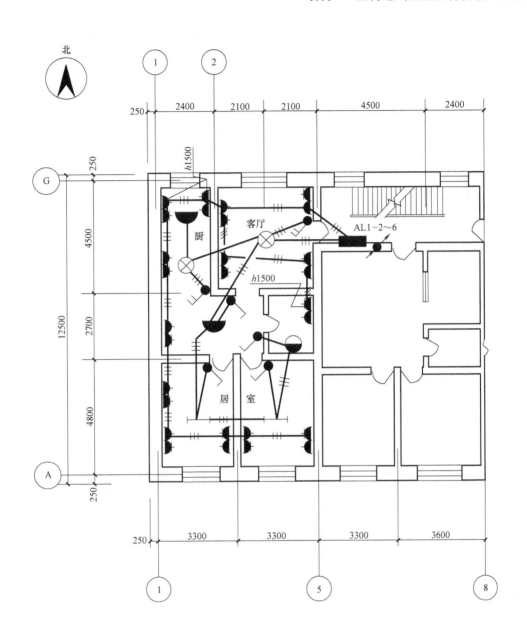

图 6-4　某户型电照平面图

以图 6-4 所示某户型电气照明平面图为例，来说明工程量计算书的书写表达方式。

计算书表格模板形式多样，可以根据不同类型的工程做调整。

为了计算书干净规整，也可以采用一些简洁明了的"代号"。例如，平面（楼地面）部位配管可用"—"或"="代表，立面（墙面）部位配管可用"∣"或"⊥"代表。预算书、计算书的项目名称都要简洁明了。

具体计算书见表 6-10，学习时应对照图纸计算复核一遍，确信已经掌握有关基本技能。

关于表 6-10 计算书中若干尺寸数据说明如下：①配电箱到第一个插座水平距离 4m（水平距离通过比例尺在平面图中量取）；②配电箱立管高 1.5m，因为配电箱安装高度为 1.4m，加地面垫层厚 0.1m，合计 1.4+0.1＝1.5m；③插座盒立管高 0.4m，因为插座安装高度为 0.3m，加地面垫层 0.1m，合计 0.3+0.1＝0.4m；④开关盒立管高度 1.4m，因为层高 2.8m，减去开关的安装高度 1.4m，即 2.8-1.4＝1.4m；⑤照明回路箱立管 0.9m，因为层高 2.8m，减去配电箱的安装高度 1.4m，再减去箱的高度 0.5m，即 2.8-1.4-0.5＝0.9m。

表 6-10　某户型电照支线工程量计算书

序号	项目名称	部位	计　算　式	单位	工程量	备注
1	支线：	西户				
	插座回路：		BV3×4-PVC25	m	53.6	
	①轴分支		4+4.2+2.4+10+6.6＝27.2			
	②轴分支		3.5+4.2+2＝9.7			
		⊥	箱 1.5+盒(18×0.4+5×1.6)＝16.7			
2	照明回路：					
	3 线：		BV3×2.5-PVC20	m	29	
	厨房分支		(5.5+2)+2＝9.5			
	居室分支		4.5+4+3.3+3＝14.8			
		⊥	0.9+2×1.4+1(壁灯)＝4.7			
	2 线：		BV2×2.5-PVC20	m	22.4	
	厨房分支		3.8+3＝6.8			
	居室分支		2+2.6+2.6+1.8＝9			
		⊥	4×1.4+1(壁灯)＝6.6			
3	小计：					
	PVC25			m	53.6	
	PVC20		29+22.4	m	51.4	
	BV4		3×(53.6+箱预留 1.3)	m	164.7	
	BV2.5		3×(29+1.3)+2×22.4	m	135.7	

6.3.3　预算定额使用说明

1.《内蒙古自治区安装工程预算定额》第二册　电气设备安装工程涉及室内电气工程预算内容

1）"第四章 控制设备及低压电器"，主要用于照明配电箱安装项目，经常使用的项目有成套配电箱安装，端子板外部接线和焊、压接线端子等。

2）"第八章 电缆"用于室内外电缆敷设项目，进户线装置采用电缆埋设引入时经常使用的项目有电缆敷设和电缆头制作、安装等。

3）"第九章 防雷及接地装置"，主要用于防雷及接地装置安装项目，当设计要求在进户处作重复接地时，需考虑接地极制作安装项目。

4）"第十章 10kV 以下架空配电线路"，当进户线设计为导线架空引下时，涉及进户线横担安装和进户线架设等项目。

5）"第十一章　电气调整试验"，一般民用建筑电气照明工程主要涉及接地装置调试等项目。

6）"第十二章 配管、配线"，一般民用建筑电气照明工程经常使用的项目有钢管敷设、阻燃塑料管敷设、管内穿线和接线盒安装等。

7）"第十三章 照明器具"，内容包括灯具、开关、插座以及电铃、风扇等安装项目。其中灯具安装里的装饰灯具部分一般属于二次高级装饰工程内容。

2. 对执行定额的有关问题说明

编制施工图预算，必须做到"两熟"，即必须熟悉施工图设计的工程内容和预算定额规定的计费项目。这样才能保证项目、计算费用的正确性和完整性。

1）套用预算定额单价时，要考虑该定额子目工作内容和图纸设计意图、要求做法是否完全一致，定额与图纸做法虽然相近，但差异之处是否允许换算。要仔细阅读并理解各章说明，这些都直接关系到定额子目套用的准确性。

例如预算定额就有下列明确规定（可参见预算定额的"章说明"）：

① 落地式安装的配电箱（柜）与其基础槽钢的固定方式，定额中均按综合考虑，不论其与基础连接采用螺栓还是焊接方式，均不做调整。

② 插座箱执行成套配电箱安装子目，人工乘以 0.6 系数。

③ 基础槽钢、角钢制作按一般铁构件制作子目，基价乘以 0.7 系数执行。

④ 电力电缆敷设定额均按三芯（包括三芯连地）考虑的，5 芯电力电缆敷设定额乘以系数 1.3；6 芯电力电缆定额乘以系数 1.6；每增加一芯定额增加 30%，以此类推。单芯电力电缆敷设按同截面电缆定额乘以 0.67，截面 400mm² 以上至 800mm² 的单芯电力电缆敷设按 400mm² 电力电缆定额执行。

⑤ 直径 Φ100 以下的电缆保护管敷设执行"配管配线"章有关定额。

⑥ 接地电阻测试箱和等电位测试箱安装按接线箱安装子目执行。

⑦ 各型灯具的引导线，除注明者外，均已综合考虑在定额内，使用时不做换算。

⑧ 定额内已包括利用摇表测量绝缘及一般灯具的试亮工作（但不包括调试工作）。

2）套完了预算定额单价后，要考虑还有没有一些需要按百分比费率计取的定额直接费，安装工程预算定额中，这些费用的计取规定一般在其"册说明"上。

例如，第二册电气设备安装工程预算定额的册说明第五条，就规定了脚手架搭拆费（措施费）、工程超高增加费、高层建筑增加费、安装与生产同时进行增加的费用、在有害身体健康的环境中施工增加的费用等的计取方法。

6.3.4　工程量计算规则

下面将与室内电气照明安装工程预算编制有关章节的工程量计算规则摘录如下。

1. 第四章　控制设备及低压电器

1）控制设备及低压电器安装均以"台"为计量单位。以上设备安装均未包括基础槽钢、角钢的制作安装，其工程量应按相应定额另行计算。

2）铁构件制作安装均按施工图设计尺寸，以成品重量"kg"为计量单位。

3）网门、保护网制作安装，按网门或保护网设计图示的框外围尺寸，以"m²"为计量单位。

4）盘柜配线分不同规格，以"m"为计量单位。

5）盘、箱、柜的外部进出线预留长度按表 6-11 计算。

表 6-11 盘、箱、柜的外部进出线预留长度

序号	项 目	预留长度	说 明
1	各种箱、柜、盘、板、盒	高+宽	盘面尺寸
2	单独安装的铁壳开关、自动开关、刀开关、启动器、箱式电阻器、变阻器	0.5	从安装对象中心算起
3	继电器、控制开关、信号灯、按钮、熔断器等小电器	0.3	从安装对象中心算起
4	分支接头	0.2	分支线预留

6）配电板制作安装及包铁皮，按配电板图示外部尺寸，以"m²"为计量单位。

7）焊（压）接线端子定额只适用于导线，电缆终端头制作安装定额中已包括压接线端子，不得重复计算。

8）端子板外部接线按设备盘、箱、柜、台的外部接线图计算，以"个头"为计量单位。

9）盘、柜配线定额只适用于盘上小设备元件的少量现场配线，不适用于工厂的设备修、配、改工程。

2. 第八章 电缆

1）直埋电缆的挖、填土（石）方，除特殊要求外，可按表 6-12 计算土方量。

表 6-12 直埋电缆的挖、填土（石）方量

项 目	电 缆 根 数	
	1~2	每增一根
每米沟长挖方量/m³	0.45	0.153

2）电缆沟盖板揭、盖定额，按每揭或每盖一次以延长米计算，如又揭又盖，则按两次计算。

3）电缆保护管长度，除按设计规定长度计算外，遇有下列情况，应按以下规定增加保护管长度：

① 横穿道路，按路基宽度两端各增加 2m。

② 垂直敷设时，管口距地面增加 2m。

③ 穿过建筑物外墙时，按基础外缘以外增加 1m。

④ 穿过排水沟时，按沟壁外缘以外增加 1m。

4）电缆保护管埋地敷设，其土方量凡有施工图注明的，按施工图计算；无施工图的，一般按沟深 0.9m、沟宽按最外边的保护管两侧边缘外各增加 0.3m 工作面计算。

表 6-13 电缆敷设的附加长度

序号	项 目	附加预留长度	说 明
1	电缆敷设驰度、波形弯度、交叉	2.5%	按电缆全长计算
2	电缆进入建筑物	2.0m	规范规定最小值
3	电缆进入沟内或吊架时引上（下）预留	1.5m	规范规定最小值
4	变电所进线、出线	1.5m	规范规定最小值

（续）

序号	项　　目	附加预留长度	说　　明
5	电力电缆终端头	1.5m	检修余量最小值
6	电缆中间接头盒	两端各留2.0m	检修余量最小值
7	电缆进控制、保护屏及模拟盘等	高+宽	按盘面尺寸
8	高压开关柜及低压配电盘、箱	2.0m	盘下进出线
9	电缆至电动机	0.5m	从电动机接线盒起算
10	厂用变压器	3.0m	从地坪起算
11	电缆绕过梁柱等增加长度	按实计算	按被绕物的断面情况计算增加长度
12	电梯电缆与电缆架固定点	每处0.5m	规范最小值

5）电缆敷设按单根以延长米计算，一个沟内（或架上）敷设三根各长100m的电缆，应按300m计算，以此类推。

6）电缆敷设长度应根据敷设路径的水平和垂直敷设长度，按表6-13规定增加附加长度。

7）电缆终端头及中间头均以"个"为计量单位。电力电缆和控制电缆均按一根电缆有两个终端头考虑。中间电缆头设计有图示的，按设计确定；设计没有规定的，按实际情况计算（或按平均250m一个中间头考虑）。

8）桥架安装，以"10m"为计量单位。

9）吊电缆的钢索及拉紧装置，应按本册相应定额另行计算。

10）钢索的计算长度以两端固定点的距离为准，不扣除拉紧装置的长度。

11）电缆敷设及桥架安装，应按定额说明的综合内容范围计算。

3．第九章　防雷及接地装置

1）接地极制作安装以"根"为计量单位，其长度按设计长度计算，设计无规定时，每根长度按2.5m计算。若设计有管帽时，管帽另按加工件计算。

2）接地母线敷设，按设计长度以"m"为计量单位计算工程量。接地母线、避雷线敷设，均按延长米计算，其长度按施工图设计水平和垂直规定长度另加3.9%的附加长度（包括转弯、上下波动、避绕障碍物、搭接头所占长度）计算。计算主材费时应另增加规定的损耗率。

3）接地跨接线以"处"为计量单位，按规程规定凡需作接地跨接线的工程内容，每跨接一次按一处计算，户外配电装置构架均须接地，每副构架按"一处"计算。

4）避雷针的加工制作、安装，以"根"为计量单位，独立避雷针安装以"基"为计量单位。长度、高度、数量均按设计规定。独立避雷针的加工制作应执行"一般铁件"制作定额或按成品计算。

5）半导体少长针消雷装置安装以"套"为计量单位，按设计安装高度分别执行相应定额。装置本身由设备制造厂成套供货。

6）利用建筑物内主筋作接地引下线安装以"10m"为计量单位，每一柱子内按焊接两根主筋考虑，如果焊接主筋数超过两根时，可按比例调整。

7）断接卡子制作安装以"套"为计量单位，按设计规定装设的断接卡子数量计算，接

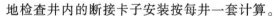

地检查井内的断接卡子安装按每井一套计算。

8）高层建筑物屋顶的防雷接地装置应执行"避雷网安装"定额，电缆支架的接地线安装应执行"户内接地母线敷设"定额。

9）均压环敷设以"m"为单位计算，主要考虑利用圈梁内主筋作均压环接地连线，焊接按两根主筋考虑，超过两根时，可按比例调整。长度按设计需要作均压接地的圈梁中心线长度，以延长米计算。

10）钢、铝窗接地以"处"为计量单位（高层建筑六层以上的金属窗设计一般要求接地），按设计规定接地的金属窗数进行计算。

11）柱子主筋与圈梁连接以"处"为计量单位，每处按两根主筋与两根圈梁钢筋分别焊接连接考虑。如果焊接主筋和圈梁钢筋超过两根时，可按比例调整，需要连接的柱子主筋和圈梁钢筋"处"数按规定设计计算。

12）利用基础钢筋做接地极，以"m^2"为计量单位，按板式基础底面积尺寸计算工程量。

4. 第十章　10KV 以下架空配电线路

1）横担安装按施工图设计规定，分不同形式，以"组（根）"为计量单位。

2）进户线架设，分导线不同截面以"km/单线"为计量单位计算。进户线的导线预留长度按 2.5m/根计算。导线长度按线路总长度与预留长度之和计算。计算主材费时应另增加规定的损耗率（1.8%，参见预算定额附录）。

5. 第十一章　电气调整试验

1）送配电设备系统调试，适用于各种供电回路（包括照明供电回路）的系统调试。凡供电回路中带有仪表、继电器、电磁开关等调试元件的（不包括闸刀开关、保险器），均按调试系统计算。移动式电器和以插座连接的家电设备经厂家调试合格、不需要用户自调的设备均不应计算调试费用。

2）接地装置调试规定如下：

① 接地网接地电阻的测定。大型建筑群各有自己的接地网（接地电阻值设计有要求），虽然在最后也将各接地网连在一起，但应按各自的接地网计算，不能作为一个网，具体应按接地网的试验情况而定。

② 事故照明切换装置调试，按设计能完成交直流切换的一套装置为一个调试系统计算。应急灯不计算调试费。

③ 接地网接地电阻的测定。大型建筑群各有自己的接地网（接地电阻值设计有要求），虽然在最后也将各接地网连在一起，但应按各自的接地网计算，不能作为一个网，具体应按接地网的试验情况而定；避雷针接地电阻的测定。每一避雷针均有单独接地网（包括独立的避雷针、烟囱避雷针等）时，均按一组计算；独立的接地装置按组计算。

3）一般的住宅、学校、办公楼、旅馆、商店等民用工程的供电调试应按下列规定：

① 配电室内带有调试元件的盘、箱、柜和带有调试元件的照明主配电箱，应按供电方式执行相应的"配电设备系统调试"定额。

② 每个用户房间的配电箱（板）上虽装有电磁开关等调试元件，但如果生产厂家已按固定的常规参数调整好，不需要安装单位进行调试就可直接投入使用的，不得计取调试费用。

③ 民用电度表的调整校验属于供电部门的专业管理，一般皆由用户向供电局定购调试完毕的电度表，不得另外计算调试费用。

4）高标准的高层建筑、高级宾馆、大会堂、体育馆等具有较高控制技术的电气工程（包括照明工程），应按控制方式执行相应的电气调试定额。

6. 第十二章　配管配线

1）各种配管应区别不同敷设方式、敷设位置、管材材质、规格，以"延长米"为计量单位，不扣除管路中间的接线箱（盒）、灯头盒、开关盒所占长度。

2）管内穿线的工程量，应区别线路性质、导线材质、导线截面，以单线"延长米"为计量单位计算。线路分支接头线的长度已综合考虑在定额中，不得另行计算。

照明线路中的导线截面大于或等于 6mm² 以上时，应执行动力线路穿线相应项目。

3）塑料护套线明敷工程量，应区别导线截面、导线芯数（二芯、三芯）、敷设位置（木结构、砖混凝土结构、沿钢索），以单根线路"延长米"为计量单位计算。

4）线槽配线工程量，应区别导线截面，以单根线路"延长米"为计量单位计算。

5）动力配管混凝土地面挖沟工程量，应区别管子直径，以"延长米"为计量单位计算。

6）接线箱安装工程量，应区别安装形式（明装、暗装）、接线箱半周长，以"个"为计量单位计算。

7）接线盒安装工程量，应区别安装形式（明装、暗装、钢索上）以及接线盒类型，以"个"为计量单位计算。

8）灯具、明暗开关、插座、按钮等的预留线，已分别综合在相应定额内，不另行计算。

配线进入开关箱、柜、板的预留线，按表 6-14 规定的长度，分别计入相应的工程量。

表 6-14　配线进入箱、柜、板的预留线（每一根线）

序号	项　目	预留长度	说　明
1	各种开关箱、柜、板	高+宽	盘面尺寸
2	单独安装(无箱、盘)的铁壳开关、闸刀开关、启动器、母线槽进出线盒等	0.3m	从安装对象中心算起
3	由地面管子出口引至动力接线箱	1.0m	从管口计算
4	电源与管内导线连接(管内穿线与软、硬母线接头)	1.5m	从管口计算
5	出户线	1.5m	从管口计算

9）钢模板配管项目也适用于钢管在其他材质模板内配管，如在竹胶模板内配钢管。

7. 第十三章　照明器具安装

1）普通灯具安装的工程量，应区别灯具的种类、型号、规格以"套"为计量单位计算。普通灯具安装定额适用范围见表 6-15。

2）装饰灯具安装定额适用范围见表 6-16。

装饰灯具分为吊式艺术装饰灯具、吸顶式艺术装饰灯具、荧光艺术装饰灯具、几何形状组合艺术装饰灯具、标志和诱导艺术灯具、水下艺术装饰灯具、点光源艺术装饰灯具、草坪灯具、歌舞厅灯具等。

表 6-15 普通灯具安装定额适用范围

定额名称	灯 具 种 类
圆球吸顶灯	材质为玻璃的螺口、卡口圆球独立吸顶灯
半圆球吸顶灯	材质为玻璃的独立的半圆球吸顶灯、扁圆罩吸顶灯、平圆形吸顶灯
方形吸顶灯	材质为玻璃的独立的矩形罩吸顶灯、方型罩吸顶灯、大口方罩吸顶灯
软线吊灯	利用软线为垂吊材料、独立的,材质为玻璃、塑料、搪瓷,形状如碗、伞、平盘灯罩组成的各式软线吊灯
吊链灯	利用吊链作辅助悬吊材料、独立的,材质为玻璃、塑料罩的各式吊链灯
防水吊灯	一般防水吊灯
一般弯脖灯	圆球弯脖灯、风雨壁灯
一般墙壁灯	各种材质的一般壁灯、镜前灯
软线吊灯头	一般吊灯头
声光控座灯头	一般声控、光控座灯头
座灯头	一般塑胶、瓷质座灯头

装饰灯具的工程量,应根据装饰灯具安装工程示意图集所示,一般以"套"计量的应区别不同装饰物、灯体直径(或周长)和垂吊长度。荧光艺术装饰灯具,三管以内的灯带以"延长米"计量,发光棚、广告箱等发光面积较大的则以"m^2"计量。

《电气装饰灯具安装工程示意图集》,在实际中常与《全国统一安装工程基础定额(第二册电气设备安装工程)》一起应用。

表 6-16 装饰灯具安装定额适用范围

定额名称	灯具种类(形式)
吊式艺术装饰灯具	不同材质、不同灯体垂吊长度、不同灯体直径的蜡烛灯、挂片灯、串珠(穗)、串棒灯、吊杆式组合灯、玻璃罩(带装饰)灯
吸顶式艺术装饰灯具	不同材质、不同灯体垂吊长度、不同灯体几何形状的串珠(穗)、串棒灯、挂片、挂碗、挂吊蝶灯、玻璃罩(带装饰)灯
荧光艺术装饰灯具	不同安装形式、不同灯管数量的组合荧光灯光带,不同几何组合形式的内藏组合式灯,不同几何尺寸,不同灯具形式的发光棚、不同形式的立方体广告灯箱、荧光灯光沿
几何形状组合艺术灯具	不同固定形式,不同灯具形式的繁星灯、钻石星灯、礼花灯、玻璃罩钢架组合灯、凸片灯、反射挂灯、筒形钢架灯、U形组合灯、弧形管组合灯
标志、诱导艺术灯具	不同安装形式的标志灯、诱导灯
水下艺术装饰灯具	简易形彩灯、密封形彩灯、喷水池灯、幻光型灯
点光源艺术装饰灯具	不同安装形式、不同灯体直径的筒灯、牛眼灯、射灯、轨道射灯
草坪灯具	各种立柱式、墙壁式的草坪灯
歌舞厅灯具	各种装饰形式的变色转盘灯、雷达射灯、幻影转彩灯、维纳斯旋转彩灯、卫星旋转效果灯、飞碟旋转效果灯、多头转灯、滚筒灯、频闪灯、太阳灯、雨灯、歌星灯、边界灯、射灯、泡泡发生器、迷你满天星彩灯、迷你单立(盘彩灯)、多头宇宙灯、镜面球灯、蛇光灯

3)荧光灯灯具安装的工程量,应区别灯具的安装形式、灯具种类、灯管数量,以"套"为计量单位计算。荧光灯具安装定额适用范围见表6-17。

表 6-17　荧光灯具安装定额适用范围

定额名称	灯　具　种　类
组装型荧光灯	单管、双管、三管、吊链式、吸顶式、现场组装独立荧光灯
成套型荧光灯	单管、双管、三管、吊链式、、吊管式、吸顶式、成套独立荧光灯

4）开关、按钮安装的工程量，应区别开关、按钮安装形式，开关、按钮种类，开关极数以及单控与双控，以"套"为计量单位计算。

5）插座安装的工程量，应区别电源相数、额定电流、插座安装形式、插座插孔个数，以"套"为计量单位计算。

6）风扇安装的工程量，应区别风扇种类，以"台"为计量单位计算。

任务 4　电气照明设备安装工程预算编制实例

本任务为一个建筑形式简单的项目，为独立单元、一梯三户、砖混结构六层住宅楼。建筑平面布置六层完全相同，且东、西户镜像对称。

本任务要求看懂预算实例，并能举一反三。因为，再庞大再复杂的项目，其本质也是简单形式的重复、重复、再重复。

6.4.1　电气照明安装工程施工图

该电气照明安装工程施工图由设计说明、图例、系统图、底层平面图和标准层平面图组成。实际工作中查看建筑物附属电气设备安装工程的单位工程设计说明，需要注意该单项工程设计总说明中的相对应部分内容；图例，也就是材料设备明细表，一般称"图例"就不会列有数量了，而且线路材料就往往忽略了；底层平面图交代了进户线、配电干线的布置状况；标准层平面图交代了住户支线的布置状况。

1. 电气设计说明

1）电源引自三相四线制城市供电网，电压 AC 380/200V，进户线选用电力电缆 VV22-1kV-4×35+1×16 穿钢管 $DN70$ 沿地或墙暗敷设至底层照明总配电箱，并由底层照明总配电箱配电至各配电箱。照明总配电箱配出线选用 BV-500 型塑料电线，穿钢管沿地或墙暗敷设。在电源进户线处作重复接地，接地电阻不大于 10Ω。

2）照明配电箱内均设有接线端子板，以方便电线进出；所有配电箱均装漏电保护开关。照明配电箱宜在专业厂家成套订制。

3）干线配电箱回路为穿钢管沿地或墙暗敷设配线；支线插座、照明回路为穿 PVC 阻燃塑料管沿地或墙暗敷设配线。均用 BV-500 型塑料电线。

4）照明配电箱安装高度为底边距地 1.4m；居室荧光灯安装高度 2.3m，卫生间壁灯安装高度为距地 1.8m，开关距地 1.4m；卫生间、厨房插座安装高度为距地 1.4m，其余插座距地 0.3m；卫生间插座为防潮防溅型。

5）图中未尽事宜，请详见有关规范、规定。

2. 图例

设计图例即材料设备明细表见表 6-18。

3. 照明系统图

住宅楼照明系统图如图 6-5 所示。

4. 平面图

住宅楼底层照明平面布置图，如图 6-6 所示；标准层照明平面布置图如图 6-7 所示。

表 6-18　材料设备明细表

序号	名　称	型号 规格	图例	安装高度	安装方式
1	照明配电箱			1.4m	暗装
2	座灯头			—	吸顶
3	圆扁圆吸顶灯	X03A6		—	吸顶
4	单火鼓形壁灯	B01F		1.8m	壁装
5	单管控照荧光灯	Y61-1×20W		2.3m	吊链
6	声光控延时开关	A86KSGY		2.3m	暗装
7	单联单控开关	A86K11-10		1.4m	暗装
8	双联单控开关	A86K21-10		1.4m	暗装
9	二极+三极双联插座	A86Z223-10		0.3m	暗装
10	二极+三极双联插座	A86Z223-10		1.5m	暗装（厨房）
11	二极+三极双联防潮防溅插座	A86Z223A10		1.5m	暗装（卫生间）

6.4.2　电气照明安装工程施工图预算编制

1. 工程量计算书

该住宅楼的工程量计算书见表 6-19。

2. 建筑安装工程预算书

该住宅楼的建筑安装工程预算书见表 6-20。

3. 编制说明

住宅楼附属电气设备安装工程预算的编制说明，实际工作中应该将其汇总到住宅楼单项工程预算的编制说明之中。若水、暖、电安装工程单独承包，则可以单独汇总。

电照预算编制说明如下：

1）本预算，根据施工图纸、2009 年《内蒙古自治区安装工程预算定额》第二册 电气设备安装工程、2009 年《内蒙古自治区建设工程费用定额》、2008 年呼和浩特地区建设工程材料预算价格编制。

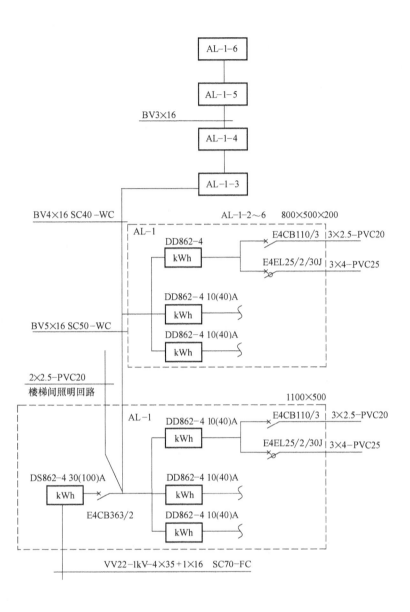

图 6-5 住宅楼照明系统图

2）取费按三类工程取费。

3）人工费调整执行内建工［2013］587 号《关于调整内蒙古自治区建设工程定额人工工资单价的通知》，人工费调增 56%，只计取规费和税金。

4）材料价差暂按呼和浩特区 2017 年第一期建设工程进价信息进行调整，待结算时可根据施工本年度建设工程造价动态信息文件另行调整。

5）照明配电箱、用电设备等未计价主材按暂估价进价，待结算时据实调整。

6）若某些项目与施工实际不符，凭变更签证待结算时调整。

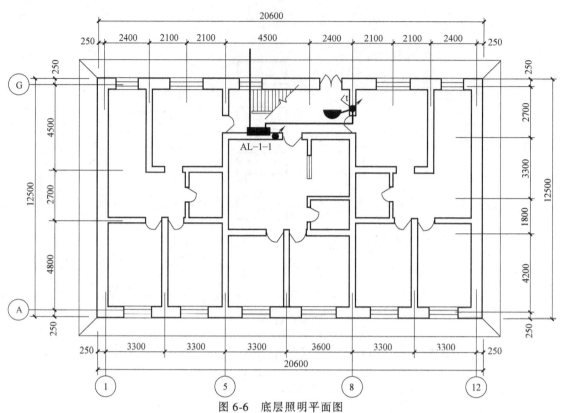

图 6-6　底层照明平面图

图 6-7　标准层照明平面图

表 6-19　工程量计算书

建设单位：_____

工程名称：住宅楼电气照明设备安装　　　　　　　　　　　　　　　　共 4 页第 1 页

序号	项目名称	部位	计　算　式	单位	工程量	备注
一	进户与控制：					
	电缆保护管	进户线	基缘 1.5+埋深高差 1.5+3+箱高 1.5	m	7.5	SC70
	电缆敷设		7.5×1.025+进户 2+进箱 2	m	11.7	4×35+16
	电缆头制安		一根电缆按两个终端头计算	个	2	
	角钢接地极	进户处	一般为 3~6 根,暂按 5 根计	根	5	
	接地系统调试			系统	1	
	照明总配电箱	一层		台	1	半周 1.6
	照明配电箱	二层至六层,每层一个		台	5	半周 1.3
	无端子接线	插座	每户 1 相线:6 层×3 户×1	个	18	BV4
		照明	每户 1 相线+楼梯间支路:18+1	个	19	BV2.5
	焊端子接线	N、PE	干线 20+支线(6 层×3 户×4 根)+1	个	93	BV16 内
	压端子接线	L 线	二层 2×3+三四层 2×2×2+2×2×1	个	18	BV16
二	线路：					
1	干线：					
	一层至二层	⊥	BV5×16-SC50；　1×2.8	m	2.8	
	二层至四层	⊥	BV4×16-SC40；　2×2.8	m	5.6	
	四层至六层	⊥	BV3×16-SC32；　2×2.8	m	5.6	
	合计：					
	SC50			m	2.8	
	SC40			m	5.6	
	SC32			m	5.6	
	BV16		5×2.8+(4+3)×5.6+预留 50.9	m	104.1	
	其中预留	配电箱	5×1.6(5+4×4+4×3)×1.3＝50.9			
2	支线：					
(1)	西户与东户：			户	12	
	插座回路：		BV3×4-PVC25	m	53.6	
	①轴分支		4+4.2+2.4+10+6.6＝27.2			
	②轴分支		3.5+4.2+2＝9.7			
		⊥	箱 1.5+盒(18×0.4+5×1.6)＝16.7			

建设单位：＿＿＿＿＿＿＿＿

工程名称：住宅楼电气照明设备安装

序号	项目名称	部位	计 算 式	单位	工程量	备注
	照明回路：					
	3 线：		BV3×2.5-PVC20	m	29	
	厨房分支		(5.5+2)+2=9.5			
	居室分支		4.5+4+3.3+3=14.8			
		⊥	0.9+2×1.4+1(壁灯)=4.7			
	2 线：		BV2×2.5-PVC20	m	22.4	
	厨房分支		3.8+3=6.8			
	居室分支		2+2.6+2.6+1.8=9			
		⊥	4×1.4+1(壁灯)=6.6			
	单户小计：					
	PVC25			m	53.6	
	PVC20		29+22.4	m	51.4	
	BV4		3×(53.9+1.3)	m	165.6	
	BV2.5		3×(29+1.3)+2×22.4	m	135.7	
	12 户合计：					
	PVC25		12×53.6	m	643.2	
	PVC20		12×51.4	m	616.8	
	BV4		12×164.7	m	1976.4	
	BV2.5		12×135.7	m	1628.4	
(2)	中户：			户	6	
	插座回路：		BV3×4-PVC25	m	37.4	
	主分支		2+7.5+6.9+7.5=23.9			
	客厅分支		2			
		⊥	箱1.8+盒(13×0.4+3×1.6)=11.5			
	照明回路：					
	3 线：		BV3×2.5-PVC20	m	19.1	
	居室分支		3+3+4.5+3.5+2=16			
		⊥	0.9+1.4+1(壁灯)=3.3			
	2 线：		BV2×2.5-PVC20	m	17.8	
	居室分支		2.1+2.1+1.5=5.7			
	厨房分支		3.5+2=5.5			

建设单位：_____

工程名称：住宅楼电气照明设备安装　　　　　　　　　　　　　　　　共4页第3页

序号	项目名称	部位	计　算　式	单位	工程量	备注
		⊥	4×1.4+1(壁灯)=6.6			
	单户小计：					
	PVC25			m	37.4	
	PVC20		19.3+17.8	m	36.9	
	BV4		3×(37.7+1.3)	m	117	
	BV2.5		3×(19.1+1.3)+2×17.8	m	96.8	
	6户合计：					
	PVC25		6×37.4	m	224.4	
	PVC20		6×36.9	m	221.4	
	BV4		6×116.1	m	696.6	
	BV2.5		6×96.8	m	580.8	
（3）	楼梯间照明：		BV2.5-PVC20	m	32.9	
		＝	6+6×1.5=15			
		⊥	0.9+5×2.8+6×0.5=18.1			
	楼梯间合计：					
	PVC20			m	32.9	
	BV2.5		2×(32.9+1.6)	m	69	
3	支线合计：					
	PVC25		643.2+224.4	m	867.6	
	PVC20		616.8+221.4+32.9	m	871.1	
	BV4		1976.4+696.6+补一层预留2.7	m	2675.7	
	补预留		3户×3根×(1.6-1.3)=2.7			
	BV2.5		1628.4+580.8+69+补预留2.7	m	2280.9	
	补预留		3户×3根×(1.6-1.3)=2.7			
三	室内电器：					
	座灯头		12×2+6	套	30	
	圆扁圆吸顶灯		12×2+6+楼梯间6	套	36	
	单火鼓形壁灯	卫生间		套	18	
	单管荧光灯	居室	18×2	套	36	
	声光延时开关	楼梯间		套	6	

建设单位：_____

工程名称：住宅楼电气照明设备安装　　　　　　　　　　　　共 4 页第 4 页

序号	项目名称	部位	计　　算　　式	单位	工程量	备注
	单联单控开关		12×4+6×4	套	72	
	双联单控开关		12×2+6	套	30	
	二、三极插座		12×13+6×9	套	210	
	防潮防溅插座	卫生间		套	18	
四	接线盒：					
	灯头盒		30+36+18+36	个	120	
	开关插座盒		6+72+30+210+18	个	336	

表6-20　建筑安装工程预算书

建设单位：＿＿＿＿＿＿＿＿

工程名称：**住宅楼电气照明设备安装**　　建筑面积：1545.00m²　　　　共3页第1页

定额编号	工程和费用名称	单位	数量	预算价		其中：人工费		其中：机械费	
				单价	合计	单价	合计	单价	合计
2-1120	电缆钢管敷设 DN70	100m	0.08	3525.69	282	996.62	80	48.31	4
2-638H	电缆敷设 4×35+1×16	100m	0.12	548.98	66	394.81	47	8.70	1
2-658	电缆头制安	个	2.00	81.60	163	28.51	57		
2-795	角钢接地极制安	根	5.00	62.26	311	20.74	104	6.95	35
2-991	接地系统调试	系统	1.00	222.55	223	153.60	154	68.95	69
2-267	照明配电箱安装	台	1.00	149.60	150	120.96	121	3.86	4
2-266	照明配电箱安装	台	5.00	132.93	665	99.36	497		
2-334	无端子外部接线 BV4	10个	1.80	19.66	35	12.96	23		
2-333	无端子接线 BV2.5	10个	1.90	16.20	31	9.50	18		
2-337	焊接铜端子 BV16 以内	10个	9.30	54.23	504	12.96	121		
2-343	压接铜端子 BV16	10个	1.80	53.44	96	19.01	34		
2-1119	钢管暗敷 DN50	100m	0.03	2515.25	75	686.88	21	32.41	1
2-1118	钢管暗敷 DN40	100m	0.06	2147.94	129	644.11	39	89.71	5
2-1117	钢管暗敷 DN32	100m	0.06	1571.13	94	401.33	24	22.99	1
2-1203	PVC 管暗敷 DN25	100m	8.68	359.65	3122	334.37	2902		
2-1202	PVC 管暗敷 DN20	100m	8.73	359.65	3140	334.37	2919		
2-1201	PVC 管暗敷 DN15	100m	8.75	311.42	2725	288.58	2525		
2-1278	管内穿动力线 BV16	100m	1.04	1203.56	1252	47.52	49		
2-1249	管内穿照明线 BV4	100m	26.76	357.71	9572	30.24	809		
2-1248	管内穿照明线 BV2.5	100m	22.81	263.38	6008	43.20	985		
2-1498	座灯头安装	10套	3.00	65.25	196	40.61	122		
2-1487	半圆球吸顶灯安装	10套	3.60	132.75	478	93.31	336		
2-1495	壁灯安装	10套	1.80	108.73	196	87.26	157		
2-1690	单管吊链式荧光灯安装	10套	3.60	158.58	571	93.74	337		
2-1760	声光控延时开关安装	10个	0.60	72.73	44	57.89	35		
2-1746	单联单控开关安装	10个	7.20	43.07	310	36.72	264		
2-1747	双联单控开关安装	10个	3.00	47.52	143	38.45	115		
2-1779	五孔插座安装	10个	21.00	63.10	1325	47.52	998		
2-1779	五孔防溅插座安装	10个	1.80	63.10	114	47.52	86		
2-1479	接线盒安装	10个	12.00	29.33	352	19.44	233		
2-1480	开关盒安装	10个	33.60	25.32	851	20.74	697		

建设单位：＿＿＿＿＿＿＿＿

工程名称：住宅楼电气照明设备安装　　　建筑面积：1545.00m²　　　

定额编号	工程和费用名称	单位	数量	预算价		其中：人工费		其中：机械费	
				单价	合计	单价	合计	单价	合计
	计				30070		11979		120
	高层建筑增加费	%	0.00		0		0		0
	直接工程费				30070		11979		120
	脚手架搭拆费	元	11979	4.00%	479	25.00%	120	10.00%	48
	通用措施费	元	12099	8.10%	980	20.00%	196	0.00%	0
	材料及产品检测费	m²	1545.00	0.60	927				
	直接费合计				32456		12295		168
	企业管理、利润	元	12295	35.00%	4303				
	计				36759				
	人工费调整	元	12295	56%	6885				
	计				43644				
	未计价主材费：								
	电缆 YJV22-4×35+1×16	m	12.12	110.00	1333				
估价	总配电箱 1100×500×200	台	1.00	1000.00	1000				
估价	住户配电箱 800×500	台	5.00	700.00	3500				
	PVC25 管	m	920.08	3.58	3294				
	PVC25 套接管	m	10.42	5.83	61				
	PVC20 管	m	923.26	2.38	2197				
	PVC20 套接管	m	8.27	3.58	30				
	座灯头	套	30.30	2.50	76				
估价	吸顶灯	套	36.36	40.00	1454				
估价	壁灯	套	18.18	40.00	727				
估价	荧光灯	套	36.36	40.00	1454				
	声光控延时开关	个	6.12	62.64	383				
	单联跷板开关	个	73.44	6.07	446				
	双联跷板开关	个	30.60	10.22	313				
	五孔插座	个	214.20	10.00	2142				
	防溅插座	个	18.36	11.45	210				
	接线盒	个	122.40	1.50	184				
	开关盒	个	342.72	1.50	514				

建设单位：_____

工程名称：住宅楼电气照明设备安装　　建筑面积：1545.00m²　　　　　共 3 页第 3 页

定额编号	工程和费用名称	单位	数量	预算价		其中:人工费		其中:机械费	
				单价	合计	单价	合计	单价	合计
	材差调整：								
	焊管 DN70(31.13−21.52)	m	8.24	9.61	79				
	焊管 DN40(18.09−12.44)	m	6.18	5.65	35				
	焊管 DN32(14.89−10.14)	m	6.18	4.75	29				
	铜线 BV16(10.44-10.75)	m	109.20	−0.88	−96				
	铜导线 BV4(2.62-2.82)	m	2943.6	−0.36	−1060				
	铜导线 BV2.5(1.57-1.76)	m	2645.96	−0.20	−529				
	未计价主材及材差小计				17776				
	计				61420				
	规费	%	5.57		3421				
	计				64841				
	税金	%	3.48		2256				
	工程造价				67097				

小　结

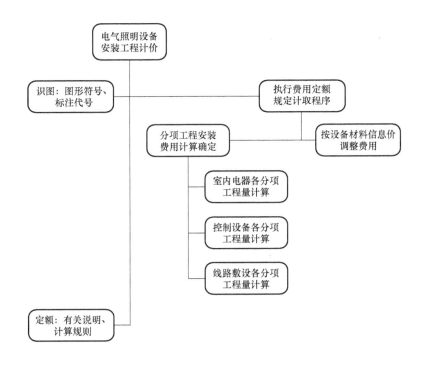

同步测试

一、单项选择题

1. 电气工程平面图上一般以圆圈来表示普通照明灯具，（　　）表示壁灯。

A. 一半涂黑　　　　B. 全部涂黑　　　　C. 中间画×　　　D. 中间画×再多画一道叉

2. 电力电缆敷设定额均按三芯（包括三芯连地）考虑的，5 芯电力电缆敷设定额乘以系数（　　）。

A. 1.3　　　　　　B. 1.6　　　　　　C. 30%　　　　　D. 60%

3. （　　）不是 TN-C-S 供电系统的特点。

A. 进户总配电箱的中性线 N 与专用保护线 PE 相连通，应作重复接地

B. 进户后（除进户总箱外）专用保护线 PE 和中性线 N 必须严格分开

C. 在 PE 线上绝对不允许安装各类开关、断路器、漏电保护器等

D. 把中性线 N 和专用保护线 PE 严格分开

4. 钢管的代号 SC，它的标称直径（　　）。

A. 近似于内径　　　　　　　　　B. 不是公称直径

C. 近似于外径　　　　　　　　　D. 以上答案都不对

5. 配线进入配电控制箱、柜、板的预留线，按规定增加附加预留长度（　　），分别计入相应的工程量。

A. 1m　　　　　　B. 2m　　　　　　C. 1.5m　　　　D. 盘面尺寸的宽+高

6. 单控双联开关有（　　）连接导线。

A. 一根　　　　　　B. 两根　　　　　　C. 三根　　　　D. 四根

二、问答题

1. 建筑电气设备安装工程施工图灯具的图例符号一般是怎样表示的？

2. 说明电气安装施工图标注，BV（4×70+1×35）SC80-FC、WC 的含义。

3. 什么叫配电箱二次接线？常见的接线端子有几种？如何分类计算工程量？

4. 判断导线根数的规律有哪些？

5. 照明线路中的接线盒数量怎样确定？

三、计算题

1. 电力电缆敷设定额均按"三芯连地"考虑的，5 芯电力电缆敷设定额乘以系数 1.3；6 芯电力电缆敷设定额乘以系数 1.6；每增加一芯定额增加 30%，以此类推。已知铜芯电力电缆敷设定额见表 6-21（单位：100m）：

表 6-21

定额编号	2-638	2-639	2-640	2-641	2-642
电缆规格	35mm²	70mm²	120mm²	240mm²	400mm²
基价/元	422.29	524.89	664.70	1074.95	1838.90
人工费/元	303.70	425.52	547.34	771.55	1188.43
机械费/元	6.69	26.76	44.82	205.89	514.72

现需要敷设铜芯聚氯乙烯绝缘聚氯乙烯护套电缆 VV-1kV-4×70+1×35 计 18m，试计算其定额直接费、人工费、机械费。

2. 某建筑电气设备安装工程预算的定额直接工程费合计为 55083 元，其中定额人工费为 22032 元，机械费为 1980 元。已知脚手架搭拆费用为定额人工费的 4%（其中人工 25%，机械 10%）；通用措施项目费合计费率为（定额人工费+机械费）的 8.10%，质检费 0.60 元/m²（建筑面积 8680 m²），通用措施费中 20% 为人工费。未计价主材及材料差价共 86038 元。其他有关费率如下：企业管理费 18%、利润 17%；规费合计费率 5.57%、税金 3.48%。试计算该单位工程预算造价。

3. 列出图 6-8 所示 AL-1-6 配电箱的二次接线端子项目，并计算相应工程量。

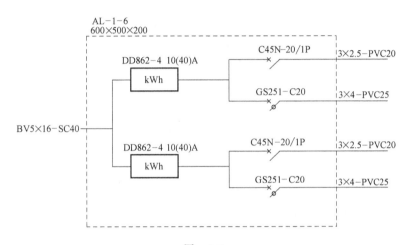

图 6-8

项目7

室内弱电系统安装工程预算

 学习目标

知识目标

- 了解弱电系统的组成和工作原理。
- 熟悉弱电系统安装工程项目的设置内容。
- 掌握弱电系统安装工程工程量计算规则。

能力目标

- 能够识读弱电系统安装工程施工图纸。
- 能够正确计算弱电系统安装工程分项工程量。
- 能够熟练应用定额进行套价、取费。

电气安装工程通常分为强电和弱电两个部分。强电的特点是功率大、电流大、频率低，主要考虑的是电能配送的效益问题；而弱电的特点是功率小、电流小、频率高，主要考虑的是信号传送的效果问题。弱电信号按有线和无线两种形式进行传送，弱电系统安装工程预算主要针对的是有线形式，无线电设备就不用考虑安装问题了。

建筑物中的弱电系统，是建筑工程附属电气设备安装工程的重要组成部分，一般包括电视、电话、消防报警和楼宇对讲等系统。弱电系统安装工程预算书，通常单独编制，便于承包核算；有时也和强电系统合并编制成一份单位工程施工图预算。

在学习弱电工程预算之前，应该注意以下问题：弱电系统安装工程预算中主要是管量和缆线量的计算比较繁琐，尤其是缆线量计算较强电复杂，这也是导致弱电工程预算难度大的主要原因。管线工程量的计算顺序，应该先计算管量，再计算管内的缆线量。弱电系统安装工程工程量计算程序如下：首先识读系统图，了解整个系统中管路的走向和信号的传递路径，甚至要搞清楚元器件的接线原理图；再查看平面图，找到信号具体通过的路径和传递到什么位置，这样就可以准确计算出配管的工程量；最后要搞清终端元器件是采用并联还是串联，因为并联和串联计算出的缆线数量不同。如果若干个元器件提供不同的地址编码，那么各元器件之间从始端（控制设备）用不同的信号线连接至各元器件，这种连接方式称为并联；如果若干个元器件提供相同的地址编码，各元器件之间从始端（控制设备）用相同的信号线连接至各元器件，这种连接方式称为串联。当然无论并联还是串联，各元器件都会共用几根缆线，例如电源线、地线等。在计算缆线工程量时一定要搞清接线原理图，避免漏算或重算。

任务 1 电视系统安装工程

有线电视系统（CATV）是用射频电缆、光缆、多频道微波分配系统（缩写 MMDS）或其组合来传输、分配和交换声音、图像及数据信号的电视系统。共用天线电视系统只是有线电视发展的第一个阶段。城市有线电视发展很快，传输手段也由过去的单一射频电缆传输发展到光纤和微波多路传输，这对于收看节目、美化环境、节约投资等效果都会更好。

随着计算机技术、数字交换技术的发展以及模拟技术与数字技术的融合，CATV 网络已经扩展为宽带综合业务网络，除实现传统的单向电视和广播节目传输，采用双向 HFC（光纤同轴混合）传输网络可以实现基于机顶盒计费和授权技术的数字电视、PPV（频道付费电视）、IPPV（即时点播付费电视）、T-VOD（视频点播）、EPG 交互式电子节目指南、基于 Cable Modem（CM）技术的 Internet 高速接入和数据流媒体互动节目、交互游戏和电缆电话等业务。

7.1.1 有线电视系统的组成

有线电视系统（CATV）主要由接收、前端、干线传输和用户分配网络四部分构成。室内有线电视系统属于有线电视系统（CATV）范畴，通常由进户前端箱、传送线路、用户终端插座等组成。从形式上讲，与照明系统大同小异，其前端箱是控制设备，终端插座是室内电器，中间用线路连接传送电视信号。

1. 前端箱

前端箱是电视信号的控制调节设备，里面装有馈电器、放大器、混合器、分配器以及分支器等。馈电器的作用是提供 24V 直流电压；放大器的作用是放大电视信号、补偿线路及器件的损耗；混合器可以把共用天线接收到的（或多个单频道放大器输出的）不同频道的电视信号合成为一条线路输送；分配器的作用是把电视信号均衡调节分成若干份，送给若干条支线，向不同的用户区域提供匹配良好的电视信号；分支器仅能分支线路，不能像分配器那样均衡调节分配信号。

连接城市有线电视网的前端箱，不必装混合器。前端箱兼作本楼层接线箱，才装有分支器。接线箱（盒）属于线路敷设分部，不属于控制设备分部。

2. 线路敷设

室内有线电视线路通常采用 75Ω 聚乙烯绝缘抗老化的物理发泡同轴电缆传输电视信号，按截面分为 SYWV-75-5、SYWV-75-7、SYWV-75-9、SYWV-75-12。通常干线（进户或连接前端箱之间的线路）可采用 SYWV-75-9 型，支线可采用 SYWV-75-5 型，暗敷的保护管干线主要采用焊接钢管，支线采用 PVC 阻燃塑料管，根据要求设计中也有采用其他管材的情况。

有线电视系统管线的连接方式有串联连接和并联连接。串联连接是指所有的电视插座都共用一条同轴电缆；并联连接是指一个电视插座专用一条同轴电缆。如果从前端箱处就并接电视插座，不仅会大大增加同轴电缆敷设耗用量，电视信号的线路损失也会增加。

考虑到城市有线电视网的有偿服务性质，各住户之间的电视插座不应共用一条同轴电缆串联，每层楼均应设有电视分线箱（内装分配器或分支器）为宜。

3. 终端插座

终端插座也是室内电器设备，电视机从这个插座得到电视信号。暗装电视插座要相应地预设电视接线盒，材质、规格与开关盒、插座盒相同或类似。安装高度一般距地 0.3m，与电源插座相距不能太远。

电视插座盒也可以兼做接线盒，自家内设有两个电视插座以上，串联无妨。串联须用串接单元，也叫终端器，有一分支串接单元（一分支终端器）和二分支串接单元（二分支终端器）两种，串接单元直接顶插座使用。安装使用中应注意，串接单元不宜串接很多，它的输出、输入不得接反。

7.1.2 有线电视系统施工图常用图例符号

有线电视系统施工图常用的设备和元器件的图例符号见表 7-1。

7.1.3 有线电视系统施工图预算编制

城市有线电视网络属于社会公益事业，所以用户入网初装费用应执行当地政府主管部门规定的统一收费标准。单位内部的闭路电视系统，可以执行预算定额编制全费用预算。

但是出于建筑物环境美化的要求，为了避免后期安装有线电视需走明线、杂乱不雅观的状况，很多施工图设计以及施工招标要求预设室内电视系统的箱、管、盒部分。随土建施工过程中室内电视系统的箱、管、盒预埋暗装，其工程量计算和预算定额套用的方法，与电气照明工程中相关内容是完全一致的，也就是说其工程量计算与定额套用均按 2009 年安装工程预算定额（以下简称现行安装定额）第二册　电气设备安装工程、第十二册　建筑智能化系统设备工程中的有关规定执行。

表 7-1　电视系统施工图常用图例符号

图例符号	说　明	图例符号	说　明
	箱柜一般符号		二分配器
	接收天线		四分配器
	放大器		二分支器
	干线分配放大器		四分支器
	二混合器		串接单元
	四混合器		用户插座

1. 有线电视系统预算编制的方法

（1）电视前端箱

前端箱如果为成套设备，按"台"计量，执行现行安装定额第十二册中电视设备箱安装项目，如只考虑预留箱体，则执行第二册第十二章接线箱安装项目。

（2）管线敷设

1）敷管、接线箱安装执行现行安装定额第二册第十二章配管配线相应项目。

2）穿放布放电视电缆以延长米计量，执行现行定额第十二册第五章室内穿放、布放射频传输电缆相应子目，套价时注意区分不同敷设方式（穿管/暗槽内穿放、线槽/桥架/支架/活动地板内明布放）和规格（Φ9 以内和 Φ9 以外）。

3）制作射频电缆接头，区分架空和地面，接头为 F 型插头（75-7 以上），以"个"为单位计量。

（3）用户终端盒（终端插座）

1）用户终端盒以"个"为单位计量，区分不同安装方式（明装、暗装）执行现行安装定额第十二册相关子目。

2）暗装的用户终端盒应埋设接线盒，一般应执行现行安装定额第二册配管配线章节中的开关盒、插座盒安装相应子目。第十二册 12-680、12-681 两个子目也是用户终端盒暗盒埋设，但其工作内容（剔槽/孔/洞）反映这两个子目应适用于没有配合土建施工预留洞口、埋设暗盒，二次安装的情况，如果属于这种情况，除暗盒埋设应执行第十二册相应子目，还要考虑是否存在楼板、墙壁穿洞的工作，如果有，则应区分不同楼板和墙壁形式，执行现行安装定额第十二册相应子目。

2. 有线电视系统预算编制实例

（1）电视系统施工图

比较简单的建筑工程项目，电视、电话甚至于强电干线的布置，全都绘在同一张平面图上；对于复杂的楼宇项目，电话、电视和消防自动报警系统工程分布在不同的平面图上。现

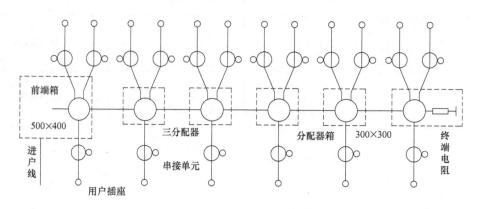

图 7-1　住宅楼电视系统图

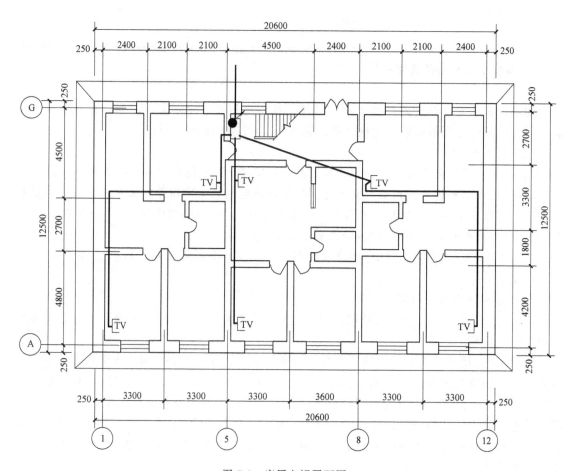

图 7-2　底层电视平面图

仅以住宅楼电视部分的系统图（图 7-1）和底层平面图（图 7-2）为实例来说明问题，它与前面的电气照明预算实例是配套的。其电视系统设计说明如下：

1）进户线采用 SYWV-75-9 同轴电缆穿 SC25 钢管沿地面暗敷至前端设备箱，连接分配器箱的干线采用 SYWV-75-9 同轴电缆穿 PVC25 阻燃塑料管沿墙面暗敷，连接用户插座的支线采用 SYWV-75-5 同轴电缆穿 PVC20 阻燃塑料管沿地面、墙面暗敷。

2）前端箱安装高度为底边距地 1.4m；分配器箱安装高度为距地 1.4m，电视插座距地 0.3m，垫层厚度为 0.1m。

3）安装该有线电视系统，在配合土建施工时须及时预埋暗装箱、管、盒等项目。

4）穿放同轴电缆、安装电视设备器件请与城市有线电视网专业施工单位联系办理。

（2）电视系统预算编制

该住宅楼电视系统，按一般施工招标要求，预算仅考虑随土建施工过程中预埋暗装箱、管、盒等项目。工程量计算书见表 7-2，建筑安装工程预算书见表 7-3。

表 7-2　工程量计算书（有线电视）

建设单位：＿＿＿＿＿＿＿＿＿＿＿＿＿

工程名称：住宅楼有线电视系统安装　　　　　　　　　　　共 1 页　第 1 页

序号	项目名称	部位	计　算　式	单位	工程量	备注
1	进户线		（SYV-75-9）- SC25			
	SC25		基缘 1.5+埋深高差 1.5+1+安装高 1.5	m	5.5	
2	干线		（SYV-75-9）- PVC25			
	PVC25		5 层×2.8 层高	m	14.0	
3	支线		（SYV-75-5）- PVC20			
	西户 1-6 层		（3+6.6+7.5）×6＝102.6			
	中户 1-6 层		10.5×6＝63			
	东户 1-6 层		（8+6.6+7.5）×6＝132.6			
		⊥	（3×箱 1.5+9×0.4）×6 层＝48.6			
	PVC20 合计			m	346.8	
4	前端箱	底层		台	1.0	
5	分配器箱	2～5 层	每层一个	个	5.0	
6	电视插座盒		18 户×2	个	36.0	

表 7-3　建筑安装工程预算书

工程名称：住宅楼有线电视系统安装　建筑面积：1545.00m²　　　　　　　共 1 页　第 1 页

定额编号	工程和费用名称	单位	数量	预算价 单价	预算价 合计	其中:人工费 单价	其中:人工费 合计	其中:机械费 单价	其中:机械费 合计
2-1116	焊接钢管暗配 DN25	100m	0.06	1289.72	77	377.14	23	22.99	1
2-1203	阻燃塑料管暗配 DN25	100m	0.14	477.40	67	426.82	60	0	0
2-1202	阻燃塑料管暗配 DN20	100m	3.47	359.65	1248	334.37	1160	0	0
2-1478	前端箱箱体安装	10个	0.10	264.88	26	259.20	26	0	0
2-1477	分配器箱箱体安装	10个	0.50	175.96	88	172.80	86	0	0
2-1480	插座盒安装	10个	3.60	25.32	91	20.74	75	0	0
	直接工程费				1597		1430		1
	脚手架搭拆费		430	4.00%	57	25%	14	10%	6
	四项通用措施费		431	8.10%	116	20%	23		
	直接费合计				1770		1467		7
	企管费、利润		1474	35.00%	516				
	小计				2286				
	人工费调整	元	1467	30.00%	440				
	辅材、周转材料调整	元	2286	20.00%	457				
	小计				3183				
	未计价主材：								
	PVC25		14.84	3.58	53				
	PVC25 套管		0.17	5.83	1				
	PVC20		367.82	2.38	875				
	PVC20 套管		3.30	3.58	12				
	前端箱箱体		1.00	80.00	80				
	分配器箱箱体		5.00	50.00	250				
	插座盒		36.72	1.50	55				
	材差调整：								
	焊接钢管 DN25 调差		6.18	3.02	19				
	未计价材、材差小计				1345				
	小计				4528				
	规费		5.57		252				
	小计				4780				
	税金		3.48		166				
	含税工程造价				4946				

任务 2 电话系统安装工程

7.2.1 电话系统的组成

电信有严格的行业管理要求，住户安装电话须按规定到电信营业部办理有关手续。与施工项目配套安装的室内有线电话系统，主要由电话组线箱、传输电话信号的管线和电话插座等组成。

1. 电话组线箱

电话组线箱也称电话分线箱，电话组线箱一般采用暗装，安装高度为下皮距地 0.3m（考虑垫层厚度为 0.1m）；电话组线箱规格有 10 对、20 对、30 对、50 对等，一对接线端子即可安装一门电话。

电话机具有专用性、保密性要求，所以电话插座只能直接从组线箱引线，不能另设接线箱（分线箱）。不像电气照明系统、电视系统，室内既有控制箱，又可设接线箱。

2. 电话管线

电话进户电缆及干线（连接组线箱之间的线路）一般采用钢管埋地敷设，电话电缆常用 HYV 塑料护套电话电缆。

电话支线（从电话组线箱到各电话插座的线路）敷设一般采用 PVC 阻燃塑料管沿地、沿墙暗敷，穿放 RVB 铜芯塑料平型软线、RVV 铜芯塑料护套软线。

室内电话线路的敷管形式有单线放射式和多线共管式两种，放射式是指每根管内仅穿一对电话线；共管式是指若干对电话线共穿在同一根管内。

3. 电话插座

电话插座也叫电话出线口，安装高度一般为底边（下皮）距地 0.3m；每户内若设有几个电话插座一般均可采取共线串接方式。若任意两个电话插座提供的电话号码不同，就应该用不同的两对电话线连接；否则用同一对电话线连接。

7.2.2 电话系统施工图常用图例符号

电话系统施工图常用的图例符号见表 7-4。

表 7-4 电话系统施工图常用图例符号

图例符号	说　明	图例符号	说　明
▶◀	电话组线箱	F	报警电话插孔
TP	电话插座	—— F ——	F 表示电话线对数

7.2.3 电话系统施工图预算编制

1. 电话系统预算编制的方法

电话系统预算编制的工程量计算和预算定额套用方法主要有：

1）电话组线箱以"台"为单位计量，执行现行安装定额第十二册中成套电话组线箱安装相应子目。

2）敷设暗管执行现行安装定额第二册相应项目。

3）穿放电话电缆以延长米计量，执行现行安装定额第十二册中布放漏泄同轴电缆项目。

4）穿放暗管电话线以延长米计量，执行现行安装定额第十二册中穿放、布放电话线项目。

5）电话接线盒安装以"个"为单位计量，执行现行安装定额第二册中开关盒安装项目。

6）电话插座安装以"个"为单位计量，执行现行安装定额第十二册中电话出现口安装项目。

2. 电话系统预算编制实例

（1）电话系统施工图

住宅楼电话系统图，如图7-3所示。底层电话、电视平面图如图7-4所示。其设计说明如下：

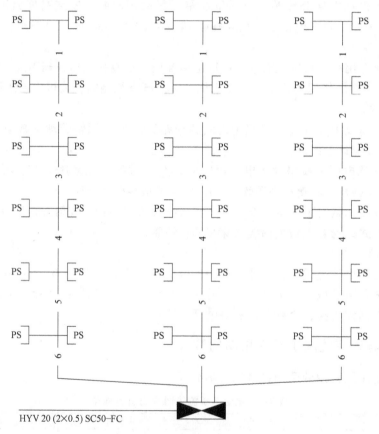

HYV 20 (2×0.5) SC50–FC

图7-3 住宅楼电话系统图

① 进户线采用HYV20（2×0.5）塑料绝缘护套电话电缆穿SC50钢管沿地面暗敷至电话组线箱；连接用户插座的支线采用RVV（2×0.2）铜芯塑料绝缘护套软线穿阻燃塑料管（5~6对穿PVC25、3~4对穿PVC20、1~2对穿PVC15）沿地面、墙面暗敷。

② 电话组线箱外形尺寸为400mm×600mm×180mm，安装高度为底边距地0.3m，采用20对组线箱。

③ 电话插座安装高度为底边距地0.3m，每户内两个插座串接。

（2）电话系统预算编制

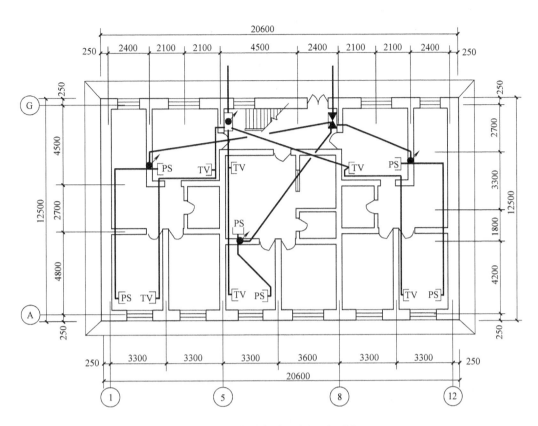

图 7-4 底层电话、电视平面图

该住宅楼电话系统的工程量计算书见表 7-5，其建筑安装工程预算书见表 7-6。

表 7-5 工程量计算书（有线电话）

工程名称：住宅楼有线电话系统安装 共 1 页 第 1 页

序号	项目名称	部位	计 算 式	单位	工程量	备注
一	进户线：		HYV20(2×0.5)-SC50			
	SC50		基缘 1.5+埋深高差 1.5+1+安装高 0.4		4.4	
	HYV20(2×0.5)		4.4+进户预留 2+箱 1		7.4	
二	支线：					
	6 对：	1 层	6RVV(2×0.2)-PVC25			
1	PVC25	=	11.5+9.5+5.5=26.5			
	PVC25		3×(箱 0.4+盒 0.4)=2.4			
	RVV(2×0.2)	⊥	6×(26.5+2.4+箱预留 3)=191.4			
	5 对：	通 2 层	5RVV(2×0.2)-PVC25			
	PVC25		3×2.8=8.4			
	RVV(2×0.2)		5×8.4=42			
	3~4 对：		≈3.5RVV(2×0.2)-PVC20			
2	PVC20		3×2×2.8=16.8			

序号	项目名称	部位	计　算　式	单位	工程量	备注
	RVV(2×0.2)		3.5×16.8=58.8			
	2 对:	通 5 层	2RVV(2×0.2)-PVC15			
	PVC15		3×2.8=8.4			
	RVV(2×0.2)		2×8.4=16.8			
	1 对:		RVV(2×0.2)-PVC15			
	PVC15	通 6 层	3×2.8=8.4			
	PVC15	户支线	6×(8.5+4.5+8.5+6×0.4)=143.4			
	RVV(2×0.2)		8.4+143.4=151.8			
	合计:					
3	PVC25		26.5+2.4+8.4=37.3	m	37.3	
4	PVC20			m	16.8	
5	PVC15		8.4+143.4=151.8	m	151.8	
6	RVV(2×0.2)		191.4+42+58.8+16.8+151.8=460.8	m	460.8	
三	其他:					
	电话插座盒			个	36	
	电话插座			个	36	
	电话组线箱		规格 400×600×180-20 对	台	1	

表 7-6　建筑安装工程预算书

工程名称：住宅楼有线电话系统安装　建筑面积：1545.00m² 　　　共 2 页　第 1 页

定额编号	工程和费用名称	单位	数量	预算价		其中:人工费		其中:机械费	
				单价	合计	单价	合计	单价	合计
2-1119	钢管敷设 SC50	100m	0.04	2515.25	111	686.88	30	32.41	
12-98	电话电缆敷设 HYV20	100m	0.07	95.70	7	76.80	5	3.51	
2-1203	PVC 管暗敷 DN25	100m	0.37	477.40	177	426.82	158		
2-1202	PVC 管暗敷 DN20	100m	0.17	359.65	61	334.37	57		
2-1201	PVC 管暗敷 DN15	100m	1.52	311.42	473	288.58	439		
12-96	穿电话线 RVV2×0.2	100m	4.61	30.07	139	27.84	128	1.76	
2-1480	电话插座盒安装	10 个	3.60	25.32	91	20.74	75		
12-118	电话机插座安装	个	36.00	2.21	80	1.92	69		
12-113	电话组线箱安装	台	1.00	39.99	40	36.72	37	0.81	
	直接工程费合计				1179		998		
	脚手架费		998	4.00%	40	25%	10	25%	
	四项通用措施费		1008	8.10%	82	20%	16		
	直接费合计				1301		1024		
	企业管理费		1024	18%	188				
	利润		1024	17%	177				
	计				1666				

工程名称:住宅楼有线电话系统安装　　建筑面积:1545.00m²　　　　共 2 页　第 2 页

定额编号	工程和费用名称	单位	数量	预算价		其中:人工费		其中:机械费	
				单价	合计	单价	合计	单价	合计
	未计价材:								
	电话电缆 HYV20		7.75	9.00	70				
	PVC 管 DN25		39.22	3.49	137				
	套接管		0.44	4.84	2				
	PVC 管 DN20		18.02	2.53	46				
	套接管		0.16	3.11	0				
	PVC 管 DN15		161.12	1.52	245				
	套接管		1.41	2.12	3				
	电话线 RVV(2×0.2)		470.22	0.86	404				
	电话插座盒		36.72	2.0	73				
	电话机插座		36.72	10.62	390				
	电话组线箱		1.00	586.00	586				
	价差调整:								
	人工工资单价调整	元	1024	30%	307				
	辅材、周转材料调整	元	1301	20%	260				
	焊接钢管调差 DN50	m	4.53	9.97	45				
	未计价材及价差调整				2568				
	计				4234				
	规费	%	5.57		236				
	计				4470				
	税金	%	3.48		156				
	含税工程造价				4626				

任务 3　消防自动报警系统安装工程

　　随着我国经济的快速发展和人民生活水平的提高,高层建筑越来越多,楼层也越来越高。高层建筑一旦发生火灾,要比多层建筑更为严重,这是由于高层建筑往往有类似烟囱拔风的作用,救灾的难度也大。

　　消防是防火和灭火的总称。我国消防工作遵循"预防为主、防消结合"的方针。防,可以避免火灾发生;消,可以减少生命、财产的伤亡损失。高层建筑消防自动化,在消防工作中发挥着越来越大的作用。

7.3.1 高层建筑消防系统

高层建筑消防系统主要由火灾自动报警系统和自动灭火系统组成。一般高层建筑都有报警系统、湿式灭火系统和干式灭火系统。有精密仪器、电信机房、油气燃料、图书资料的房间内不能采用湿式灭火系统，宜用干式灭火系统。常用的湿式灭火系统就是水灭火系统，有消火栓灭火系统和自动喷水灭火系统。干式灭火系统有气体灭火、泡沫灭火等类型。

与编制电气预算直接有关系的消防用电设备有消防控制室、消防水泵、消防电梯、防排烟设施、火灾自动报警、自动灭火装置、火灾应急照明、疏散指示标志和电动的防火门窗、卷帘、阀门等。而涉及弱电工程的内容，主要介绍火灾自动报警系统。

《民用建筑电气设计技术规程》（JGJ 16）规定下列部位应设有火灾自动报警装置：

大中型电子计算机房，特殊贵重的机器仪表、仪器设备室，贵重物品库房，每座占地面积超过 $1000m^2$ 的棉、毛、丝、麻、化纤及其织物库房。设有卤代烷、二氧化碳等固体灭火装置的其他房间，电信楼的重要机房、火灾危险性大的重要实验室。

图书、文物珍藏库，每座藏书超过 100 万册的书库，重要的档案、资料库，占地面积超过 $500m^2$ 或总建筑面积超过 $1000m^2$ 的卷烟库房。超过 3000 个座位的体育观众厅，有可燃物吊顶内及其电信设备室；每层建筑面积超过 $3000m^2$ 的百货楼、展览馆和高级旅馆等。

一类高层建筑（住宅除外）的走道、门厅、可燃物品库房、空调机房、配电室、自备发电机房；净高超过 2.6m 且可燃物品较多的地下室和设有机械排烟的地下室。一类商展建筑（每层面积超过 $1000m^2$ 的商业楼、展览楼、综合楼以及每层面积超过 $1200m^2$ 的商住楼）的营业厅、展厅、陈列厅、报告厅、多功能厅等。

高级旅馆以及建筑高度超过 50m 的普通旅馆的客房和公共活动用房。医院病房楼的病房、贵重医疗设备室、病理档案室、药品库。

7.3.2 火灾自动报警系统的组成

火灾自动报警系统的组成有各种探测器（常用的有感烟式、感温式）、区域报警器、集中报警器及其信号传送线路等。报警系统的组成均包括控制设备、连接线路、室内电器三大部分，集中报警器是总控制箱，区域报警器是分控制箱。

1. 探测器简介

探测器俗称探头，品种很多。火灾自动探测器的外观形状有点型和线型两种。点型探测器通常分为感烟式、感温式、红外光束式、火焰式、可燃气体式等类型。它们能把烟雾浓度、温度、光亮度等某种物理量转变为电信号，通过导线传送到值班控制机构。

（1）感烟式火灾自动探测器

感烟式火灾自动探测器也称为燃烧烟雾探测器。它使用 24V 安全电压，正常情况下，其电路中有一个小的工作电流。感烟元件核心用的是放射性元素镅，镅感探测到烟雾会放射出 α 射线，使探测器电子线路导通发出电信号而启动报警系统。

这种探测器的特点是：灵敏度高，不受外面环境光和热的影响干扰，不会对人体产生放射性伤害，使用寿命长，构造简单、价格便宜。

（2）感温式火灾自动探测器

感温式火灾自动探测器，根据其工作原理不同，可分为定温式、差温式、定温差温组合式等。定温式探测器的热敏感元件用的是低熔点合金和双金属片等，当温度上升达到一定限度时，合金熔丝熔化，使得双金属片弯曲触及而导通报警电路。

一般线型探测器也是感温式探测器，当温度达到预定值时，两根载流导线间的热敏感绝缘物熔化，两线触及而导通报警电路。

（3）红外光束式火灾自动探测器

红外光束式火灾自动探测器，即红外线探测器，它由红外光束发射器和红外光束接收器各一只组成一对，必须成对使用。当有一定浓度的烟雾挡住了红外光束时，光敏元件会立刻把红外光束强度变弱的信号传给放大器放大，电路动作而发出报警信号。

红外光束式探测器的灵敏度很高，适用于安全要求高的场所。

（4）火焰式火灾自动探测器

火焰式火灾自动探测器，也叫感光式或光电式探测器，它是一种内置式的红外光束或紫外光束探测器。探测器内部的发光二极管发出的光，通过透镜聚成光束照射到光敏元件上转换为电信号，电路保持正常状态。当烟雾钻进探测器并达到一定浓度时就遮挡住光线，光敏元件会立刻把光线强度变弱的信号传给放大器，从而导通报警电子回路。

这种探测器灵敏度较高，适用于火灾危险性较大的场所，如保管易燃物的库房、电缆室、计算机房等。

另外还有激光感烟探测器，它的原理和光电式相似。

（5）可燃气体式火灾自动探测器

可燃气体式火灾自动探测器是利用对可燃气体敏感的元件来探测可燃气体的浓度，当可燃气体超过限度时则报警。常用的有催化型气体探测器和半导体气体探测器。

新型的一氧化碳火灾自动探测器，可以在物质还没有完全燃烧时便发出报警信号。例如床褥刚被燃烧或配电箱刚打火冒烟，在尚未出现火苗时就产生了一氧化碳，探测器就会马上感应到并立即动作。

这种探测器具有感应面广、灵敏度高、耗电量低等优点。不仅报警时间较早，还不会因为有人抽烟或厨房内水蒸汽多而误报。

（6）探测器安装位置

从预防火灾的角度考虑，探测器应该设置在最能反映出火灾迹象的地方，还要求不影响人们工作生活和便于安装处施工；通常吸顶式安装在室内顶棚上容易探测到烟雾或高温的地方，不宜设在连烟雾也难扩散到的墙角。确定探测器安装位置应重点注意以下几点：

① 探测器一般距墙、梁不小于 0.5m，梁高小于 0.6m 时可以装在梁下皮。同理，探测器周围 0.5m 以内不应有遮挡物，如书架、文件柜等。

② 探测器宜远离空调系统排风口或进风口 1.5m 以上；因为排风口的烟雾会被很快抽走，进风口是干净的空气。

③ 距自动喷水灭火喷头的净距不应小于 0.3m，距暗装灯具的净距不应小于 0.2m，距装扬声器的净距不应小于 0.3m；距防火门、防火卷帘门的距离为 1~2m 为宜。

④ 在走廊、过道等处可以设在顶部中轴线上。

2. 报警控制设备

单纯的报警控制设备，有区域报警器和集中报警器。为连接自动灭火系统，还须装有灭火联动控制器。现代化高层建筑的消防控制室内应该装有集中报警灭火联动控制器。

（1）区域报警器

区域报警器是监控探测器的。它一旦接收到探测器的火灾信号，就会以声、光、数字等显示出发生火灾的区域、房间号码，同时把信号传送给集中报警器。它也设有连接、控制各种消防设备的输出接点，以达到自动报警和自动灭火的目的。

区域报警器一般都采用壁挂式安装，30kg 以上用 $\Phi 10 \times 120$ 螺栓固定，小于 30kg 时用 $\Phi 8 \times 120$ 螺栓固定。

（2）集中报警控制器

集中报警控制器和区域报警器的工作原理基本一样，但控制范围和作用就大而全了，它是消防系统的司令部。它还可以设置消防专用的电话机，以便及时向城市消防中心报警；它还可以连接自动喷水灭火系统，实现报警、灭火的联动控制以及远程控制；有的还和闭路电视、电脑监控设备联网，以便日后分析火灾案情等等。

集中报警器通常采用落地式安装方法，用两根基础型钢。系统接地电阻不大于 4Ω，应符合保护接地电阻要求。

3. 线路敷设

连接区域报警器之间的干线可采用铜芯控制电缆。连接探测器的支线一般采用截面积不小于 0.75mm^2 的铜芯线，用多芯线或单芯线都可以。线路敷设方式有总线制和多线制，常用的总线制是四总线制和两总线制。

（1）四总线制

四总线制是指从区域报警器连接到各探测器的支线的导线数量为四根，即电源线、信号线、检查线和保护线。通常导线分色为：电源线红色，信号线棕色，检查线绿色，保护线为绿/黄双色。当然干线的控制电缆也为四芯即可。整个系统的控制器、探测器均以并联方式延续连接。

（2）两总线制

两总线制接线形式简单。电源线、信号线、检查线三线合一，另一根则是专用保护线。

（3）多线制

多线制好比是在四总线制的基础上，每个探测器又分别通过一根信号线与报警控制器连接。一根选通线。若该报警区域某一支路有 n 个探测器，则该支路从报警器引出的导线就应有 $(n+4)$ 根。多线制未来采用会越来越少。

7.3.3　消防报警系统施工图常用图例符号

消防报警系统施工图常用的图例符号见表 7-7。

表 7-7　消防报警系统施工图常用图例符号

图例符号	说　明	图例符号	说　明
□	火灾报警装置	△	感光式探测器

（续）

图例符号	说　明	图例符号	说　明
F	消防接线箱	△（紫外符号）	紫外光束火焰探测器
（感烟符号）	感烟式探测器	△	红外光束火焰探测器
（感温符号）	感温式探测器	⊀	可燃气体式探测器
（红外发射符号）	红外光束发射器	Y	手动报警按钮
（红外接收符号）	红外光束接收器	⊤	报警电话插孔

7.3.4　消防报警系统施工图预算编制

1. 预算定额说明

消防报警系统线路敷设工程量计算和预算定额套用方法，像保护管敷设、控制电缆和导线穿放、接线箱和接线盒安装、设备支架和基础型钢等项目，均与强电工程做法一致，可执行现行安装定额第二册相应项目。

消防报警系统设备安装工程量计算和预算定额套用方法，应执行现行安装定额第七册（消防设备安装工程）中的"火灾自动报警系统"有关项目。脚手架搭拆费按火灾自动报警系统安装人工费合计的 5% 计算，高层建筑增加费按火灾自动报警系统安装人工费合计乘以相应费率计算。

具体内容可参见现行安装定额第七册"册说明"及其第一章说明。

火灾自动报警系统所涉及的器件和设备种类繁多，由于其型号、生产厂家和购买渠道等因素不同，导致价格不同，甚至相差很大。但这些器件和设备占火灾自动报警系统造价比例较大，所以在招标文件中一般会给出其暂估价，在后期结算时可以据实调整。

2. 工程量计算规则

1）点型探测器按线制的不同分为多线制与总线制，不分规格、型号、安装方式与位置，以"只"为计量单位。探测器安装包括了探头和底座的安装及本体调试。

2）红外线探测器以"只"为计量单位。红外线探测器是成对使用的，在计算时一对为两只。定额中包括了探头支架安装和探测器的调试、对中。

3）火焰探测器、可燃气体探测器按线制的不同分为多线制与总线制两种，计算时不分规格、型号、安装方式与位置，以"只"为计量单位。探测器安装包括了探头和底座的安装及本体调试。

4）线型探测器的安装方式按环绕、正弦及直线综合考虑，不分线制及保护形式，均以"m"为计量单位。定额中未包括探测器连接的一只模块和终端，其工程量应按相应定额另行计算。

5）按钮包括消火栓按钮、手动报警按钮、气体灭火启/停按钮，以"只"为计量单位，按照在轻质墙体和硬质墙体上安装两种方式综合考虑，执行时不得因安装方式不同而调整。

6）控制模块（接口）是指仅能起控制作用的模块（接口），亦称为中继器，依据其给出控制信号的数量，分为单输出和多输出两种形式。执行时不分安装方式，按照输出数量以"只"为计量单位。

7）报警模块（接口）不起控制作用，只能起监视、报警作用，执行时不分安装方式，以"只"为计量单位。

8）报警控制器按线制的不同分为多线制与总线制两种，其中又按其安装方式不同分为壁挂式和落地式。在不同线制、不同安装方式中按照"点"数的不同划分定额项目，以"台"为计量单位。

多线制"点"是指报警控制器所带报警器件（探测器、报警按钮等）的数量。

总线制"点"是指报警控制器所带的有地址编码的报警器件（探测器、报警按钮、模块等）的数量。如果一个模块带数个探测器，则只能计为一点。

9）联动控制器按线制的不同分为多线制与总线制两种，其中又按其安装方式不同分为壁挂式和落地式。在不同线制、不同安装方式中按照"点"数的不同划分定额项目，以"台"为计量单位。

多线制"点"是指联动控制器所带联动设备的状态控制和状态显示的数量。

总线制"点"是指联动控制器所带的有控制模块（接口）的数量。

10）报警联动一体机按线制的不同分为多线制与总线制两种，其中又按其安装方式不同分为壁挂式和落地式。在不同线制、不同安装方式中按照"点"数的不同划分定额项目，以"台"为计量单位。

多线制"点"是指报警联动一体机所带报警器件与联动设备的状态控制和状态显示的数量。

总线制"点"是指报警联动一体机所带的有地址编码的报警器件与控制模块（接口）的数量。

11）重复显示器（楼层显示器）不分规格、型号、安装方式，按总线制与多线制划分，以"台"为计量单位。

12）警报装置分为声光报警和警铃报警两种形式，均以"台"为计量单位。

13）远程控制器按其控制回路数以"台"为计量单位。

14）火灾事故广播中的功放机、录音机的安装按柜内及台上两种方式综合考虑，分别以"台"为计量单位。

15）消防广播控制柜是指安装成套消防广播设备的成品机柜，不分规格、型号以"台"为计量单位。

16）火灾事故广播中的扬声器不分规格、型号，按照吸顶式与壁挂式以"只"为计量单位。

17）广播分配器是指单独安装的消防广播用分配器（操作盘），以"台"为计量单位。

18）消防通信系统中的电话交换机按"门"数不同以"台"为计量单位；通信分机与电话插孔，不分安装方式，分别以"部"、"个"为计量单位。

19）报警备用电源综合考虑了规格、型号，以"台"为计量单位。

3. 消防报警系统预算编制习题

参照前面电气照明、电话等预算编制实例中的线路敷设工程量计算示例，读者可进行消防报警系统预算编制练习。消防报警系统预算编制习题如下。

某综合写字楼消防报警系统图，如图7-5所示。其建筑安装工程预算书见表7-8；请依据现行安装定额（第二册、第七册）以及有关建设工程造价动态信息文件将该预算书编制完毕。

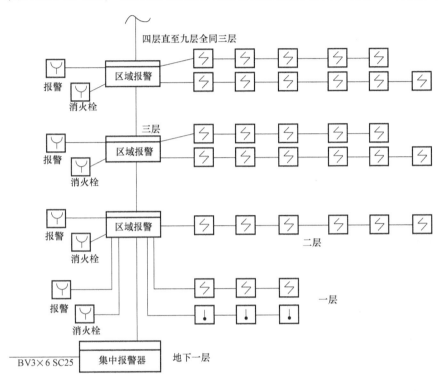

图 7-5　综合写字楼消防报警系统图

表 7-8　建筑安装工程预算书

建设单位：_____

工程名称：综合楼消防报警系统　　　　　　　　　　　　　　　　　　共 2 页　第 1 页

定额编号	工程和费用名称	单位	数量	预算价		其中:人工费		其中:机械费	
				单价	合计	单价	合计	单价	合计
2-1116	钢管敷设 SC25	100m	0.50	1289.72	645	377.14	189	22.99	11
2-759	控制电缆敷设 KVV6×2.5	100m	0.65	221.91	144	179.71	117	0	0
2-767	控制电缆头制作安装	个	16.00	50.47	808	22.46	359	0	0
2-1201	PVC 管暗敷 *DN*15	100m	5.50	311.42	1713	288.58	1587	0	0
2-1295	穿铜芯导线 RVV4×1.5	100m	4.70	56.55	266	42.77	201	0	0
2-1247	穿铜芯导线 BV-1.5	100m	2.40	192.65	462	42.34	102	0	0
7-46	集中报警联动控制台	台	1.00	1843.90	1844	1637.76	1638	158.88	159
7-22	区域报警联动控制器	台	8.00	724.88	5799	558.34	4467	134.68	1077

工程名称:综合楼消防报警系统　　　　　　　　　　　　　　共 2 页　第 2 页

定额编号	工程和费用名称	单位	数量	预算价 单价	预算价 合计	其中:人工费 单价	其中:人工费 合计	其中:机械费 单价	其中:机械费 合计
7-6	感烟式探测器安装	只	86	24.65	2120	19.82	1705	1	86
	感温式探测器安装	只	3.00						
	消火栓按钮安装	只	9.00						
	手动报警按钮安装	只	9.00						
7-237	消防报警系统调试	系统	1	4746.53	4747	3487.10	3487	1066.73	1067
	小计								
	高层建筑增加费	%	1			100%			
	小计								
	二册脚手架搭拆费	元		4%		25%		10%	
	七册脚手架搭拆费	元		5%		25%		25%	
	四项通用措施费	元		8.1%					
	小计								
	未计价材:								
	控制电缆 KVV6×2.5	m	65.98	11.69	771				
	PVC 管 DN15 鸿雁牌	m	583.00	1.52	886				
	套接管	m	5.12	2.12	11				
	铜芯导线 RVV4×1.5	m	507.60	6.6	3350				
	铜芯导线 BV1.5	m	278.40	0.98	273				
	集中报警联动控制台	台	1.00	50000	50000				
	区域报警联动控制器	台	8.00	8000	64000				
	感烟式探测器	只	86.00	200	17200				
	感温式探测器	只	3.00	180.00	540				
	通用底座	个	89	9.00	801				
	消火栓启动按钮	只	9.00	150	1350				
	手动报警按钮	只	9.00	200	1800				
	价差调整:								
	焊接钢管 SC25 调差	m	51.5	2.03	105				
	人工单价调整30%	元		56%					
	未计价主材和价差小计								
	小计								
	企业管理费	%	22						
	利润	%	17						
	小计								
	规费	%	5.57						
	小计								
	税金	%	3.48						
	工程造价								

任务 4　综合布线系统

综合布线系统是一种建筑物内或建筑群之间的传输网络，它将语音和数据通信设施、交换设备和其他信息管理系统相互连接，同时又将这些设备与外部通信网相连接，包括建筑物内、外部网络或电信线路的连接点及用于系统设备之间的所有电缆及相关的连接部件。

7.4.1　综合布线的概念

综合布线系统的发展是在通信技术和计算机技术的基础上，将现代建筑技术与信息技术相结合的产物。

在智能建筑系统中，要实现其三个组成部分（办公自动化系统、信息网络系统、通信网络系统）的一体化集成，需要将各个部门、各个房间的语音、数据、视频、监控等不同信号线进行综合布线，即建筑物内或建筑群之间的结构化综合布线系统。综合布线系统是智能建筑三个功能子系统的物理基础。

7.4.2　综合布线系统组成

综合布线系统按每个模块的作用，可划分为六个独立的子系统，如图 7-7 所示。六个子

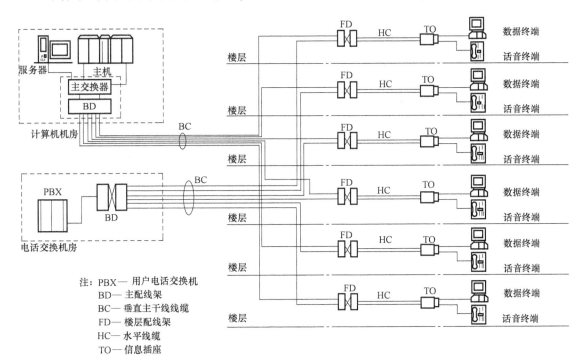

注：PBX—用户电话交换机
　　BD—主配线架
　　BC—垂直主干线线缆
　　FD—楼层配线架
　　HC—水平线缆
　　TO—信息插座

图 7-6　综合布线系统示意图

系统相互独立，每个子系统都可以单独设计、单独施工、其中任何一个子系统更改，都不会影响其他子系统。

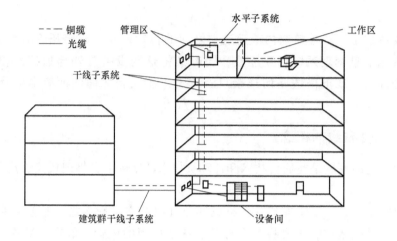

图 7-7　建筑物与建筑群综合布线结构

1. 综合布线系统部件

1）建筑群配线架（CD）。

2）建筑群干线电缆、建筑群干线光缆。

3）建筑物配线架（BD）。

4）建筑物干线电缆、建筑物干线光缆。

5）楼层配线架（FD）。

6）水平电缆、水平光缆。

7）转接点（选用）（TP）。

8）信息插座（IO）。

9）通信引出端（TO）。

2. 布线子系统

综合布线有三个布线子系统：建筑群干线子系统、建筑物垂直干线子系统和水平子系统，可连接成如图 7-8 所示的综合布线原理图。

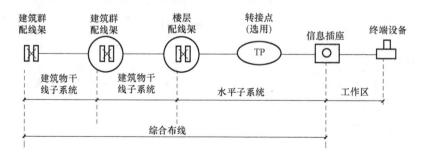

图 7-8　综合布线原理图

（1）建筑群干线子系统

建筑群干线子系统由两个及以上建筑物的综合布线系统组成，它连接各建筑物之间的缆线和配线设备。建筑群子系统应采用地下管道敷设方式。

（2）垂直干线子系统

垂直干线子系统由设备间的配线设备和跳线以及设备间至各楼层配线间的连接电缆或光缆组成，如图 7-9 所示。

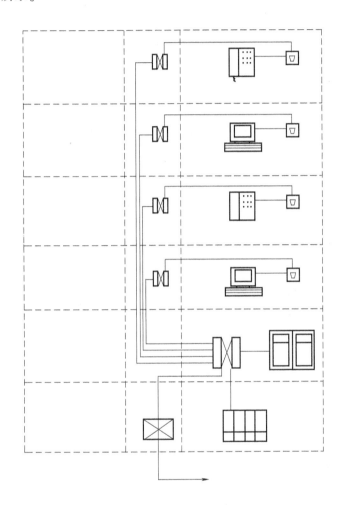

图 7-9 单垂直干线系统

每一垂直建筑楼层需要一个分线箱（跳线架），每层的水平方向上的配线经垂直电缆系统接至主配线终端。建筑物的最大水平跨度限制为 90m 以下。

（3）水平子系统

水平子系统由工作区的信息插座、每层配线设备至信息插座的配线电缆、楼层配线设备和跳线等组成。

（4）工作区子系统

一个独立的需要设置设备终端的区域应该划分为一个工作区。工作区子系统由综合布线子系统的信息插座延伸至工作终端设备处的连接电缆及适配器组成，每个工作区至少应设置一个电话机或计算机终端设备。工作区的每一个插座均应支持电话机、数据终端、计算机、电视机及监视器等终端设备。

（5）管理区子系统

管理区子系统设置在楼层配线间内，是干线子系统和配线子系统之间的桥梁，由双绞线配线架、跳线设备等组成。当终端设备位置或局域网结构变化时，有时只要改变跳线方向即可，不需重新布线，所以管理区子系统的作用是管理各层的水平布线，连接相应网络设备。

（6）设备间子系统

设备间是在每一幢大楼的适当地点设置进线设备，进行网络管理以及网络管理人员值班的场所。设备间子系统由综合布线系统的建筑物进线设备、电话、数据、计算机等各种主机设备及其安保配线设备等组成。

设备间内的所有进线终端设备均应用色标区别其用途。

7.4.3　综合布线系统的特点

综合布线系统与传统的布线方式相比较，有很多优越性。以下是它的特点。

1. 兼容性

综合布线系统能够满足建筑物内部及建筑物之间的所有计算机、通信设备以及楼宇建筑设备自动化系统的需求，并可将各种语音、数据、视频图像以及楼宇建筑设备自动化系统中各类控制信号在同一个系统布线传输，使布线比传统布线大为简化，并节省了大量时间、空间、物质。在室内各处设置标准信息插座，由用户根据需要采用跳线方式选用。

2. 灵活性

综合布线系统中所有信息系统都采用相同的传输介质，因此，所有的信息通道都是通用的。每条信息通道都可支持电话、传真、多用户终端。

所有设备的开通及更改不需改变布线系统，只要增减相应的网络设备并进行必要的跳线的管理即可，不会破坏室内原有的装饰效果和建筑物的结构，具有传统的布线方式所不具备的灵活性。

3. 开放性

系统采用开放式结构体系，符合多种国际流行的标准，能兼容国际上许多厂家的计算机和通信设备。

4. 先进性和经济性

综合布线系统技术的先进性和性能价格也是传统的布线系统所无可比拟的。根据国际通信技术的发展和我国的现状，目前设计安装的综合布线系统，足以保证今后 10～15 年时间内的技术先进性，因而具有很好的投资保护性和经济效益。

5. 可靠性

综合布线系统采用高品质的材料和组合压接的方式构成一条高标准信息通道，任一条线路的故障均不影响其他线路的运行，也为线路的维护和检修提供了极大的方便，保证了系统的可靠运行。

7.4.4　综合布线系统常用材料

综合布线系统常用材料主要是线缆和连接件。

综合布线系统所用的线缆有电缆和光缆。电缆有双绞电缆和同轴电缆；光纤主要有单模光纤和多模光纤。

综合布线系统连接件主要是配线架、信息插座和接插软线，用于终端或直接连接线缆，使线缆和连接件组成一个完整的信息传输通道。配线架又可分为电缆配线架和光缆配线架，它是管理区的核心。

1. 双绞电缆

双绞电缆又称双绞线，它的电导体是铜导线，铜导线外面有绝缘层包裹。每两根具有绝缘层的铜导线按一定方式相互绞合在一起组成线对，以防止其电磁感应在邻近线对中产生干扰信号，所有绞合在一起的线对的外面再包裹绝缘材料制成的外皮。

双绞电缆中一般包含 4 个双绞线对：橙 1/橙白 2、蓝 4/蓝白 5、绿 6/绿白 3、棕 8/棕白 7。计算机网络使用 1-2、3-6 两组线对来接收和发送数据。双绞线接头为国际标准的 RJ-45 插头和插座。

双绞电缆按其包裹的是否有金属层，分为屏蔽双绞电缆（STP）和非屏蔽双绞电缆（UTP）。其中屏蔽双绞电缆分为 3 类和 5 类；非屏蔽双绞电缆分为 3 类、4 类、5 类、超 5 类、6 类。类别不同带宽不同，单位时间内传输的数据量不同。

国际电气工业协会（EIA）为双绞线定义了 5 种不同质量的型号，综合布线系统使用的是 3、4、5 类。其中第 3 类双绞电缆的传输特性最高规格为 10MHz，用于语音传输及最高传输速率为 16Mbps 的数据传输；第 4 类双绞电缆的传输特性最高规格为 20MHz，用于语音传输及最高传输速率为 16Mbps 的数据传输；第 5 类电缆增加了绕线密度，传输特性最高规格为 100 MHz，用于语音传输及最高传输速率为 100Mbps 的数据传输。

2. 同轴电缆

为保持同轴电缆的电气特性，电缆的屏蔽层必须接地，电缆末端必须安装终端匹配器来吸收剩余能量，消弱信号反射作用。

同轴电缆的特性阻抗是用来描述电缆信号传输特性的指标，其数值取决于同轴线路内外导体的半径、绝缘介质和信号频率。

同轴电缆的衰减一般指 500m 长的电缆段的信号传输衰减值。

常用的同轴电缆有两种类型：基带同轴电缆和宽带同轴电缆。目前常用的基带同轴电缆的屏蔽线是用铜做成网状的，特性阻抗为 50Ω，如 RG-8、RG-58 等，常用于基带传输或数字传输。常用的宽带电缆的屏蔽层是用铝冲压成的，特性阻抗为 75Ω，如 RG-59 等，既可以传输模拟信号，也可以传输数字信号。

3. 光缆

（1）光缆的结构

光纤由纤芯、包层、保护层组成。纤芯和包层由超高纯度的二氧化硅制成，分为单模光纤和多模光纤。纤芯是用石英玻璃或特制塑料拉成的柔软细丝，直径在几微米到 120 微米之间，每一路光纤包括两根，一路接收，一路发送，可以是一根或多根捆在一起。包层是在纤芯外涂覆的折射率比纤芯低的材料。由于纤芯和包层的光学性质不同，在一定角度之内的入射光线射入纤芯后会在纤芯与包层的交界处发生全反射。光线在纤芯内被不断反射，损耗极少的到达了光纤的另一端。

纤芯和包层是不可分离的，用光纤工具剥去外皮和塑料膜后，暴露出来的是带有橡胶涂覆层的包层，看不到真正的光纤。

光缆按照结构不同，可以分为中心管束式光缆和集合带式光缆。

中心管束式光缆由装在套管中的 1 束或最多 8 束光纤单元构成。每束光纤单元是由松绞在一起的 4、6、8、10、12（最多）根一次涂覆光纤组成，并在单元束外面松绕有一条纱线。每根光纤的涂层及每条纱线都标有颜色以便区分。缆芯中的光纤数最少 4 根，最多 96 根，塑料套管内皆充有专用油膏。

集合带式光缆由装在塑料套管中的 1 条或最多 18 条集合单元组成。每条集合单元由 12 根一次涂覆光纤排列成一个平面的扁平带构成。塑料套管中充有专用油膏。

（2）光缆的分类

① 按波长分类。光缆按波长分有 0.85μm 波长区（0.8~0.9μm）、1.30μm 波长区（1.25~1.35μm）、1.55μm 波长区（1.50~1.60μm）。

不同的波长范围光纤损耗也不同。其中，0.85μm 和 1.30μm 波长为多模光纤通信方式，1.30μm 和 1.55μm 为单模光纤通信方式。综合布线常用 0.85μm 和 1.30μm 两个波长。

② 按纤芯直径分类。按纤芯直径分有 62.5μm 渐变增强型多模光纤；50μm 渐变增强型多模光纤；8.3μm 突变型单模光纤。光纤的包层直径均为 125μm，外面包有增强机械和柔韧性的保护层。

单模光纤纤芯直径很小，在给定的工作波长上只能以单一模式传输，传输频带宽、容量大，光信号可以沿光纤的轴向传输，损耗、离散均很小，传输距离远。多模光纤在给定的工作波长上能以多个模式同时传输。

③ 按应用环境分类。光缆按应用环境分为室内光缆和室外光缆。

室内光缆又分为干线、水平线和光纤软线。光纤软线由单根或两根光纤构成，可将光学互联点或交联点快速地与设备端接起来。

室外光缆适用于架空、直埋、管道、水下等各种场合，有松套管层绞式铠装式和中心束管式铠装式等，并有多种护套选项。

（3）光缆的传输特性

① 衰减。光纤的衰减是指光信号的能量从发送端经光纤传输后至接收端的损耗，它直接关系到综合布线的传输距离。光纤的损耗与所传输光波的波长有关。

② 带宽。两个有一定距离的光脉冲经光纤传输后产生部分重叠，为避免重叠的发生，输入脉冲有速率的限制。两个相邻脉冲有重叠但仍能区别开时的最高脉冲速率对应的频率范围为该光纤的最大可用带宽。

③ 色散。光脉冲经光纤传输后，幅度会因衰减而减小，波形也会出现失真，形成脉冲展宽的现象称为色散。

小 结

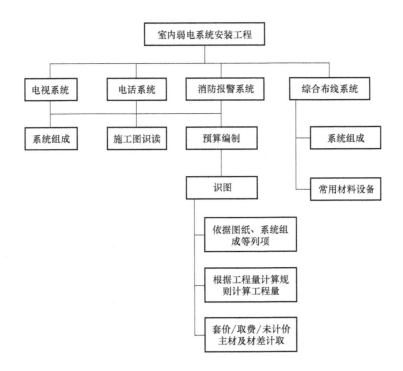

同 步 测 试

一、单项选择题

1. 关于弱电安装工程预算，下列选项中说法正确的是（ ）。

A. 先计算缆线量，后计算配管工程量

B. 弱电安装工程中的元器件必须采用并联方式连接

C. 掌握元器件的接线原理与做弱电预算没有任何关系

D. 线型火灾探测器以"m"为计量单位

2. 有线电视终端插座的安装高度，一般距地（ ）m。

A. 0.3   B. 0.5   C. 1.2   D. 1.5

3. 根据有线电视系统具备有偿服务的特点，一般每层楼应设（ ）。

A. 前端箱   B. 电视分配箱

C. 配电箱   D. 用户计量箱

4. 住宅楼中不同住户的电话插座应直接从（ ）引线。

A. 每层电话分线箱   B. 电话组线箱

C. 交换机   D. 本层用户插座

5. 弱电安装工程的配管项目，应按现行安装工程预算定额第（　　）册配管项目执行。

A. 二　　　　　　　B. 十二　　　　　　C. 十　　　　　　D. 七

6. 感烟式火灾自动探测器采用的工作电压是（　　）V。

A. 36　　　　　　　B. 48　　　　　　　C. 24　　　　　　D. 220

7. 传输有线电视信号的射频同轴电缆，其电阻通常为（　　）Ω。

A. 75　　　　　　　B. 65　　　　　　　C. 50　　　　　　D. 100

8. 某一报警区域的配线采用多线制，共有 5 个感烟探测器，则从报警器引出的导线根数为（　　）根。

A. 4　　　　　　　B. 5　　　　　　　C. 9　　　　　　D. 6

9. 综合布线系统中的双绞电缆共有（　　）对。

A. 4　　　　　　　B. 6　　　　　　　C. 8　　　　　　D. 12

10. 常用的基带同轴电缆的屏蔽线是用（　　）做成网状的。

A. 铝　　　　　　　B. 铅　　　　　　　C. 铜　　　　　　D. 二氧化硅

二、多项选择题

1. 下列选项中，属于有线电视系统组成的是（　　）。

A. 接收部分　　　　　　　　B. 集中报警控制器

C. 干线传输　　　　　　　　D. 用户分配网络

E. 终端插座

2. 综合布线系统工程中，导线的敷设方式有（　　）。

A. 穿管敷设　　　　　　　　B. 线槽敷设

C. 活动地板内明敷　　　　　D. 桥架上布放

E. 沿钢索敷设

3. 室内电话线路的敷管形式分为（　　）。

A. 单线放射式　　　　　　　B. 并联

C. 串联　　　　　　　　　　D. 多线共管

E. 多线多管

4. 常用的湿式灭火系统分为（　　）。

A. 消火栓灭火系统　　　　　B. 自动喷水灭火系统

C. 气体灭火系统　　　　　　D. 泡沫灭火系统

E. 水炮系统

5. 根据工作原理，火灾自动灭火系统的线路敷设方式分为（　　）。

A. 总线制　　　　　　　　　B. 四线制

C. 多线制　　　　　　　　　D. 二线制

E. 单线制

6. 光缆按照截面形状的不同，可以分为（　　）光缆。

A. 中心管束式　　　　　　　B. 集合带式

C. 单模　　　　　　　　　　D. 多模

E. 单纤绞式

7. 下列选项中, 属于光缆传输特性指标的是 ( )。

A. 衰减　　　　　　　　　　B. 带宽

C. 色散　　　　　　　　　　D. 阻尼

E. 速率

8. 光缆由 ( ) 组成。

A. 纤芯　　　　　　　　　　B. 屏蔽层

C. 包层　　　　　　　　　　D. 内护层

E. 外护层

9. 下列选项中, 光缆缆芯的光纤数错误的是 ( )。

A. 12　　　　　　　　　　　B. 9

C. 10　　　　　　　　　　　D. 7

E. 5

10. 建筑物中的电话系统, 通常主要由 ( ) 组成。

A. 电话组线箱　　　　　　　B. 传输电话信号的管线

C. 分支器　　　　　　　　　D. 放大器

E. 电话插座

三、解答题

1. 强电和弱电的区别。

2. 简述做弱电安装工程预算的步骤。

3. 简述前端箱的组成和相应元器件的作用。

4. 简述火灾自动报警系统的组成和相应元器件、设备的作用。

5. 简述综合布线系统的组成和所用的系统部件。

四、计算题

1. 某高层住宅消防控制室的自动报警系统平面图如图 7-10 所示, 该报警系统采用二线制。根据 2009 届内蒙古自治区安装工程工程量计算规则, 完成分部分项工程量的计算。

问题:

(1) 说明该消防控制室火灾报警系统采用什么线制。

(2) 根据相关规定计算分部分项工程的工程量。

工程量计算说明:

1) 集中报警控制器为落地式安装, 其尺寸为 1000mm×1500mm×800mm (宽×高×厚)。

配管从控制器的顶部或底部算起, 沿地、沿墙、沿顶棚敷设, 其中顶板敷管标高为 +4.0m。

2) 感烟探测器为吸顶安装, 手动报警按钮下皮距地 1.4m, 地面垫层厚度为 0.1m, 图中括号内数字为钢管长度。

3) 管内所穿导线为 BV-1.5mm², 配管为计算方便, 假设均为 SC25 焊接钢管。

2. 根据上题给定的背景, 假设管理费费率为 18%, 利润率为 17%, 规费费率为 5.57%, 通用措施费费率合计为 8.3%, 相关材料和设备价格见表 7-9。根据 2009 年计价依据和计价办法, 试用工料单价法计算该工程的造价。

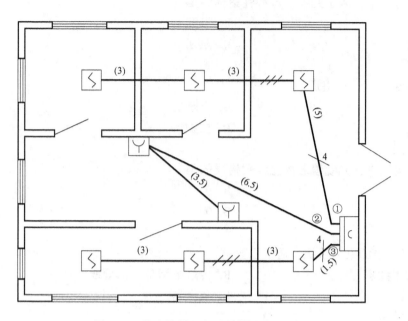

图 7-10　消防控制室自动报警系统平面图

表 7-9　材料、设备单价表

序号	名称	单位	单价
1	集中报警控制器	台	4000
2	感烟探测器	只	100
3	手动报警按钮	只	150
4	SC25	m	8.47
5	BV-1.5mm^2	m	0.86
6	接线盒	只	3

项目8

工程量清单及清单计价的编制

任务1 《建设工程工程量清单计价规范》概述

8.1.1 《建设工程工程量清单计价规范》简介

为了适应我国建设工程管理体制改革以及建设市场发展的需要，规范建设工程各方的计价行为，进一步深化工程造价管理模式的改革，2003年2月17日，原建设部以第119号公告发布了国家标准《建设工程工程量清单计价规范》（GB 50500—2003）。2006年开始，原建设部标准定额司组织有关单位对"03规范"进行修订，2008年7月9日，住房城乡建设部以第63号公告，发布了《建设工程工程量清单计价规范》（GB 50500—2008）。2009年6月，标准定额司组织有关单位对"08规范"进行修订，为了方便管理和使用，此次修订，将"计价规范"与"计量规范"分列。经过两年多的时间，于2012年6月完成了国家标准《建设工程工程量清单计价规范》（GB 50500—2013）（以下简称"计价规范"）和《通用安装工程工程量计算规范》（GB 50856—2013）（以下简称"计量规范"）等九本计量规范。2012年12月25日，10本规范全部获得了批准，从2013年7月1日起实施。

《建设工程工程量清单计价规范》是规范建设工程施工发承包计价行为，统一建设工程工程量清单的编制和计价方法的规范文件。

《建设工程工程量清单计价规范》（GB 50500—2013）适用于建设工程施工发承包计价活动。该规范规定，国有资金投资的建设工程施工发承包，必须采用工程量清单计价。非国有资金投资的建设工程，宜采用工程量清单计价。

8.1.2 计价规范和计量规范的特点与内容

1. 计价规范和计量规范的特点

（1）强制性

强制性主要表现在，一是由建设主管部门按照强制性国家标准的要求批准颁布，规定全部使用国有资金或国有资金投资为主的建设工程施工发承包，必须采用工程量清单计价；二是明确招标工程量清单是招标文件的组成部分，并规定了招标人在编制工程量清单时必须遵守的规则，做到"五统一"，即统一项目编码，统一项目名称，统一项目特征，统一计量单位，统一工程量计算规则。

（2）实用性

九本计量规范中工程量清单的项目名称表现的是工程实体项目，项目名称明确清晰，工程量计算规则简洁明了，特别还列有项目特征和工程内容，易于编制工程量清单时确定具体项目名称和招投标价格。

（3）竞争性

竞争性主要表现在，一是措施项目清单为可调整清单。招标人提出的措施项目清单是依据计量规范按一般情况确定的。而不同投标人拥有的施工装备、技术水平和采用的施工方法有所差异，所以投标人对招标文件中所列项目，可根据企业自身特点、拟建工程施工组织设计及施工方案做适当的调整，留给企业竞争的空间。二是《建设工程工程量清单计价规范》

规定，投标企业可以根据企业定额和市场价格信息，也可以根据建设行政主管部门发布的社会平均消耗量定额进行报价，除安全文明费、规费、税金外，其他费用均为可竞争费用，《建设工程工程量清单计价规范》将报价权交给了企业。

（4）通用性

采用工程量清单计价是与国际惯例接轨的要求，符合工程量计算方法标准化、工程量计算规则统一化、工程造价确定市场化的要求。

2. 计价规范和计量规范的内容简介

《建设工程工程量清单计价规范》（GB 50500—2013）共十五章，分别是总则、术语、一般规定、工程量清单编制、招标控制价、投标报价、合同价款约定、工程计量、合同价款调整、合同价款期中支付、竣工结算与支付、合同解除的价款结算与支付、合同价款争议的解决、工程造价鉴定、工程计价资料与档案、工程计价表格，其后是 11 个附录（附录 A～附录 L），最后是本规范用词说明和条文说明。

《通用安装工程工程量计算规范》（GB 50858—2013）包括正文、附录、本规范用词说明、引用标准名录和条文说明。正文分五章，包括总则、术语、工程计量、工程量清单编制，分别就该计量规范的适用范围、遵循的原则、编制工程量清单应遵循的规则等做了明确规定。附录 A 为机械设备安装工程，附录 B 为热力设备安装工程，附录 C 为静置设备与工艺金属结构制作安装工程，附录 D 为电气设备安装工程，附录 E 为建筑智能化工程，附录 F 为自动化控制仪表安装工程，附录 G 为通风空调工程，附录 H 为工业管道工程，附录 J 为消防工程，附录 K 为给排水、采暖、燃气工程，附录 L 为通信设备及线路工程，附录 M 为刷油、防腐蚀、绝热工程，附录 N 为措施项目，适用于一般工业与民用建筑安装工程施工发承包计价活动中的工程量清单编制和工程量计算。附录中包括项目编码、项目名称、项目特征、计量单位、工程量计算规则和工程内容，其中项目编码、项目名称、项目特征、计量单位、工程量计算规则作为"五统一"的内容，要求招标人在编制工程量清单时必须执行。

任务 2 工程量清单的编制

8.2.1 工程量清单

1. 工程量清单的概念

工程量清单是载明建设工程分部分项工程项目、措施项目、其他项目的名称和相应数量以及规费、税金项目等内容的明细清单。

招标工程量清单是指招标人依据国家标准、招标文件、设计文件以及施工现场实际情况编制的，随招标文件发布供投标人投标报价的工程量清单，包括其说明和表格。

已标价工程量清单是指构成合同文件组成部分的投标文件中已标明价格，经算术性错误修正（如有）且承包人已确认的工程量清单，包括其说明和表格。

关于工程量清单应注意以下几个问题，首先，招标工程量清单是一份由招标人提供的文件，编制人是招标人或其委托的工程造价咨询人、招标代理人。其次，在性质上说，招标工程量清单是招标文件的组成部分，一经中标且签订合同，投标人根据招标工程量清单编制的已标价工程量清单即成为合同的组成部分。因此，无论招标人还是投标人都应该慎重对待。再次，工程量清单的描述对象是拟建工程，其内容涉及清单项目的性质、数量等，并以表格为主要表现形式。

2. 工程量清单的格式与内容

工程量清单采用统一格式，具体详见《建设工程工程量清单计价规范》（GB 50500—2013），一般应由下列内容组成：

1）封面。

2）总说明。

3）分部分项工程量清单与计价表。

4）措施项目清单与计价表。

5）其他项目清单与计价表。

6）规费、税金项目清单与计价表。

8.2.2 工程量清单的编制

招标工程量清单是工程量清单计价的基础，应作为编制招标控制价、投标报价、计算工程量、工程索赔等的依据之一。

招标工程量清单应由具有编制能力的招标人或受其委托，具有相应资质的工程造价咨询人或招标代理人编制。

1. 工程量清单编制的依据

1）《建设工程工程量清单计价规范》和相关工程的国家计量规范。

2）国家或省级、行业建设主管部门颁发的计价定额和办法。

3）建设工程设计文件及相关资料。

4）与建设工程有关的标准、规范、技术资料。

5）拟定的招标文件。

6）施工现场情况、地勘水文资料、工程特点及常规施工方案。

7）其他相关资料。

2. 分部分项工程量清单的编制

分部分项工程量清单是招标人按照招标要求和施工设计图纸要求规定将拟建招标工程的全部项目和内容，依据计量规范计算拟建招标工程的分部分项工程数量的表格。

分部分项工程量清单应包括项目编码、项目名称、项目特征、计量单位和工程量，应根据《通用安装工程工程量计算规范》等计量规范附录中规定的项目编码、项目名称、项目特征、计量单位和工程量计算规则进行编制。

（1）项目编码

分部分项工程量清单的项目编码以 5 级编码设置，用 12 位阿拉伯数字表示。1、2、3、4 级编码应按附录的规定设置，全国统一编码，第 5 级清单项目名称顺序码由工程量清单编制人针对本工程项目自 001 顺序编制。同一招标工程的项目编码不得有重码。各级编码代表的含义如下：

1）第一级表示专业工程代码（分二位）：房屋建筑与装饰工程为 01、仿古建筑工程为 02、通用安装工程为 03、市政工程为 04、园林绿化工程为 05、矿山工程为 06、构筑物工程为 07、城市轨道交通工程为 08、爆破工程为 09。

2）第二级表示分类顺序码（分二位）。

3）第三级表示分部工程顺序码（分二位）。

4）第四级表示分项工程项目名称顺序码（分三位）。

5）第五级表示清单项目名称顺序码（分三位）。

项目编码结构如下：

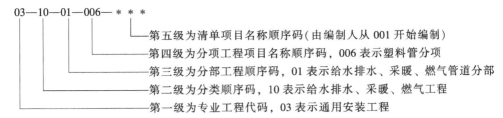

（2）项目名称

与现行的预算定额项目一样，每一个分部分项工程量清单项目都有一个项目名称，其设置应考虑三个因素，一是计量规范附录中的项目名称，二是计量规范中的项目特征，三是拟建工程的实际情况。工程量清单编制时，考虑该项目的规格、型号、材质等特征要求，结合拟建工程的实际情况，使其工程量清单项目名称具体化、细化、能够反映影响工程造价的主要因素。如计价规范附录中的项目名称"钢管"，可以根据项目的规格、安装部位等具体情况写成"管井内 DN80 焊接钢管"。

（3）项目特征

分部分项工程量清单的项目特征是对项目的准确描述，是设置具体清单项目的依据，是影响价格的因素，是确定一个清单项目综合单价不可缺少的重要依据。项目特征应按计量规范附录中规定的项目特征，结合不同的工程部位、施工工艺或材料品种、规格等实际情况分别列项。凡计量规范中的项目特征未描述到的其他独有特征，由清单编制人视项目具体情况确定，以准确描述清单项目为准。即使是同一规格、同一材质，如果施工工艺或施工位置不同时，原则上应分别设置清单项目，做到具有不同特征的项目分别列项。只有描述清单清晰、准确，才能使投标人全面、准确地理解招标人的工程内容和要求，做到正确报价。招标人编制工程量清单时，对项目特征的描述，是一项关键的内容。为达到规范、简洁、准确、全面描述项目特征的要求，在描述工程量清单项目特征时应按以下原则进行。

1）项目特征描述的内容应按计量规范附录中的规定，结合拟建工程的实际，能满足确定综合单价的需要。

2）若采用标准图集或施工图纸能够全部或部分满足项目特征描述的要求，项目特征描述可直接采用详见××图集或××图号的方式。对不能满足项目特征描述要求的部分，仍应用文字描述。计量规范也明示了对施工图设计标注做法"详见标准图集"时，在项目特征描述时，应注明标准图集的编号、页号、节点大样。

（4）计量单位

分部分项工程量清单的计量单位应按计量规范附录中规定的计量单位确定。附录中有两个或两个以上计量单位的，应结合拟建工程项目的实际情况，选择其中一个确定。

计量单位应采用基本单位，除各专业另有特殊规定外，一般按以下单位计量：

1）以重量计算的项目，单位为"t"或"kg"。

2）以体积计算的项目，单位为"m³"。

3）以面积计算的项目，单位为"m²"。

4）以长度计算的项目，单位为"m"。

5）以自然计量单位计算的项目，单位为"个、套、块、樘、组、台……"。

6）没有具体数量的项目，单位为"系统、项……"。

（5）工程量的计算

分部分项工程量清单中所列工程量应按计量规范附录中规定的工程量计算规则计算。

工程计量时每一项目汇总的有效位数应遵守下列规定：

1）以"t"为单位，应保留小数点后三位数字，第四位小数四舍五入。

2）以"m、m²、m³、kg"为单位，应保留小数点后两位数字，第三位小数四舍五入。

3）以"台、个、件、套、根、组、系统"为单位，应取整数。

编制工程量清单出现计量规范附录中未包括的项目，编制人应做补充，并报省级或行业工程造价管理机构备案，省级或行业工程造价管理机构应汇总报住房和城乡建设部标准定额研究所。

补充项目的项目编码应由计量规范的专业代码与B和三位阿拉伯数字组成，并应从×B001起顺序编制，同一招标工程的项目不得重码。如为通用安装工程，则从03B001开始编制补充项目。工程量清单中需附有补充项目的名称、项目特征、计量单位、工程量计算规则、工程内容。

3. 措施项目清单的编制

措施项目清单是指为完成工程项目施工，发生于该工程施工准备和施工过程中的技术、生活、安全、环境保护等方面的非工程实体项目的名称及数量明细。

措施项目清单应根据计量规范的规定编制，并根据拟建工程的实际情况列项。

计量规范附录的措施项目中列出了项目编码、项目名称、项目特征、计量单位、工程量计算规则的项目，即单价措施项目。编制工程量清单时，应按照计量规范分部分项工程清单的规定执行。措施项目仅列出项目编码、项目名称，未列出项目特征、计量单位和工程量计算规则的项目，即总价措施项目。编制工程量清单时，必须按计量规范附录措施项目规定的项目编码、项目名称确定清单项目，不必描述项目特征和确定计量单位。

4. 其他项目清单的编制

其他项目清单应按照下列内容列项：暂列金额、暂估价、计日工、总承包服务费。

（1）暂列金额

暂列金额是招标人在工程量清单中暂定并包括在合同价款中的一笔款项。用于施工合同签订时尚未确定或者不可预见的所需材料、设备、服务的采购，施工中可能发生的工程变更、合同约定调整因素出现时的工程价款调整以及发生的索赔、现场签证确认等的费用。

暂列金额可根据工程的复杂程度、设计深度、工程环境条件（包括地质、水文、气候条件等）进行估算，一般可按分部分项工程费和措施项目费的 10%～15% 作为参考。

（2）暂估价

暂估价包括材料暂估单价、工程设备暂估单价和专业工程暂估价，是指招标阶段直至签订合同协议时，招标人在招标文件中提供的用于支付必然要发生但暂时不能确定价格的材料以及需另行发包的专业工程金额。

暂估价中的材料、工程设备暂估价应根据工程造价信息或参照市场价格估算；专业工程暂估价应分不同专业，按有关计价规定估算。

（3）计日工

计日工是在施工过程中，承包人完成发包人提出的施工图纸以外的零星项目或工作，按合同中约定的综合单价计价的一种方式。计日工应由招标人考虑工程实际情况列出项目名称、计量单位和暂估数量。

（4）总承包服务费

总承包服务费是总承包人为配合协调发包人进行的专业工程分包，对发包人自行采购的设备、材料等进行保管以及施工现场管理、竣工资料汇总整理等服务所需的费用。总承包服务费应列出服务项目及其内容等。出现计量规范未列的项目，可根据工程实际情况补充。

5. 规费、税金项目清单的编制

（1）规费项目清单的编制

规费清单是根据省级政府或省级有关权力部门规定必须缴纳的，应计入建筑安装工程造价的费用项目明细。

根据 2009 年《内蒙古自治区建设工程费用定额》及内建工［2014］406 号文，规费项目包括：养老失业保险费、基本医疗保险费、住房公积金、工伤保险、生育保险和水利建设基金。

（2）税金项目清单的编制

税金清单是国家税法规定的应计入建筑安装工程造价内的营业税、城市维护建设税、教育费附加和地方教育附加等项目明细。

任务 3　工程量清单计价的编制

8.3.1　工程量清单计价

1. 工程量清单计价的概念

工程量清单计价其价款应包括按招标文件规定，完成工程量清单所列项目的全部费用，通常由分部分项工程费、措施项目费、其他项目费、规费和税金组成。

招标投标实行工程量清单计价，是指招标人公开提供工程量清单，投标人自主报价或招标人编制招标控制价及双方签订合同价款、工程竣工结算等活动。

《建设工程工程量清单计价规范》规定，国有资金投资的工程建设项目必须实行工程量清单招标，招标人必须编制招标控制价。

招标控制价是指招标人根据国家或省级、行业建设主管部门颁发的有关计价依据和办法，以及拟定的招标文件和招标工程量清单，结合工程具体情况编制的招标工程的最高投标限价。招标控制价应由具有编制能力的招标人或受其委托具有相应资质的工程造价咨询人编制和复核。

投标报价是投标人投标时报出的工程造价，是投标人投标时响应招标文件要求所报出的对已标价工程量清单汇总后标明的总价。

投标报价应根据招标文件中的工程量清单和有关要求、施工现场实际情况及拟定的施工方案或施工组织设计，应依据企业定额，国家或省级、行业建设主管部门颁发的计价定额和市场价格信息进行编制。投标价应由投标人或受其委托具有相应资质的工程造价咨询人编制。

2. 工程量清单计价的格式与内容

工程量清单计价应采用《建设工程工程量清单计价规范》（GB 50500—2013）提供的统一格式，由下列内容组成。

1）招标控制价/投标总价/竣工结算总价封面。

2）总说明。

3）工程项目招标控制价/投标报价/竣工结算汇总表。

4）单项工程招标控制价/投标报价/竣工结算汇总表。

5）单位工程招标控制价/投标报价/竣工结算汇总表。

6）分部分项工程量清单与计价表。

7）工程量清单综合单价分析表。

8）措施项目清单与计价表。

9）其他项目清单与计价汇总表。

10）规费、税金项目清单与计价表。

8.3.2　工程量清单计价（投标报价）的编制

1. 投标报价的编制及审核依据

投标报价应根据下列依据编制和复核：

1）《建设工程工程量清单计价规范》（GB 50500—2013）。

2）国家或省级、行业建设主管部门颁发的计价办法。

3）企业定额，国家或省级、行业建设主管部门颁发的计价定额和计价办法。

4）招标文件、招标工程量清单及其补充通知、答疑纪要。

5）建设工程设计文件及相关资料。

6）施工现场情况、工程特点及投标时拟定的施工组织设计或施工方案。

7）与建设项目相关的标准、规范等技术资料。

8）市场价格信息或工程造价管理机构发布的工程造价信息。

9）其他的相关资料。

2. 投标报价的编制

投标报价的编制及工程计价表格的填写按照以下步骤进行。

（1）分部分项工程量清单与计价表的填写

分部分项工程费是指完成分部分项工程量所需的实体项目费用。分部分项工程量清单与计价表是用来计算分部分项工程费的表格，其表现形式见表8-1。

表 8-1　分部分项工程量清单与计价表

工程名称：　　　　　　　　　　　标段：　　　　　　　　　　　第　页共　页

序号	项目编码	项目名称	项目特征描述	计量单位	工程量	金额/元		
						综合单价	合价	其中:暂估价
本页小计								
合　计								

1）表中的序号、项目编码、项目名称、项目特征描述、计量单位、工程量必须与招标工程量清单一致，报价人不允许自行改变。

2）综合单价的分析计算。综合单价是完成一个规定计量单位的分部分项工程和措施清单项目所需的人工费、材料和工程设备费、施工机具使用费和企业管理费、利润以及一定范围内的风险费用。

分部分项工程费采用综合单价计价。综合单价应依据招标文件及其招标工程量清单中分部分项工程量清单项目的特征描述计算确定，并应符合下列规定：

a. 综合单价中应考虑招标文件中要求投标人承担的风险费用。

b. 招标工程量清单中提供了暂估单价的材料和工程设备，按暂估的单价计入综合单价。

综合单价的计算过程是：根据所采用的定额及市场价格信息，计算出一个规定计量单位的清单工程量的人工费、材料费、机械费、管理费及利润，并考虑一定的风险费用，合计得出清单项目综合单价。以下面的例题来说明分部分项工程量清单综合单价的分析计算方法。

【例 8.1】　表8-2为某室内给水排水工程的一个清单项目，试分析其综合单价。

表 8-2　分部分项工程量清单

工程名称：给水排水工程

序号	项目编码	项目名称	项目特征描述	计量单位	工程量
10	030801001001	镀锌钢管	1. 安装部位:室内 2. 输送介质:给水 3. 材质:镀锌钢管 4. 型号、规格:DN80 5. 连接方式:丝接 6. 管道消毒冲洗	m	2.44

【解】　根据2009年《内蒙古自治区安装工程预算定额》，综合单价计算见表8-3。

表8-3　分部分项工程量清单费用组成分析表

工程名称：给水排水工程

项目编码	项目名称	单位	工程量	费用组成/元				价格/元	
				人工费	材料费	机械使用费	管理费利润	综合单价	合价
030801001001	镀锌钢管	m	2.44	15.42	50.10	0.36	3.91	69.79	170
a8-105	室内镀锌钢管（螺纹连接）安装公称直径（80mm以内）	10m	0.24	153.81	504.29	3.69	39.04		
a8-280	管道消毒、冲洗公称直径（100mm以内）	100m	0.02	36.06	60.76		8.88		

3）合价的填写。表8-1中合价等于综合单价乘以工程量。

表中的合计金额即为分部分项工程费，即分部分项工程费＝∑（分部分项工程量×综合单价）。

（2）措施项目清单与计价表的填写

措施项目费是指分部分项工程费以外，为完成该工程项目施工，发生于该工程施工前和施工过程中技术、生活、安全等方面的非工程实体项目所需的费用。

措施项目清单为可调整清单。招标人提出的措施项目清单是根据一般情况确定的，而不同投标人拥有的施工装备、技术水平和采用的施工方法有所差异，所以投标人对招标文件中所列项目，可根据企业自身特点、拟建工程施工组织设计及施工方案做适当的调整。

措施项目费的计算方法一般有以下两种：

1）系数计算法（总价措施项目）。系数计算法适用于以"项"计价的措施项目，采用总价措施项目清单与计价表的格式进行计算，见表8-4。

表8-4　总价措施项目清单与计价表

工程名称：　　　　　　　　　　　　标段：　　　　　　　　　　　　　　　第　页共　页

序号	项目编码	项目名称	计算基础	费率（%）	金额/元	调整费率（%）	调整后金额/元	备注
合　计								

系数计算法是采用与措施项目有直接关系的分部分项清单项目费为计算基础，乘以措施项目费系数加上管理费和利润，求得措施项目费。例如，依据2009年《内蒙古自治区建设工程计价依据》，以项为单位的措施项目费按分部分项工程费中的人工费和机械费之和乘以措施项目费费率并加上相应的管理费和利润求得。

2）定额分析法（单价措施项目）。定额分析法可以套用定额的措施项目，适用于以综合单价形式计价，采用分部分项工程和单价措施项目清单与计价表的格式进行计算，见表8-5。

表 8-5　分部分项工程和单价措施项目清单与计价表

工程名称：　　　　　　　　　　　标段：　　　　　　　　　　　第　页共　页

序号	项目编码	项目名称	项目特征描述	计量单位	工程量	金额/元	
						综合单价	合价
本页小计							
合　计							

表中综合单价分析通过工程量清单综合单价分析表进行分析计算，方法同分部分项工程。

投标人对拟建工程可能发生的措施项目和措施费用做通盘考虑，清单计价一经报出，即被认为是包括了所有应该发生的措施项目的全部费用。如果报出的清单中没有列项，且施工中又必须发生的项目，业主有权认为，其已经综合在分部分项工程量清单的综合单价中。将来措施项目发生时投标人不得以任何借口提出索赔与调整。

（3）其他项目清单与计价汇总表的填写

其他项目费是指分部分项工程费和措施项目费以外，该工程项目施工中可能发生的其他费用。其他项目费包括暂列金额、材料（工程设备）暂估价、专业工程暂估价、计日工、总承包服务费，其他项目清单与计价汇总表的格式见表 8-6。

表 8-6　其他项目清单与计价汇总表

工程名称：　　　　　　　　　　　标段：　　　　　　　　　　　第　页共　页

序　号	项目名称	金额/元	结算金额/元	备　注
1	暂列金额			
2	暂估价			
2.1	材料（工程设备）暂估价			
2.2	专业工程暂估价			
3	计日工			
4	总承包服务费			
合　计				—

各项项目费应按下列规定填写：

1）暂列金额：应按招标工程量清单中列出的金额填写。

2）暂估价：材料（工程设备）暂估价应按招标工程量清单中列出的单价计入综合单价；专业工程暂估价应按招标工程量清单中列出的金额填写。

3）计日工：计日工应按招标工程量清单中列出的项目和数量，自主确定综合单价并计算计日工总额。

4）总承包服务费：应根据招标工程量清单中列出的内容和提出的要求自主确定。

5）表中合计金额＝暂列金额＋专业工程暂估价＋计日工＋总承包服务费。材料暂估单价进入清单项目综合单价，此处不汇总。

（4）规费、税金项目清单与计价表的填写

规费、税金项目清单与计价表的格式见表8-7。

表 8-7　规费、税金项目清单与计价表

工程名称：　　　　　　　　　　标段：　　　　　　　　　　　　第　页　共　页

序号	项目名称	计算基础	计算基数	费率(%)	金额/元
1	规费				
1.1					
1.2					
2	税金	分部分项工程费+措施项目费+其他项目费+规费-按规定不计税的工程设备金额			
合　　计					

规费和税金应按国家或省级、行业建设主管部门的规定计算，不得作为竞争性费用。

规费=（分部分项工程费+措施项目费+其他项目）×规费费率

税金=（分部分项工程费+措施项目费+其他项目费+规费）×税率

根据 2009 年《内蒙古自治区建设工程计价依据》及内建工 ［2014］ 406 号文，规费费率为 5.38%。呼和浩特市市区税率为 3.48%。

（5）单位工程投标报价汇总表的填写

单位工程投标报价汇总表的格式见表8-8。

表 8-8　单位工程招标控制价/投标报价汇总表

工程名称：　　　　　　　　　　标段：　　　　　　　　　　　　第　页　共　页

序号	汇总内容	金额/元	其中:暂估价/元
1	分部分项工程		
1.1			
1.2			
2	措施项目		—
2.1	其中:安全文明施工费		—
3	其他项目		—
3.1	其中:暂列金额		—
3.2	其中:专业工程暂估价		—
3.3	其中:计日工		—
3.4	其中:总承包服务费		—
4	规费		—
5	税金		—
招标控制价/投标报价合计=1+2+3+4+5			

表中的分部分项工程金额按照表 8-1 的合计金额填写。措施项目费金额按照表 8-4、表 8-5 中合计金额的总额填写，其他项目按照表 8-6 的各项正确填写，规费和税金按照表 8-7 填写。

单位工程投标报价 = 分部分项工程费 + 措施项目费 + 其他项目费 + 规费 + 税金

将各单位工程投标报价汇总至单项工程投标报价汇总表中，各单项工程投标报价汇总后形成投标总价。

值得注意的是，工程量清单计价模式下的投标报价是在工程量统一的基础上采用企业定额，也可以采用国家或省级、行业建设主管部门颁发的计价定额自主报价。根据《建设工程工程量清单计价规范》（GB 50500—2013）及 2009 年《内蒙古自治区建设工程计价依据》，除安全文明费、规费和税金为不可竞争费用外，建筑安装工程造价中的其他费用都为可竞争费用。

任务 4　工程量清单及清单计价编制实例

8.4.1　工程量清单编制实例

下面以单元 4 任务 3 所述的某办公楼室内给水排水工程为例，介绍工程量清单的编制步骤及方法。

1. 编制分部分项工程量清单

分部分项工程量清单见表 8-9，表中的各项按照下述方法填写：

1）根据施工图纸、标准图集及《通用安装工程工程量计算规范》（GB 50856—2013）附录 J 和附录 L 等确定项目名称。

2）根据项目名称对照计量规范附录 J 的相应项目确定其项目编码。

3）依据计量规范并考虑工程实际情况准确描述项目特征。

4）根据计量规范附录的工程量计算规则计算清单工程量。工程量根据单元 4 任务 3 中的计算结果分析取用。

表 8-9　分部分项工程量清单与计价表

工程名称：给水排水工程

序号	项目编码	项目名称	项目特征描述	计量单位	工程量	金额/元		
						综合单价	合价	其中：暂估价
1	030804003001	洗脸盆	1. 材质:钢管组成 2. 冷水	组	2			
2	030804003002	洗脸盆	1. 材质:钢管组成 2. 冷热水	组	1			
3	030804007001	淋浴器	1. 材质:钢管组成 2. 冷热水	组	4			
4	030804012001	大便器	1. 瓷高水箱 2. 组装方式:蹲式	套	6			

（续）

序号	项目编码	项目名称	项目特征描述	计量单位	工程量	金额/元		
						综合单价	合价	其中：暂估价
5	030804013001	小便器	组装方式：普通挂式	套	4			
6	030804015001	排水栓	1. 带存水弯 2. 规格：DN50	组	2			
7	030804016001	水龙头	1. 材质：钢制 2. 型号、规格：DN20	个	2			
8	030804017001	地漏	1. 材质：铸铁 2. 型号、规格：DN50	个	4			
9	030804017002	地漏	1. 材质：铸铁 2. 型号、规格：DN100	个	1			
10	030801001001	镀锌钢管	1. 安装部位：室内 2. 输送介质：给水 3. 材质：镀锌钢管 4. 型号、规格：DN80 5. 连接方式：丝接 6. 管道消毒冲洗	m	2.40			
11	030801001002	镀锌钢管	1. 安装部位：室内 2. 输送介质：给水 3. 材质：镀锌钢管 4. 型号、规格：DN50 5. 连接方式：丝接 6. 管道消毒冲洗	m	21.50			
12	030801001003	镀锌钢管	1. 安装部位：室内 2. 输送介质：给水 3. 材质：镀锌钢管 4. 型号、规格：DN32 5. 连接方式：丝接 6. 管道消毒、冲洗	m	14.00			
13	030801001004	镀锌钢管	1. 安装部位：室内 2. 输送介质：给水 3. 材质：镀锌钢管 4. 型号、规格：DN25 5. 连接方式：丝接 6. 管道消毒、冲洗	m	6.70			
14	030801001005	镀锌钢管	1. 安装部位：室内 2. 输送介质：给水 3. 材质：镀锌钢管 4. 型号、规格：DN20 5. 连接方式：丝接 6. 管道消毒、冲洗	m	9.70			

（续）

序号	项目编码	项目名称	项目特征描述	计量单位	工程量	金额/元		
						综合单价	合价	其中：暂估价
15	030801001006	镀锌钢管	1. 安装部位:室内 2. 输送介质:给水 3. 材质:镀锌钢管 4. 型号、规格:DN15 5. 连接方式:丝接 6. 管道消毒、冲洗	m	21.40			
16	030803003001	焊接法兰阀门	1. 类型:法兰闸板阀 2. 材质:钢制 3. 型号、规格:DN80	个	1			
17	030803001001	螺纹阀门	1. 类型:截止阀 2. 材质:钢制 3. 型号、规格:DN50	个	2			
18	030803001002	螺纹阀门	1. 类型:截止阀 2. 材质:钢制 3. 型号、规格:DN32	个	3			
19	030803001003	螺纹阀门	1. 类型:截止阀 2. 材质:钢制 3. 型号、规格:DN20	个	4			
20	030801003001	承插铸铁管	1. 安装部位:室内 2. 输送介质:排水 3. 材质:铸铁管 4. 型号、规格:DN100 5. 连接方式:水泥接口	m	27.20			
21	030801003002	承插铸铁管	1. 安装部位:室内 2. 输送介质:排水 3. 材质:铸铁管 4. 型号、规格:DN50 5. 连接方式:水泥接口	m	10.40			
22	030801001007	镀锌钢管	1. 安装部位:室内 2. 输送介质:排水 3. 材质:镀锌钢管 4. 型号、规格:DN50	m	0.70			
23	030801001008	镀锌钢管	1. 安装部位:室内 2. 输送介质:排水 3. 材质:镀锌钢管 4. 型号、规格:DN40	m	4.50			

（续）

序号	项目编码	项目名称	项目特征描述	计量单位	工程量	综合单价	合价	其中：暂估价
						金额/元		
24	030802001001	管道支架制作安装	安装部位：室内 钢制支架	kg	19.00			
25	030701018001	消火栓（水灭火）	1. 安装部位：室内 2. 型号、规格：DN50 3. 单栓	套	3			
26	031002003001	套管	1. 类型：穿楼板套管 2. 材质：钢制 3. 规格：DN50	m	4			
27	031002003002	套管	1. 类型：穿楼板套管 2. 材质：钢制 3. 规格：DN32	m	1			
28	031002003003	套管	1. 类型：穿楼板套管 2. 材质：钢制 3. 规格：DN25	m	2			
29	031201001001	明装排水铸铁管道刷油	1. 除锈级别：轻锈 2. 油漆品种及遍数：防锈漆一遍，银粉漆两遍	m²	9.19			
30	031201001002	暗装排水铸铁管道刷油	1. 除锈级别：轻锈 2. 油漆品种及遍数：沥青漆两遍	m²	2.17			
31	031201001003	镀锌钢管管道刷油	油漆品种及遍数：银粉漆两遍	m²	8.55			
32	031208002001	管道绝热	1. 绝热材料品种：岩棉套管 2. 绝热厚度：50mm 3. 管道外径：42.25	m³	0.09			
33	031208007001	防潮层、保护层	1. 材料：玻璃布 2. 层数：一层	m³	2.99			
34	031201003001	金属结构（管道支架）刷油	1. 除锈级别：轻锈 2. 油漆品种及遍数：防锈漆两遍 3. 结构类型：一般钢结构	kg	94			
35	031201003002	金属结构（管道支架）刷油	1. 油漆品种及遍数：银粉漆两遍 2. 结构类型：一般钢结构	kg	80.18			
		合　计						

2. 编制措施项目清单

措施项目清单根据《通用安装工程工程量计算规范》（GB 50858—2013）附录 M、2009年《内蒙古自治区建设工程计价依据》、办公楼给水排水工程的施工图纸和拟建工程的实际情况进行编制。

安全文明、临时设施、雨季施工、已完工程及设备保护在计量规范附录中仅列出项目编码、项目名称，未列出项目特征、计量单位和工程量计算规则，所以采用总价措施项目清单与计价表的格式编制，按计量规范附录措施项目规定的项目编码、项目名称确定清单项目，见表 8-10。材料及产品检测可以计算综合单价，所以采用分部分项工程和单价措施项目清单与计价表的格式进行编制，见表 8-11。

表 8-10 总价措施项目清单与计价表

工程名称：　　　　　　　　　　标段：　　　　　　　　　　　　第　页　共　页

序号	项目编码	项目名称	计算基础	费率(%)	金额/元	调整费率(%)	调整后金额/元	备注
1	031301001001	安全文明						
2	031301001002	临时设施						
3	031301005001	雨季施工						
4	031301006001	已完工程及设备保护						
5	031302001001	脚手架搭拆						
合　计								

表 8-11 分部分项工程和单价措施项目清单与计价表

工程名称：　　　　　　　　　　标段：　　　　　　　　　　　　第　页　共　页

序号	项目编码	项目名称	项目特征描述	计量单位	工程量	金额/元	
						综合单价	合价
1	03B001	材料及产品检测	检测材料、产品	m^2	3000		
本页小计							
合　计							

3. 编制规费、税金项目清单

规费、税金项目清单根据 2009 年《内蒙古自治区建设工程费用定额》及内建工〔2014〕406 号文和本工程的施工图纸编制，见表 8-12。

表 8-12 规费、税金项目清单

工程名称：给水排水工程

序号	项目名称	计算基础	计算基数	费率(%)	金额/元
1	规费				
1.1	养老失业保险				
1.2	基本医疗保险				
1.3	住房公积金				
1.4	工伤保险				

（续）

序号	项 目 名 称	计算基础	计算基数	费率（%）	金额/元
1.5	生育保险				
1.6	水利建设基金				
2	税金				
合　　计					

4. 填写总说明表

工程量清单总说明应按下列内容填写：

1）工程概况：建设规模、工程特征、计划工期、施工现场实际情况、自然地理条件、环境保护要求等。

2）工程招标和分包范围。

3）工程量清单编制依据。

4）工程质量、材料、施工等的特殊要求。

5）其他需要说明的问题。

本工程的总说明见表 8-13。

表 8-13　总说明

工程名称：给水排水工程

1）工程概况：某办公楼给排水工程，底层有淋浴间，二、三层有卫生间。淋浴间设有四组淋浴器，一个洗脸盆，一个地漏。二层卫生间内设有高水箱蹲式大便器三套，挂式小便器两套，洗脸盆一个，污水池一个，地漏两个。三层卫生间内卫生器具的布置和数量都与二层相同，每层楼梯间均设有一组消火栓。给水管道均采用镀锌钢管，螺纹连接；排水管道采用排水铸铁管，水泥接口。给水管道上的阀门采用 J11T—16 型截止阀。

2）本次工程招标范围为该办公楼室内给水排水工程。

3）工程量清单的编制依据：

a.《建设工程工程量清单计价规范》（GB 50500—2013）和《通用安装工程工程量计算规范》（GB 50856—2013）。

b. 2009 年《内蒙古自治区建设工程计价依据》。

c. 该办公楼给水排水工程施工图纸。

d.《建筑给水排水设计规范》（2009 年版）（GB 50015—2003）及给水排水施工验收规范。

e. 办公楼给水排水工程招标文件。

f. 施工现场情况、工程特点及常规施工方案。

g. 其他相关资料。

5. 填写工程量清单封面

工程量清单封面见表 8-14。

6. 装订

装订顺序为：

1）封面。

2）总说明。

3）分部分项工程量清单。

4）措施项目清单。

5）规费、税金项目清单。

表 8-14　工程量清单封面

给排水　工程

工程量清单

招　标　人：＿＿＿＿＿＿＿＿＿＿＿

（单位盖章）

工　程　造　价
咨　询　人：＿＿＿＿＿＿＿＿＿＿＿

（单位资质专用章）

法定代表人
或其授权人：＿＿＿＿＿＿＿＿＿＿＿

（签字或盖章）

法定代表人
或其授权人：＿＿＿＿＿＿＿＿＿＿＿

（签字或盖章）

编　制　人：＿＿＿＿＿＿＿＿＿＿＿

（造价人员签字盖专用章）

复　核　人＿＿＿＿＿＿＿＿＿＿＿

（造价工程师签字盖专用章）

编制时间：　　　　　年　月　日

复核时间：　　　　　年　月　日

8.4.2　工程量清单计价（投标报价）编制实例

下面以单元 4 任务 3 所述的某办公楼室内给水排水工程为例，招标工程量清单如 8.4.1 所示，介绍工程量清单计价的编制步骤及方法。

1. 综合单价分析计算

仔细分析工程量清单中每个清单项目的特征，根据 2009 年《内蒙古自治区建设工程计价依据》、呼和浩特地区的材料市场价格进行综合单价分析计算。（为方便教学，综合单价中的人工费暂不进行调增）

例如，项目编码为 030804003001 的洗脸盆清单项目，工程量为 2 组，其综合单价的计算过程为

查 2009 年《内蒙古自治区安装工程预算定额》第八册给水排水、采暖、燃气工程分册，定额编号为 8-466，10 组洗脸盆的定额基价为 1529.07 元，人工费为 215.42 元，材料费为 1313.65 元，管理费和利润按 2009 计价依据合计费率为 32%，故（管理费+利润）= 215.42×32% = 68.93（元）；由此清单人工费 = 215.42×0.2÷2 = 21.54（元），清单材料费 = 1313.65×0.2÷2 = 131.37（元），清单管理费和利润 = 68.93×0.2÷2 = 6.89（元）（0.2 为定额单位为 "10 组" 的工程量，2 为清单工程量），故项目编码为 030804003001 的洗脸盆清单项目的综合单价 = 21.54+131.37+6.89 = 159.80（元）。同理可以计算其他清单项目的综合单价，见表 8-15 分部分项工程量清单费用组成分析表。

表 8-15　分部分项工程量清单费用组成分析表

工程名称：给水排水工程

项目编码	项目名称	单位	工程量	费用组成/元				价格/元	
				人工费	材料费	机械使用费	管理费利润	综合单价	合价
030804003001	洗脸盆	组	2	21.54	131.37		6.89	159.80	320
a8-466	洗脸盆安装　钢管组成　冷水	10组	0.2	215.4	1313.65		68.9		
030804003002	洗脸盆	组	1	26.56	193.26		8.5	228.0	228
a8-467	洗脸盆安装　钢管组成　冷热水	10组	0.1	265.6	1932.6		85		
030804007001	淋浴器	组	4	22.85	43.12		7.31	73.25	293
a8-488	淋浴器钢管组成、安装　冷热水	10组	0.4	228.48	431.2		73.13		
030804012001	大便器	套	6	39.41	277.24		12.61	329.33	1976
a8-491	蹲式大便器安装　瓷高水箱	10套	0.6	394.13	2772.35		126.12		
030804013001	小便器	套	4	13.71	104.3		4.39	122.50	490
a8-503	挂斗式小便器安装　普通	10套	0.4	137.1	1042.98		43.88		
030804015001	排水栓	组	2	7.75	14.3		2.49	24.50	49
a8-531	排水栓安装　带存水弯　50	10组	0.2	77.5	142.95		24.85		
030804016001	水龙头	个	2	1.14	17.85		0.37	19.50	39
a8-524	普通水嘴安装　公称直径（20mm 以内）	10个	0.2	11.4	178.5		3.65		
030804017001	地漏	个	4	6.53	27.88		2.09	36.50	146
a8-535	地漏安装　50	10个	0.4	65.28	278.75		20.9		
030804017002	地漏	个	1	15.22	54.02		4.87	74.00	74
a8-537	地漏安装　100	10个	0.1	152.2	540.2		48.7		
030801001001	镀锌钢管	m	2.40	12.11	40.45	0.37	3.99	57.08	137
a8-105	室内镀锌钢管（螺纹连接）安装　公称直径（80mm 以内）	10m	0.24	118.33	399.92	3.71	39.04		
a8-280	管道消毒、冲洗　公称直径（100mm 以内）	100m	0.02	27.92	45.83		8.75		
030801001002	镀锌钢管	m	21.50	11.15	27.71	0.39	3.69	42.93	923
a8-103	室内镀锌钢管（螺纹连接）安装　公称直径（50mm 以内）	10m	2.15	109.34	274.25	3.85	36.22		
a8-279	管道消毒、冲洗　公称直径（50mm 以内）	100m	0.22	21.21	28.74		6.97		
030801001003	镀锌钢管	m	14.00	9.19	16.8	0.13	2.98	29.07	407
a8-101	室内镀锌钢管（螺纹连接）安装　公称直径（32mm 以内）	10m	1.4	89.76	165.1	1.32	29.15		

（续）

项目编码	项目名称	单位	工程量	费用组成/元				价格/元	
				人工费	材料费	机械使用费	管理费利润	综合单价	合价
a8-279	管道消毒、冲洗 公称直径（50mm以内）	100m	0.14	21.21	28.79		6.79		
030801001004	镀锌钢管	m	6.70	9.19	13.37	0.13	2.98	25.67	172
a8-100	室内镀锌钢管（螺纹连接）安装 公称直径（25mm以内）	10m	0.67	89.76	130.84	1.31	29.13		
a8-279	管道消毒、冲洗 公称直径（50mm以内）	100m	0.07	21.19	28.81		6.72		
030801001005	镀锌钢管	m	9.70	7.68	10.13		2.46	20.31	197
a8-99	室内镀锌钢管（螺纹连接）安装 公称直径（20mm以内）	10m	0.97	74.69	98.41		23.91		
a8-279	管道消毒、冲洗 公称直径（50mm以内）	100m	0.1	21.24	28.76		6.8		
030801001006	镀锌钢管	m	21.40	7.68	8.45		2.46	18.60	398
a8-98	室内镀锌钢管（螺纹连接）安装 公称直径（15mm以内）	10m	2.14	74.69	81.6		23.9		
a8-279	管道消毒、冲洗 公称直径（50mm以内）	100m	0.21	21.21	28.74		6.78		
030803003001	焊接法兰阀门	个	1	32.4	291.28	11.95	14.19	350.00	350
a8-309	焊接法兰阀门安装 公称直径（80mm以内）	个	1	32.4	291.28	11.95	14.19		
030803001001	螺纹阀门	个	2	10.8	55.07		3.46	69.50	139
a8-295	螺纹阀门安装 公称直径（50mm以内）	个	2	10.8	55.07		3.46		
030803001002	螺纹阀门	个	3	6.48	27.47		2.07	36.00	108
a8-293	螺纹阀门安装 公称直径（32mm以内）	个	3	6.48	27.47		2.07		
030803001003	螺纹阀门	个	4	4.32	12.9		1.38	18.50	74
a8-291	螺纹阀门安装 公称直径（20mm以内）	个	4	4.32	12.9		1.38		
030801003001	承插铸铁管	m	27.20	14.12	124.95		4.52	143.57	3905
a8-157	室内承插铸铁排水管（水泥接口）安装 公称直径（100mm以内）	10m	2.72	141.17	1249.48		45.18		
030801003002	承插铸铁管	m	10.4	9.14	48.26		2.93	60.29	627
a8-155	室内承插铸铁排水管（水泥接口）安装 公称直径（50mm以内）	10m	1.049	1.39	482.59		29.25		

（续）

项目编码	项目名称	单位	工程量	人工费	材料费	机械使用费	管理费利润	综合单价	合价
				费用组成/元				价格/元	
030801001007	镀锌钢管	m	0.70	10.93	27.43	0.39	3.63	42.86	30
a8-103	室内镀锌钢管（螺纹连接）安装　公称直径（50mm以内）	10m	0.07	109.29	274.29	3.86	36.29		
030801001008	镀锌钢管	m	4.50	10.69	18.55	0.13	3.46	32.89	148
a8-102	室内镀锌钢管（螺纹连接）安装　公称直径（40mm以内）	10m	0.45	106.91	185.53	1.31	34.64		
030802001001	管道支架制作安装	kg	19.00	4.22	5.03	2.82	2.25	14.32	272
a8-215	室内管道支架制作安装	100kg	0.19	413.71	492.99	275.72	220.62		
030701018001	消火栓（水灭火）	套	3	36.1	905.93	0.57	11.73	954.33	2863
a7-146	水灭火系统室内消火栓安装　公称直径（65mm以内）单栓	套	3	36.1	905.93	0.57	11.73		
031002003001	套管	个	4	3.72	8.68	0.5	1.35	14.25	57
a8-200	室内穿楼板钢套管制作安装　公称直径（50mm以内）	10个	0.4	37.15	86.75	5	13.5		
031002003002	套管	个	1	2.74	4.82	0.5	1.04	9.00	9
a8-198	室内穿楼板钢套管制作安装　公称直径（32mm以内）	10个	0.1	27.4	48.2	5	10.4		
031002003003	套管	个	2	2.74	4.82	0.5	1.04	9.00	18
a8-198	室内穿楼板钢套管制作安装　公称直径（25mm以内）	10个	0.2	27.35	48.2	5	10.35		
031201001001	明装排水铸铁管道刷油	m²	9.19	5.47	3.49		1.75	10.77	99
a11-1	手工除管道轻锈	10m²	0.92	13.87	2.56		4.44		
a11-198	铸铁管、散热器刷防锈漆　一遍	10m²	0.92	13.49	8.12		4.32		
a11-200	铸铁管、散热器刷银粉漆　第一遍	10m²	0.92	13.87	12.77		4.44		
a11-201	铸铁管、散热器刷银粉漆　第二遍	10m²	0.92	13.49	11.41		4.32		
031201001002	暗装排水铸铁管道刷油	m²	2.17	4.29	5.38		1.37	11.06	24
a11-1	手工除管道轻锈	10m²	0.22	13.87	2.58		4.42		
a11-202	铸铁管、散热器刷沥青漆　第一遍	10m²	0.22	14.7	26.41		4.7		
a11-203	铸铁管、散热器刷沥青漆　第二遍	10m²	0.22	14.29	24.84		4.61		

（续）

项目编码	项 目 名 称	单位	工程量	费用组成/元				价格/元	
				人工费	材料费	机械使用费	管理费利润	综合单价	合价
031201001003	镀锌钢管管道刷油	m²	8.55	2.25	2.02		0.72	5.03	43
a11-56	管道刷银粉漆　第一遍	10m²	0.86	11.42	10.55		3.65		
a11-57	管道刷银粉漆　第二遍	10m²	0.86	11.04	9.68		3.53		
031208002001	管道绝热	m³	0.09	133.44	287.53	8.6	45.48	473.12	44
a11-1896	管道（φ57mm以下）（绝热）岩（矿）棉带安装　厚度50mm	m³	0.09	133.44	287.53	8.6	45.48		
031208007001	防潮层、保护层	m²	2.99	1.92	1.41		0.62	4.01	12
a11-2234	管道玻璃布防潮层、保护层安装	10m²	0.3	19.2	14.15		6.15		
031201003001	金属结构（管道支架）刷油	kg	94.00	0.26	0.16	0.13	0.12	0.67	63
a11-7	手工除一般钢结构轻锈	100kg	0.94	13.87	1.9	5.6	6.23		
a11-117	一般钢结构刷红丹防锈漆第一遍	100kg	0.94	5.9	7.76	3.73	3.09		
a11-118	一般钢结构刷红丹防锈漆第二遍	100kg	0.94	5.9	6.82	7.73	3.09		
031201003002	金属结构（管道支架）刷油	kg	80.18	0.12	0.1	0.07	0.06	0.35	28
a11-122	一般钢结构刷银粉漆　第一遍	100kg	0.8	6.1	5.1	3.73	3.14		
a11-123	一般钢结构刷银粉漆　第二遍	100kg	0.8	5.9	4.81	3.73	3.08		

2. 填写分部分项工程量清单与计价表

1）表中的序号、项目编码、项目名称、项目特征描述、计量单位、工程量按照招标工程量清单填写。

2）综合单价取自分部分项工程量清单费用组成分析表中的相应清单项目。

3）表中合价等于综合单价乘以工程量，例如项目编码为030804003001的洗脸盆清单项目合价 = 159.80×2 = 320（元）。

4）表中的合计金额即为分部分项工程费，即分部分项工程费 = ∑（分部分项工程量×综合单价）= 14762（元），见表8-16。

表8-16 分部分项工程量清单与计价表

工程名称：给水排水工程

序号	项目编码	项目名称	项目特征描述	计量单位	工程量	金额/元		
						综合单价	合价	其中：暂估价
1	030804003001	洗脸盆	1. 材质：钢管组成 2. 冷水	组	2	159.80	320	
2	030804003002	洗脸盆	1. 材质：钢管组成 2. 冷热水	组	1	228.00	228	

（续）

序号	项目编码	项目名称	项目特征描述	计量单位	工程量	金额/元		
						综合单价	合价	其中：暂估价
3	030804007001	淋浴器	1. 材质：钢管组成 2. 冷热水	组	4	73.25	293	
4	030804012001	大便器	1. 瓷高水箱 2. 组装方式：蹲式	套	6	329.33	1976	
5	030804013001	小便器	组装方式：普通挂式	套	4	122.50	490	
6	030804015001	排水栓	1. 带存水弯 2. 规格：DN50	组	2	24.50	49	
7	030804016001	水龙头	1. 材质：钢制 2. 型号、规格：DN20	个	2	19.50	39	
8	030804017001	地漏	1. 材质：铸铁 2. 型号、规格：DN50	个	4	36.50	146	
9	030804017002	地漏	1. 材质：铸铁 2. 型号、规格：DN100	个	1	74.00	74	
10	030801001001	镀锌钢管	1. 安装部位：室内 2. 输送介质：给水 3. 材质：镀锌钢管 4. 型号、规格：DN80 5. 连接方式：丝接 6. 管道消毒冲洗	m	2.40	57.08	137	
11	030801001002	镀锌钢管	1. 安装部位：室内 2. 输送介质：给水 3. 材质：镀锌钢管 4. 型号、规格：DN50 5. 连接方式：丝接 6. 管道消毒冲洗	m	21.50	42.93	923	
12	030801001003	镀锌钢管	1. 安装部位：室内 2. 输送介质：给水 3. 材质：镀锌钢管 4. 型号、规格：DN32 5. 连接方式：丝接 6. 管道消毒、冲洗	m	14.00	29.07	407	
13	030801001004	镀锌钢管	1. 安装部位：室内 2. 输送介质：给水 3. 材质：镀锌钢管 4. 型号、规格：DN25 5. 连接方式：丝接 6. 管道消毒、冲洗	m	6.70	25.67	172	

（续）

序号	项目编码	项目名称	项目特征描述	计量单位	工程量	金额/元		
						综合单价	合价	其中：暂估价
14	030801001005	镀锌钢管	1. 安装部位：室内 2. 输送介质：给水 3. 材质：镀锌钢管 4. 型号、规格：DN20 5. 连接方式：丝接 6. 管道消毒、冲洗	m	9.70	20.31	197	
15	030801001006	镀锌钢管	1. 安装部位：室内 2. 输送介质：给水 3. 材质：镀锌钢管 4. 型号、规格：DN15 5. 连接方式：丝接 6. 管道消毒、冲洗	m	21.40	18.60	398	
16	030803003001	焊接法兰阀门	1. 类型：法兰闸板阀 2. 材质：钢制 3. 型号、规格：DN80	个	1	350.00	350	
17	030803001001	螺纹阀门	1. 类型：截止阀 2. 材质：钢制 3. 型号、规格：DN50	个	2	69.50	139	
18	030803001002	螺纹阀门	1. 类型：截止阀 2. 材质：钢制 3. 型号、规格：DN32	个	3	36.00	108	
19	030803001003	螺纹阀门	1. 类型：截止阀 2. 材质：钢制 3. 型号、规格：DN20	个	4	18.50	74	
20	030801003001	承插铸铁管	1. 安装部位：室内 2. 输送介质：排水 3. 材质：铸铁管 4. 型号、规格：DN100 5. 连接方式：水泥接口	m	27.20	143.57	3905	
21	030801003002	承插铸铁管	1. 安装部位：室内 2. 输送介质：排水 3. 材质：铸铁管 4. 型号、规格：DN50 5. 连接方式：水泥接口	m	10.40	60.29	627	

（续）

序号	项目编码	项目名称	项目特征描述	计量单位	工程量	金额/元		
						综合单价	合价	其中：暂估价
22	030801001007	镀锌钢管	1. 安装部位：室内 2. 输送介质：排水 3. 材质：镀锌钢管 4. 型号、规格：DN50	m	0.70	42.86	30	
23	030801001008	镀锌钢管	1. 安装部位：室内 2. 输送介质：排水 3. 材质：镀锌钢管 4. 型号、规格：DN40	m	4.50	32.89	148	
24	030802001001	管道支架制作安装	安装部位：室内 钢制支架	kg	19.00	14.32	272	
25	030701018001	消火栓（水灭火）	1. 安装部位：室内 2. 型号、规格：DN50 3. 单栓	套	3	954.33	2863	
26	031002003001	套管	1. 类型：穿楼板套管 2. 材质：钢制 3. 规格：DN50	个	4	14.25	57	
27	031002003002	套管	1. 类型：穿楼板套管 2. 材质：钢制 3. 规格：DN32	个	1	9.00	9	
28	031002003003	套管	1. 类型：穿楼板套管 2. 材质：钢制 3. 规格：DN25	个	2	9.00	18	
29	031201001001	明装排水铸铁管道刷油	1. 除锈级别：轻锈 2. 油漆品种及遍数：防锈漆一遍，银粉漆两遍	m²	9.19	10.77	99	
30	031201001002	暗装排水铸铁管道刷油	1. 除锈级别：轻锈 2. 油漆品种及遍数：沥青漆两遍	m²	2.17	11.06	24	
31	031201001003	镀锌钢管管道刷油	油漆品种及遍数：银粉漆两遍	m²	8.55	5.03	43	
32	031208002001	管道绝热	1. 绝热材料品种：岩棉套管 2. 绝热厚度：50mm 3. 管道外径：42.25	m³	0.09	473.12	44	

（续）

序号	项目编码	项目名称	项目特征描述	计量单位	工程量	综合单价	合价	其中：暂估价
33	031208007001	防潮层、保护层	1. 材料：玻璃布 2. 层数：一层	m³	2.99	4.01	12	
34	031201003001	金属结构（管道支架）刷油	1. 除锈级别：：轻锈 2. 油漆品种及遍数：防锈漆两遍 3. 结构类型：一般钢结构	kg	94.00	0.67	63	
35	031201003002	金属结构（管道支架）刷油	1. 油漆品种及遍数：银粉漆两遍 2. 结构类型：一般钢结构	kg	80.18	0.35	28	
		合计					14762	

3. 填写措施项目清单与计价表

（1）通用措施项目

以项目编码为 031301001001 的安全文明施工费为例说明通用措施项目费的计算方法。

根据 2009 年《内蒙古建设工程计价依据》，安全文明费的取费基数为实体（人工费+机械费），费率为 2.3%，计算如下：

通过分部分项工程量清单费用组成分析表计算实体项目人工费为 2175 元，机械费为 102 元，见表 8-17。

安全文明费 = (2175+102)×2.3% = 52.37(元)

其中：人工费 = (2175+102)×2.3%×20% = 10.47(元)

材料费 = (2175+102)×2.3%×80% = 41.90(元)

管理费和利润 = 10.47×(15%+17%) = 3.35(元)

故安全文明措施项目费 = 52.37+3.35 = 56(元)

（2）技术措施项目

材料产品检测费综合单价 = 4×15% = 0.60(元/m²)

措施项目费见表 8-18～表 8-20。

表 8-17　分部分项工程量清单费用组成分析表（核算实体人工费和机械费）

工程名称：给水排水工程

项目编码	项目名称	单位	工程量	费用组成/元				价格/元		价格/元	
				人工费	材料费	机械使用费	管理费利润	综合单价	合价	人工合计	机械合计
030804003001	洗脸盆	组	2	21.54	131.37		6.89	159.80	320	43	0.0
030804003002	洗脸盆	组	1	26.56	193.26		8.5	228.00	228	27	0.0
030804007001	淋浴器	组	4	22.85	43.12		7.31	73.25	293	91	0.0
030804012001	大便器	套	6	39.41	277.24		12.61	329.33	1976	236	0.0

（续）

项目编码	项目名称	单位	工程量	费用组成/元				价格/元		价格/元	
				人工费	材料费	机械使用费	管理费利润	综合单价	合价	人工合计	机械合计
030804013001	小便器	套	4	13.71	104.3		4.39	122.50	490	55	0.0
030804015001	排水栓	组	2	7.75	14.3		2.49	24.50	49	16	0.0
030804016001	水龙头	个	2	1.14	17.85		0.37	19.50	39	2	0.0
030804017001	地漏	个	4	6.53	27.88		2.09	36.50	146	26	0.0
030804017002	地漏	个	1	15.22	54.02		4.87	74.00	74	15	0.0
030801001001	镀锌钢管	m	2.4	12.11	40.45	0.37	3.99	57.08	137	29	0.9
030801001002	镀锌钢管	m	21.5	11.15	27.71	0.39	3.69	42.93	923	240	8.4
030801001003	镀锌钢管	m	14	9.19	16.8	0.13	2.98	29.07	407	129	1.8
030801001004	镀锌钢管	m	6.7	9.19	13.37	0.13	2.98	25.67	172	62	0.9
030801001005	镀锌钢管	m	9.7	7.68	10.13		2.46	20.31	197	74	0.0
030801001006	镀锌钢管	m	21.4	7.68	8.45		2.46	18.60	398	164	0.0
030803003001	焊接法兰阀门	个	1	32.4	291.28	11.95	14.19	350.00	350	32	12.0
030803001001	螺纹阀门	个	2	10.8	55.07		3.46	69.50	139	22	0.0
030803001002	螺纹阀门	个	3	6.48	27.47		2.07	36.00	108	19	0.0
030803001003	螺纹阀门	个	4	4.32	12.9		1.38	18.50	74	17	0.0
030801003001	承插铸铁管	m	27.2	14.12	124.95		4.52	143.57	3905	384	0.0
030801003002	承插铸铁管	m	10.4	9.14	48.26		2.93	60.29	627	95	0.0
030801001007	镀锌钢管	m	0.7	10.93	27.43	0.39	3.63	42.86	30	8	0.3
030801001008	镀锌钢管	m	4.5	10.69	18.55	0.13	3.46	32.89	148	48	0.6
030802001001	管道支架制作安装	kg	19	4.22	5.03	2.82	2.25	14.32	272	80	53.6
030701018001	消火栓（水灭火）	套	3	36.1	905.93	0.57	11.73	954.33	2863	108	1.7
031002003001	套管	个	4	3.72	8.68	0.5	1.35	14.25	57	15	2.0
031002003002	套管	个	1	2.74	4.82	0.5	1.04	9.00	9	3	0.5
031002003003	套管	个	2	2.74	4.82	0.5	1.04	9.00	18	5	1.0
031201001001	明装排水铸铁管道刷油	m²	9.19	5.47	3.49		1.75	10.77	99	50	0.0
031201001002	暗装排水铸铁管道刷油	m²	2.17	4.29	5.38		1.37	11.06	24	9	0.0
031201001003	镀锌钢管管道刷油	m²	8.55	2.25	2.02		0.72	5.03	43	19	0.0
031208002001	管道绝热	m³	0.09	133.44	287.53	8.6	45.48	473.12	44	12	0.8
031208007001	防潮层、保护层	m³	2.99	1.92	1.41		0.62	4.01	12	6	0.0
031201003001	金属结构（管道支架）刷油	kg	94	0.26	0.16	0.13	0.12	0.67	63	24	12.2
031201003002	金属结构（管道支架）刷油	kg	80.18	0.12	0.1	0.07	0.06	0.35	28	10	5.6
	合计									2175	102

表 8-18 通用措施项目计价表

工程名称：给水排水工程

序 号	项目名称	计费基础	费率(%)	金额/元
1	脚手架搭拆费	实体人工费	5	126
2	安全文明施工费	实体(人工费+机械费)	2.3	56
3	雨季施工增加费	实体(人工费+机械费)	0.3	7
4	已完及未完工程保护费	实体(人工费+机械费)	0.5	12
5	临时设施费	实体(人工费+机械费)	5	121
	合计			322

表 8-19 技术措施项目计价表

工程名称：给水排水工程

序号	项目编码	项目名称	项目特征描述	单位	工程量	综合单价	合价
1	03B001	材料及产品检测费	检测材料、产品	m²	3000	0.60	1800
		合 计					1800

表 8-20 通用措施项目费用组成分析表

工程名称：给水排水工程

编号	项目名称	单位	工程量	人工费	材料费	机械使用费	管理费利润	合计
031301001001	安全文明施工费	项	1	10.47	41.90		3.35	56
031301005002	雨季施工增加费	项	1	1.37	5.47		0.44	7
031301005001	已完及未完工程保护费	项	1	2.28	9.12		0.73	12
031301006001	临时设施费	项	1	22.8	91.18		7.3	121
031302001001	脚手架搭拆费	项	1	27.21	54.43	27.21	17.41	126
	合计							322

4. 填写规费、税金项目清单与计价表

规费 = (分部分项工程费+措施项目+其他项目费)×规费费率

如养老失业保险 = (14762+322+1800)×3.5% = 591(元)

同理可计算出其他规费。

税金 = (分部分项工程费+措施项目费+其他项目费+规费)×税率

  = (14762+322+1800+909)×3.48% = 619(元)

具体见表 8-21。

表 8-21 规费、税金项目清单与计价表

工程名称：给水排水工程

序号	项目名称	计算基础	费率(%)	金额/元
1	规费	分部分项工程费+措施项目费+其他项目费	5.38	909
1.1	其中:养老失业保险	分部分项工程费+措施项目费+其他项目费	3.5	591
1.2	基本医疗保险	分部分项工程费+措施项目费+其他项目费	0.68	115

（续）

序号	项目名称	计算基础	费率（%）	金额/元
1.3	住房公积金	分部分项工程费+措施项目费+其他项目费	0.9	152
1.4	工伤保险	分部分项工程费+措施项目费+其他项目费	0.12	20
1.5	意外伤害保险	分部分项工程费+措施项目费+其他项目费		
1.6	生育保险	分部分项工程费+措施项目费+其他项目费	0.08	14
1.7	水利建议基金	分部分项工程费+措施项目费+其他项目费	0.1	17
2	税　金	分部分项工程费+措施项目费+其他项目费+规费	3.48	619
	合　计	壹仟伍佰贰拾捌元整		1528

5. 填写单位工程费汇总表

如表 8-22 所示，表中的分部分项工程金额按照表 8-16 的合计金额 14762 元填写。措施项目费金额按照表 8-18 和表 8-19 中合计金额的总额填写，为 322+1800＝2122（元），本招标工程清单未提供其他项目，规费和税金按照表 8-21 填写。

该给水排水工程投标报价＝分部分项工程费+措施项目费+其他项目费+规费+税金

＝14762+322+1800+909+619

＝18412（元）

表 8-22　单位工程费汇总表

工程名称：给水排水工程

序号	项　目　名　称	计算公式或说明	费率（%）	金额/元
1	分部分项工程量清单项目费	∑（分部分项工程清单×综合单价）		14762
2	措施项目清单费	∑（措施项目清单×综合单价）		2122
3	其他项目清单费	按招标文件计算		
4	小计	1+2+3		16884
5	规费	以下分项规费累计	5.38	909
5.1	其中:养老失业保险	4×费率	3.5	591
5.2	基本医疗保险	4×费率	0.68	115
5.3	住房公积金	4×费率	0.9	152
5.4	工伤保险	4×费率	0.12	20
5.5	意外伤害保险	4×费率		
5.6	生育保险	4×费率	0.08	14
5.7	水利建议基金	4×费率	0.1	17
6	合　计	4+5		17793
7	税　金	6×税率	3.48	619
8	含税工程造价（小写）	6+7		18412
9	含税工程造价（大写）	壹万捌仟肆佰壹拾贰元整		18412

6. 填写总说明表

总说明应按下列内容填写，见表 8-23。

1）工程概况：建设规模、工程特征、计划工期、合同工期、实际工期、施工现场及变化情况、施工组织设计的特点、自然地理条件、环境保护要求等。

2）编制依据等。

表 8-23　总说明

工程名称：办公楼给排水工程

1）工程概况：某办公楼给水排水工程，底层有淋浴间，二、三层有卫生间。淋浴间设有四组淋浴器，一个洗脸盆，一个地漏。二层卫生间内设有高水箱蹲式大便器三套，挂式小便器两套，洗脸盆一个，污水池一个，地漏两个。三层卫生间内卫生器具的布置和数量都与二层相同，每层楼梯间均设有一组消火栓。给水管道均采用镀锌钢管，螺纹连接；排水管道采用排水铸铁管，水泥接口。给水管道上的阀门采用 J11T-16 型截止阀。

2）投标报价的编制依据：

① 《建设工程工程量清单计价规范》（GB 50500—2013）。

② 2009 年《内蒙古自治区建设工程计价依据》。

③ 该办公楼给排水工程施工图。

④ 《建筑给排水设计规范》（GB 50015-2003）及给排水施工验收规范。

⑤ 办公楼给排水工程招标文件、招标工程量清单及其补充通知、答疑纪要。

⑥ 施工现场情况、工程特点及拟定的投标施工组织设计或施工方案。

⑦ 呼和浩特地区的市场价格信息。

⑧ 其他相关资料。

7. 填写投标报价封面

封面应按规定的内容填写、签字、盖章，除承包人自行编制的投标报价外，受委托编制的投标报价若为造价员编制的应有负责审核的造价工程师签字、盖章以及工程造价咨询人盖章。该办公楼给排水工程投标总价为表 8-22 单位工程费汇总表中的含税工程造价金额 18412 元，见表 8-24。

8. 装订

投标报价的装订顺序为：

1）封面。

2）总说明。

3）单位工程费汇总表。

4）分部分项工程清单与计价表。

5）措施项目清单与计价表。

6）其他项目清单与计价表。

7）规费、税金项目清单与计价表。

8）分部分项工程量清单费用组成分析表。

9）通用措施项目费用组成分析表。

表 8-24　投标总价

招 标 人：_____

工程名称：_____给水排水工程_____

投标总价(小写)：¥18412元_____
　　　　(大写)：壹万捌仟肆佰壹拾贰元整_____

投 标 人：_____
　　　　　　　　　(单位盖章)

法定代表人
或其授权人：_____
　　　　　　　　　(签字或盖章)

编 制 人：_____
　　　　　　　　　(造价人员签字盖专用章)

时间：　　　年　　　月　　　日

小结

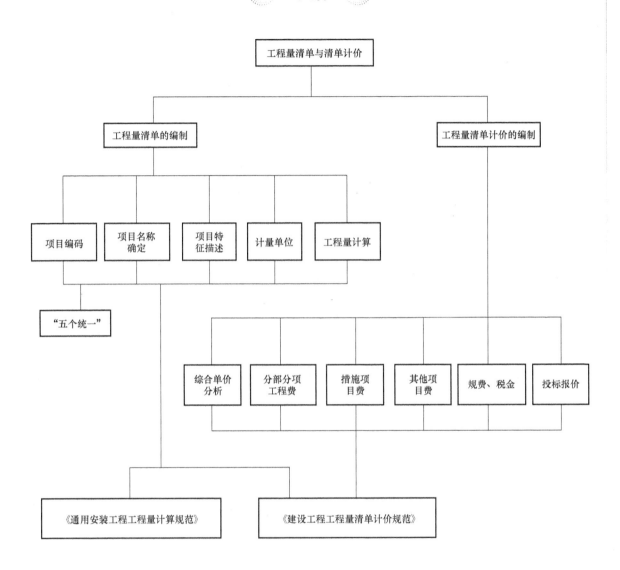

同步测试

一、单项选择题

1. 编制工程量清单时，项目编码以五级编码设置，12 位阿拉伯数字表示，其中前 (　　) 位数字为全国统一编码。

A. 6　　　　　　　　B. 7　　　　　　　　C. 8　　　　　　　　D. 9

2. 工程量清单中下列 (　　) 是投标报价时影响价格的因素，是确定综合单价的重要依据。

A. 项目名称　　　B. 项目编码　　　　C. 项目特征　　　D. 计量单位

3. （　　）是招标人在工程量清单中暂定并包括在合同价款中的一笔款项，用于施工过程中工程变更、工程价款调整、索赔和现场签证确认等的费用。

A. 材料（工程设备）暂估价　　　　　B. 专业工程暂估价

C. 暂列金额　　　　　　　　　　　　D. 计日工

4. 下列说法错误的是（　　）。

A. 招标工程量清单是招标文件的组成部分

B. 招标工程量清单的编制人是招标人，不可以委托其他机构编制

C. 招标工程量清单描述的是拟建工程

D. 清单中的工程量是根据计量规范附录中的工程量计算规则计算的

5. （　　）是指为完成工程项目施工，发生于该工程施工准备和施工过程中的技术、生活、安全、环境保护等方面的非工程实体项目的名称及数量明细。

A. 税金项目清单　　　　　　　　　　B. 其他项目清单

C. 分部分项工程量清单　　　　　　　D. 措施项目清单

二、多项选择题

1. 工程量清单是指拟建工程的（　　）规费项目和税金项目的名称和相应数量等的明细清单。

A. 分部分项工程项目　　　　　　　　B. 利润项目

C. 措施项目　　　　　　　　　　　　D. 其他项目

E. 管理费项目

2. 下列选项属于投标报价编制依据的有（　　）。

A.《建设工程工程量清单计价规范》　B.《通用安装工程工程量计算规范》

C. 常规施工方案　　　　　　　　　　D. 投标单位编制的拟建工程的施工组织

E. 企业定额

3. 下列选项属于招标工程量清单编制依据的有（　　）。

A.《建设工程工程量清单计价规范》　B.《通用安装工程工程量计算规范》

C. 常规施工方案　　　　　　　　　　D. 投标单位编制的拟建工程的施工组织

E. 招标文件

4. 清单项目的综合单价的组成是（　　）。

A. 人工费　　　B. 材料费　　　　C. 机械费　　　D. 企业管理费　　　E. 利润

5. 在编制投标报价时，下列（　　）为不可竞争费用。

A. 安全文明费　　B. 材料费　　　C. 规费　　　D. 企业管理费　　　E. 税金

三、简答题

1. 简述编制工程量清单的"五个统一"。

2. 工程量清单中的材料暂估单价是什么？编制投标报价时，对材料暂估单价如何处理？

3. 什么是招标控制价，对其编制人有什么要求？

参 考 文 献

［1］　樊文广，谭翠萍，马志彪，等. 建筑设备安装工程计价技术 ［M］. 2 版. 呼和浩特：内蒙古人民出版社，2009.

［2］　温艳芳，张学著，牛晓勤，等. 安装工程计量与计价实务 ［M］. 2 版，北京：化学工业出版社，2013.

［3］　祁闻，张耀宇，关大魏，等. 消防安全技术实务 ［M］. 2 版. 北京：机械工业出版社，2016.